Pour l'amour du sol

A propos de « Pour l'amour du sol »

« Une lecture incontournable pour tous les agriculteurs et ceux qui travaillent la terre. Nicole utilise une merveilleuse combinaison d'expériences personnelles, d'études de cas et de données scientifiques pertinentes pour montrer comment les systèmes d'agriculture régénérative peuvent améliorer la productivité des agriculteurs, réduire les coûts de production, améliorer la biodiversité, renforcer la résilience et atténuer de manière substantielle la crise existentielle actuelle. Il s'agit vraiment d'une solution gagnant-gagnant-gagnant aux multiples problèmes qui impactent l'agriculture d'aujourd'hui. »

-André Leu, Directeur International de Regeneration International, Ambassadeur IFOAM - Organics International

« Depuis de nombreuses années, beaucoup d'entre nous, impliqués dans l'agriculture régénérative, vantent les mérites de la santé des sols, de la santé des plantes, de la santé des animaux et de la santé humaine, mais personne n'a réussi à les connecter comme le fait Nicole dans "Pour l'amour du sol" !

Elle nous montre, à travers son expérience personnelle et celle d'agriculteurs, d'éleveurs, de chercheurs et de professionnels de la santé du monde entier, que les réponses se trouvent dans le sol. Une lecture très stimulante qui est un appel à l'action pour chacun d'entre nous. Je recommande vivement "Pour l'amour du sol" à tous ceux qui s'intéressent à leur santé, à celle de leurs enfants et à celle de notre planète ! »

-Gabe Brown, Browns Ranch, Nourished by Nature

« William Gibson a dit un jour : « le futur est là – mais il n'est pas équitablement réparti. » Nicole affirme modestement que les informations contenues dans ce livre ne sont pas nouvelles, mais sa synthèse des leçons qu'elle a apprises et affinées en collaborant avec des agriculteurs-régénérateurs est nouvelle et puissante. Elle partage avec lucidité les leçons tirées de l'avenir de la couche arable profonde qu'elle et ses partenaires agriculteurs et éleveurs mettent en œuvre avec succès. Je l'ai lue avec émerveillement, apprenant quelque chose de nouveau et d'utile à chaque page.

Nicole est profondément à l'écoute de la terre et des personnes avec qui elle travaille. J'ai été frappé à plusieurs reprises par l'humilité, l'élégance et la délicatesse qu'elle apporte à la gestion pratique et régénérative des terres. La durée de vie des exemplaires papier de ce livre sera probablement courte, car ils circuleront sur les tableaux de bord des véhicules agricoles et dans les sacoches, et seront lus, relus, annotés et référencés sur le terrain. »

- Abe Collins, Collins Grazing, cofondateur de Soil Carbon Coalition

« Comprendre la complexité et la sagesse de la nature est un exercice aisé grâce à l'ouvrage très accessible de cette experte mondiale des sols. Les connaissances qu'elle partage nous permettent d'agir avec la certitude que nous pouvons tous faire la différence, ne serait-ce que par les aliments que nous choisissons. »

-Tim LaSalle, PhD. Centre pour l'agriculture régénérative, Université de l'État de Californie à Chico ; PDG du Rodale Institute ; Directeur général du Savory Center for Holistic Management.

« Nicole Masters commence cette merveilleuse missive en déclarant : « Je ne suis pas normale ! » À mesure que nous découvrons son appel passionné à l'action, nous sommes de plus en plus reconnaissants à cette âme unique de ne pas s'être cantonnée dans la médiocrité. C'est une guerrière du sol tellement douée !

Dans un style narratif unique, Nicole met à nu un système de production alimentaire détraqué qui a désespérément besoin d'être remis d'aplomb. Elle relate le travail héroïque des Régénérateurs, qui ont accepté de relever ce défi, et propose un plan d'action pragmatique et inspirant à tous ceux qui envisagent de s'engager dans cette voie. Une lecture incontournable pour ceux qui cherchent une démarche rigoureusement scientifique visant une transformation en profondeur. Vous découvrirez qu'il est réellement possible d'être plus rentable et plus durable, sans faire de sacrifices. »

-Graeme Sait, PDG, Nutritech Solutions

« Loin des yeux, loin du cœur n'est plus une excuse pour ignorer ce qui se passe sous nos pieds. Nicole Masters vous emmène dans une visite souterraine de votre exploitation, et vous présente une foule de personnages invisibles qui déterminent la productivité de votre ferme et la salubrité des aliments que vous produisez. Nicole écrit comme elle parle. Dans son style coloré et direct, elle s'attaque à des notions complexes et décortique les problèmes sans les simplifier. »

-Dave Pratt, fondateur de Ranch Management Consultants

« Nous apprenons et les idées se fixent d'autant mieux qu'elles sont illustrées par des histoires. « Pour l'amour du sol » est une lecture agréable et amusante, qui donne à la planète l'espoir d'un air pur, d'une eau propre et d'aliments sains et riches en nutriments. »

-Gary Zimmer, auteur de « Advancing Biological Farming », Midwestern BioAg

« Voilà un livre important qui guidera les agriculteurs, les éleveurs, les agronomes et les scientifiques vers des pratiques et un mode de pensée régénératifs. Nos systèmes de production agricole mondiaux sont souvent en guerre contre la santé des écosystèmes et contre la nature. Dans ce livre, Nicole fait la paix avec la nature et nous fournit les bases scientifiques et les lignes directrices pour rallier le mouvement de l'agriculture régénérative tout en augmentant les profits »

-Terry McCosker, Directeur, Resource Consulting Services, Carbon Link

« À quoi ressemble un sol sain ? Comment déterminer l›état du sol dont nous avons la charge, qu›il s›agisse d›un ranch, d›une ferme, d›un jardin, petit ou grand ? Et, surtout, comment améliorer son état ? Nicole Masters aborde ces questions de façon magistrale dans son livre Pour l'Amour du Sol. »

-Lill Erickson, Directrice exécutive, Western Sustainability Exchange

« Pour l'amour du sol" exprime l'élégance, la complexité et la puissance de la nature ! La lucidité et l'expérience de Nicole plaident en faveur de la régénération biologique des sols et des écosystèmes de la planète.

Elle indique la voie à suivre en affirmant que "ce sont des principes et des modes de pensée structurels qui nous ont mis dans le pétrin que nous constatons dans l'agriculture, et il faudra transformer notre façon de penser pour découvrir des solutions à long terme". Ce livre décrit et démontre la pertinence d'une évolution vers des pratiques logiques, de bon sens et respectueuses de l'écosystème qui promeuvent ces solutions profondément nécessaires !

Je recommande ce livre à tous afin qu'ils puissent mieux comprendre comment la vie a façonné cette Terre et comment nous pouvons nous aligner sur ses processus afin de façonner un avenir meilleur pour nous-mêmes, notre progéniture et cette planète ! »

- David Johnson, Professeur associé, Université d'État de Californie à Chico, Centre pour l'agriculture régénérative et les systèmes résilients

« Nicole creuse profondément dans le sol et les réseaux fongiques qui nous nourrissent. Elle comprend les racines, les tiges, les feuilles, les vers, le mycélium, la lumière du soleil, le sucre, l'oxygène et le carbone, et les tisse ensemble dans ce livre fascinant et essentiel sur la pratique et la sagesse profonde de l'agriculture régénérative. Une lecture essentielle pour qui espère sauver la vie sur la planète. »

- Gretel Ehrlich, auteur de « The Solace of Open Spaces »

Pour l'amour du sol

Stratégies pour régénérer nos systèmes de production alimentaire

Nicole Masters

Traduit de l'anglais par Daniel Roche et Lennan Bate

Images intérieures et photographies : Nicole Masters

Design de la couverture et de la mise en page : Jeremy Masters

Conception de la couverture : Bryn Masters

Photo de l'auteur : Laura Nelson

La révision, les erreurs éditoriales et l'orthographe néo-zélandaise sont de la responsabilité de l'auteur.

Publié pour la première fois en Nouvelle-Zélande en 2019 par Printable Reality : www.printablereality.com

Titre original : For the Love of Soil

Library of Congress Cataloging-in-Publication Data

Masters, Nicole R.

Pour l'amour du sol/Stratégies pour régénérer nos systèmes de production alimentaire par Nicole Masters.

Comprend des références bibliographiques et un index.

ISBN 978-0-473-76271-1 (pbk)

1. agriculture durable 2. Restauration des sols 3. Agronomie I. Titre.

www.PRINTABLEREALITY.com

A mon fils Bryn

&

à ma Mamie Blanche

& à tous les amoureux, collaborateurs, innovateurs, pollinisateurs et inoculateurs qui œuvrent pour des systèmes alimentaires sains.

Pour l'amour du sol

Contenu

Avant-propos

Dr Gwen Grelet

Je suis devenue écologiste moléculaire du sol pour mieux comprendre les merveilles de la nature. J'étais également animée par le désir de partager ces connaissances, afin que nous puissions tous agir en gestionnaires avisés de notre planète. Cependant, en 2016, j'étais complètement désemparée quant à l'orientation de ma carrière. J'avais perdu ma passion, ma joie et le sens de la finalité de mon travail. À un moment où c'était si vitalement nécessaire le système scientifique me détournait d'une exigence de gestion responsable. Son approche réductionniste me semblait de plus en plus dénuée de pertinence par rapport au monde réel. Sa stratégie d'évitement des risques contraint les scientifiques à rester dans leur zone de confort, où l'on fait rarement de belles découvertes.

Lorsque j'ai décidé de changer l'orientation de mes recherches, j'ai découvert l'agriculture régénérative, un mouvement qui semblait embrasser pleinement la complexité et la force vitale de la nature, et s'efforçait d'optimiser les synergies entre tous les organismes vivants, y compris les êtres humains. J'étais très enthousiaste à l'idée de découvrir des principes agricoles qui témoignaient d'une approche globale. Cela contrastait fortement avec mon travail précédent, qui tentait systématiquement d'isoler des relations complexes en "unités" apparemment plus faciles à manier.

Au fur et à mesure que j'en apprenais davantage, j'ai identifié plusieurs praticiens de la régénération à l'avant-garde de ce mouvement novateur. Je savais instinctivement que m'associer à ces praticiens était la condition première pour qu'une recherche sur l'agriculture régénérative produise des connaissances pertinentes. C'est ce qui m'a conduit à Nicole Masters.

Nicole était une figure emblématique du mouvement de l'agriculture régénérative en Nouvelle-Zélande et il n'était pas question pour moi d'aller de l'avant sans l'avoir à mes côtés !

Après avoir essayé pendant des mois de la joindre, je me suis finalement inscrite à l'un de ses ateliers, déterminée d'abord à en apprendre davantage sur son approche de l'agriculture et à la rencontrer en personne. J'étais loin de me douter que mon modèle mental interne de l'écologie du sol serait si profondément déconstruit et restructuré !

Comment une seule personne pouvait-elle aborder autant d'inconnues de la "boîte noire" du sol (c'est-à-dire les myriades d'organismes vivant sous terre, inconnus, invisibles et souvent ignorés par nous autres, les créatures humaines de la surface) avec autant d'assurance et, si j'ose dire, presque un soupçon de magie. Comment pouvait-elle ?

J'ai passé le plus clair de mon temps à consulter des bases de données scientifiques pour vérifier ce que cette femme disait et si ses théories étaient effectivement étayées par des données et des études scientifiques rigoureuses. A chaque fois, les faits validaient ses affirmations. Nicole savait très bien de quoi elle parlait ! D'une certaine manière, le tableau d'ensemble cohérent qu'elle avait si remarquablement élaboré était extrêmement perturbant pour mon esprit académique, formé à ne discuter que des faits observés. Pourtant, j'ai trouvé cela tellement vivifiant et inspirant !

Plus tard, nous avons discuté de la manière dont nous abordons notre quête de connaissances et notre travail, et de l'importance de ne pas se contenter de formuler des constats. Nous avons également exploré la manière dont nous pouvons embrasser la vulnérabilité et la joie dans ce que nous faisons, et cela aussi a été une perspective très stimulante sur la vie.

Alors que Nicole poursuit la rédaction de ce livre, nous travaillons également ensemble sur divers projets. Des projets axés non seulement sur la science de l'agriculture régénérative, mais aussi sur les mentalités, les aspects culturels et les relations des gens avec leur communauté et la terre.

Ce livre est une merveilleuse compilation du travail de toute sa vie et il incarne étonnamment les dons de Nicole - relier la santé des sols au bien-être humain et environnemental dans un réseau d'interdépendances à la fois large, stimulant et scientifiquement fondé. Il parvient à dresser un tableau inspirant du nombre croissant de personnes, de communautés et d'initiatives qui se donnent actuellement les moyens de régénérer notre relation avec la terre et de bâtir un véritable sens du pilotage de la planète.

Ce livre est un voyage dans l'avenir de l'agriculture et de la production alimentaire.

Bonne lecture !

Introduction

Je ne suis pas normale.

La définition du mot "normal" dans le dictionnaire Oxford est la suivante : "conforme à une norme ; habituel, moyen, commun, typique ou attendu", avec des synonymes tels qu'ordinaire, conventionnel, établi et fixé. Ça me va bien de ne pas être normale. Je n'ai pas eu une enfance ni une vingtaine « normales », et je suis reconnaissante d'avoir une vie qui ignore les corvées d'un travail de bureau. Je me contente d'être en bonne compagnie, d'avoir des conversations agréables et de relayer les expériences de mes voisins. Ce qui attise ma curiosité, c'est d'en savoir plus sur ce qui vous inspire vraiment et les histoires que vous avez à me confier. Je ne me rappellerai probablement pas les prénoms de vos enfants, désolée. En revanche, si vous me donnez vos analyses de sol, je me souviendrai de ces chiffres pendant des années.

Les agriculteurs, les cultivateurs et les éleveurs que je côtoie ne sont pas non plus "normaux". Ils sont ouverts d'esprit, performants, désireux de développer leurs propres compétences et de relever des défis ; ils n'ont aucun problème à travailler aux côtés de femmes instruites, motivées et dotées de fortes convictions, ni à recevoir leurs conseils. Si le marché est porteur, ils vendront leur troupeau tout entier, laisseront pousser l'herbe, toucheront une plus-value et reconstitueront leur cheptel un an plus tard, lorsque le marché sera à la baisse. Ces agriculteurs sont des innovateurs, des expérimentateurs, des chercheurs de terrain, des observateurs, des alchimistes et ils prennent des risques calculés. Ils ouvrent la voie à un monde aux sols plus sains, base sur lesquels repose notre avenir collectif.

Les promesses de la révolution agro-industrielle portent aujourd'hui leurs fruits ; les pertes de terres arables dépassent de loin la capacité des sols à se régénérer, ce qui a des conséquences dramatiques pour l'environnement, la densité des nutriments dans les aliments et la vie humaine. Les scientifiques estiment qu'au cours des 40 dernières années, nous avons perdu près d'un tiers des terres arables à cause de la dégradation et de l'érosion qu'elles ont subies et qu'il ne nous reste peut-être que 60 ans de récoltes avant un effondrement catastrophique[1]. Nous entrons dans une période de très fortes turbulences, avec une dépendance croissante aux engrais et aux pesticides, l'aggravation des facteurs de stress climatique, une résilience dégradée des systèmes de production alimentaire et des résultats en baisse pour les producteurs de denrées alimentaires. Ce déclin survient alors que nous avons plus que jamais besoin de sécurité alimentaire. Cependant, au lieu de considérer ces résultats comme un désastre, je les vois comme une opportunité d'attirer l'attention des gens sur ce qui ne fonctionne pas et de les inciter à agir pour redresser la barre !

La science permet à la connaissance de faire de grands pas en avant et sa contribution est vitale, mais la méthode scientifique est imparfaite lorsqu'il s'agit de la nature. Il n'est ni facile ni bon marché de prouver scientifiquement des théories appliquées aux systèmes complexes et contradictoires, comme ceux que l'on trouve dans la nature. Comprendre des systèmes entiers est un défi ; si nous avions le budget de Bayer, on obtiendrait beaucoup plus rapidement des résultats passionnants en matière de santé des sols, d'absorption du carbone et de qualité de l'eau. La société est accro aux solutions rapides et aux grands projets. Il est relativement simple de développer et de commercialiser de nouvelles innovations techniques : « Regarde, comme ça brille » ou « Regarde, cet organisme génétiquement modifié scintille dans l'obscurité » ou « Tiens, utilise cet herbicide, tu peux même le boire ! ».

La recherche et le financement des bonnes pratiques de gestion ne mobilise pas l'imagination des entreprises qui cherchent à créer des produits commercialisables. Ce qui me fascine et me persuade qu'un changement est en train de se produire, c'est d'avoir été témoin des percées réalisées par les gens sur le terrain. Ce ne sont pas les produits « miracle », la recherche scientifique ou les derniers gadgets technologiques qui ouvrent la voie, mais les agriculteurs, les éleveurs et les cultivateurs qui transforment la santé des sols en appliquant des solutions concrètes qui fonctionnent dans le monde réel. Si nous attendons que la science nous fournisse les réponses, le temps va nous manquer.

Je suis agro-écologiste, éducatrice et penseuse systémique avec vingt ans d'expérience en Australasie et en Amérique du Nord dans ce qu'on appelle l'"agriculture régénérative", l'"agriculture bio" ou l'"agroécologie". Ce livre n'est pas consacré aux diverses étiquettes. Il traite des approches, des outils et de la réflexion nécessaires pour renforcer la santé des sols et des écosystèmes, la qualité des aliments et la rentabilité des pratiques agricoles. Vous pouvez appeler cela comme vous voulez. Moi, j'appelle cela du bon sens.

Dans les années 1970, le terme "soutenable" est devenu synonyme d'écologiste, regroupant tous ceux qui s'inquiétaient des essais nucléaires, de l'accumulation des déchets, de la pollution et de la destruction des écosystèmes. Soutenable peut être traduit littéralement par "qui peut durer tel quel", ce qui n'est pas une aspiration ambitieuse ! L'utilisation moderne du terme "durable" a été dévoyée par les entreprises chimiques, de sorte que le mot illustre aujourd'hui la mentalité "business as usual" [Les affaires, comme d'habitude]. Tout objectif visant à préserver des systèmes détraqués ou extractifs ne répond pas aux besoins cruciaux d'aujourd'hui.

Les partisans de l'agriculture régénérative sont invités à définir l'expression "agriculture régénérative" et la manière dont elle peut être évaluée et, finalement, certifiée. La définition d'un processus général, dont les principes visent à améliorer le fonctionnement actuel des écosystèmes, présente à la fois des avantages et des inconvénients. Une définition claire est certes utile pour les scientifiques, les organismes de financement, les consommateurs et les spécialistes du marketing, car elle permet une meilleure compréhension et la promotion de cette démarche.

Pour moi, l'agriculture régénérative évoque l'intégrité, le rétablissement des cycles naturels et la transparence des systèmes de production alimentaire.

Le terme "régénérer" réfère à un faisceau de sens: renouveler, restaurer, faire croître, redonner vie. Toute définition de la régénération exige donc que nous sachions où se trouvent nos points de départ. Êtes-vous en train de reconstruire, de restaurer et d'insuffler une vie plus vigoureuse à vos terres, saison après saison ? Cette démarche implique aussi que vos objectifs de mesure du succès évoluent.

La volonté de définir et d'étiqueter l'agriculture régénérative réduit les grands principes et pratiques à un ensemble de cases, et ces cases me préoccupent car elles freinent l'innovation. Personnellement, je m'intéresse à la manière dont nous continuons à élargir et à transformer ce qui est possible pour les paysages et les gens dans ce monde en évolution.

Je me suis également demandé quel terme pourrait désigner les groupes de personnes qui produisent des aliments et des fibres. Les termes habituels sont : producteurs, opérateurs, gestionnaires, entreprises qui se consacrent à l'élevage ou à la culture. Ce sont tous des mots "d'action", des mots de contrôle, de finances, de machines et de masculinité. Ne vous méprenez pas, j'aime le masculin et j'aime le féminin, les deux sont nécessaires dans les systèmes alimentaires. Cependant, nous avons besoin d'une nouvelle façon de communiquer sur l'agriculture, qui ne soit pas axée sur le contrôle, la domination et la propriété des ressources. C'est cette façon de penser qui a conduit à la crise agricole moderne. Les nouveaux agriculteurs sont adaptables, flexibles et synergiques[2], ils se considèrent comme soigneurs proactifs, gardiens du patrimoine naturel, gestionnaires responsables, partenaires des écosystèmes. Ces termes sont tous des façons d'"Être", et ce sont ces façons d'être qui engendrent des actions sur le terrain.

L'utilisation d'étiquettes et de termes spécifiques permet de résumer et de communiquer rapidement des idées complexes. Par exemple, dans ce livre, j'utilise les termes "régénératif" et "régénérateur" pour décrire l'état d'esprit et les actions des agriculteurs, des éleveurs et des cultivateurs qui réinsufflent une vie vibrante à leur sol.

Presque tous ceux qui vivent et travaillent la terre se considèrent comme des gestionnaires responsables. La plupart souhaitent laisser un héritage valorisé par les efforts qu'ils auront déployés durant leur vie. Lorsque cet héritage n'est pas à la hauteur, il peut en résulter un sentiment de déception accablant : augmentation des intrants, parasites, adventices, dégradation de la qualité de l'eau et baisse consécutive de la rentabilité. Je vois un potentiel dans ces rêves inassouvis, dans le fossé entre l'objectif au nom duquel un individu déploie des efforts et ses pratiques de terrain. Pour moi qui travaille avec les gens sur leurs terres, chaque mot et chaque indice visuel, fait partie d'un voyage qui n'a pas de destination finale.

Dans ce livre, je partage ce qui a inspiré ces régénérateurs innovants et intrépides, leur a permis de sortir des comportements ruraux habituels ainsi que les récompenses que leur courage leur a values. Ces producteurs de denrées alimentaires prennent des mesures pour imiter au plus près les systèmes naturels. Ce faisant, ils créent des systèmes de production moins dépendants des intrants externes. En se concentrant sur l'imitation des systèmes naturels, ils sont payés de retour par une meilleure circulation des nutriments, du carbone et de l'eau, une meilleure santé des plantes et des animaux, une densité accrue des nutriments, un stress réduit et, en fin de compte, une rentabilité accrue. Je vous indiquerai également les pièges à éviter.

On me demande souvent d'écrire un livre sur les sols "pour les nuls", mais vous ne le trouverez pas ici. Il n'y a rien de nul dans l'agriculture, l'élevage ou les sols. En fait, ceux qui travaillent la terre sont parmi les êtres les plus intelligents, les plus compétents et les plus polyvalents que vous puissiez trouver. Où trouverez-vous un mécanicien, un vétérinaire, un comptable, un maçon, un boucher, un cuisinier, un spécialiste du marketing, tous réunis en une seule personne ? Cela laisse peu de temps pour la lecture, c'est certain, mais restez avec moi, car ces pages contiennent de l'or, pour vous et pour la santé de nos écosystèmes.

En 1996, j'étais entrée à l'université pour étudier l'écologie et devenir chercheuse sur les grands requins blancs, mais au lieu de cela, j'ai "découvert" la science des sols. Ce qui m'a le plus captivée, ce ne sont pas les principes scientifiques, mais la question de savoir pourquoi on ne trouvait pas davantage de gens qui se passionnaient pour les sols ! Si vous vous intéressez à la qualité de l'eau, à la sécurité alimentaire, aux ressources halieutiques, au changement climatique, à l'alimentation et à la santé humaine, vous devez vraiment vous intéresser à la santé des sols. À l'origine de toutes ces questions vastes et complexes, de ces "problèmes épineux", comme on dit, se trouve notre relation avec la terre. Des mots comme "changement climatique" peuvent faire surchauffer vos neurones. Mon conseil ? Prenez ce dont vous avez besoin et laissez le reste de côté.

Il y a tout un monde sous nos pieds, qui ne demande qu'à être exploré. C'est un monde qui a été largement ignoré et a, pour l'essentiel, échappé à notre perception, à nos observations. Nous dépensons des milliers de milliards pour savoir comment aller sur Mars ou découvrir la vie sur d'autres planètes, alors que nous comprenons à peine la vie terrestre. D'énormes investissements financiers sont consacrés à la recherche de moyens de communication avec une vie extraterrestre, alors que nous n'avons pas encore réussi à comprendre le langage des dauphins et des chimpanzés, et encore moins celui des microbes du sol ! Le sol n'offre pas le même genre de sensation sexy et puissante que le lancement d'une grosse fusée dans l'espace (pour la plupart des gens en tout cas) ... Je comprends ; il est difficile pour la plupart d'entre nous de s'enthousiasmer devant ce qui est invisible à l'œil nu. Les microbes du sol sont minuscules et il est difficile d'imaginer l'impact phénoménal que l'invisible peut avoir sur l'ensemble de la planète. Tant que vous n'avez pas examiné votre propre sol au microscope, les microbes qu'il contient ressemblent à de la poudre de perlimpinpin - y croire suppose un acte de foi.

Les pratiques agricoles modernes, apparues avec la révolution agro-industrielle, ont permis de réaliser des progrès considérables en matière de production ; une production qui, en fin de compte, a "déshabillé Pierre pour habiller Paul". Les coûts pour l'environnement et l'érosion des sols et la perte du carbone du sol n'ont pas été pris en compte des décennies durant, et aujourd'hui nos créanciers exigent leur dû. Les nombreuses "solutions" proposées par les fournisseurs de produits chimiques pour faire face à ces conséquences sont souvent d'ordre symptomatique. Ces défis exigent une réflexion et des pratiques proactives. Dans les pages qui suivent, nous examinerons comment le fait de traiter les problèmes à la racine favorise un environnement sain en réduisant efficacement le besoin d'engrais à base de sels solubles, d'herbicides, de pesticides ou de fongicides. Je montrerai également comment les intrants chimiques entrainent les producteurs dans un engrenage, nécessitant toujours davantage d'intrants, avec une résilience et une rentabilité décroissante.

Les producteurs de denrées alimentaires sont soumis à des pressions mondiales croissantes, car ils luttent contre l'augmentation des coûts, des marchés défavorables et les aléas climatiques. Aujourd'hui plus que jamais, l'agriculture doit prendre en compte l'ensemble des systèmes et rendre aux producteurs la maîtrise et les bénéfices de leur travail. Les communautés rurales ont l'impression que l'économie et l'environnement ne font pas bon ménage. Ces inquiétudes sont injustifiées. Les avantages d'un travail aligné sur la nature sont démontrés par les régénérateurs - les personnes qui apparaissent dans ce livre. Ces producteurs ne représentent qu'une infime partie d'un mouvement mondial en pleine expansion.

Cet ouvrage est né d'un désir de communiquer et de partager mes démarches de coaching, les objectifs que je me donne et méthode de priorisation. Il ne s'agit en aucun cas de la seule façon d'aborder la santé des sols. Mon but

est de démystifier un processus qui consiste à identifier les facteurs favorables à la production et à la performance et à identifier les points de levier. Tout comme la nature n'utilise pas de marteau pour corriger les déséquilibres, nous verrons comment "chatouiller le système" en exerçant une pression minimale permet d'obtenir de bien meilleures réponses de la part du sol et des plantes. Dans ces pages, vous découvrirez à quel point il est possible et gratifiant de s'engager sur la voie de la santé des sols, de la résilience et de la production d'aliments nutritifs, et comment vous pouvez, vous aussi, régénérer votre sol.

Dans l'agriculture, la "culture" ce sont les gens. Ce livre contient des histoires de producteurs, dont beaucoup cultivent des aliments dans les environnements les plus extrêmes et les plus pittoresques du monde, et relate ce qui les a amenés à changer leur façon de penser. Certains de ces apprentissages et de ces observations sur le sol peuvent provenir d'éleveurs, d'agriculteurs et de fermiers qui se trouvent dans des types d'écosystèmes différents du vôtre et cultivent d'autres produits ou élèvent d'autres animaux. Je vous invite à mettre de côté toute réflexion du genre "c'est plus facile pour eux dans leurs terroirs, ou cela ne s'applique pas à moi". J'ai emmené des éleveurs du Montana visiter des terres cultivées en Australie occidentale, des cultivateurs visiter des stations de compostage ou des viticulteurs voir des engrais verts dans des fermes d'élevage de moutons. Le sol est le point commun de toutes ces entreprises et vous seriez surpris de constater qu'un point de vue différent peut vous apporter des informations précieuses.

Les informations contenues dans ce livre ne sont pas nouvelles ; cela fait des siècles que l'on travaille et que l'on écrit sur les pratiques régénératives. Il est intéressant de lire les travaux d'auteurs et d'agriculteurs du passé, intimement convaincus que nous faisons partie de la nature, qui comprenaient l'importance cruciale de l'observation et voyaient que les microbes et l'humus sont le ciment des communautés souterraines. Au tournant du XXe siècle, de nombreux auteurs, tels que Louis Bromfield, Newman Turner, Rudolf Steiner, Lady Eve Balfour, Aldo Leopold et d'autres, ont fait part de leurs préoccupations concernant l'industrialisation de l'alimentation, des préoccupations qui restent tout aussi valables aujourd'hui qu'elles l'étaient il y a 100 ans.

Comme l'a écrit l'éloquent Aldo Leopold, "Nous maltraitons la terre parce que nous la considérons comme une marchandise qui nous appartient. Lorsque nous considérons la terre comme une communauté à laquelle nous appartenons, nous pouvons commencer à la traiter avec amour et respect". Les agriculteurs pionniers dont parlent ces auteurs obtenaient des rendements plus élevés et des aliments de meilleure qualité, tout en renforçant la santé des sols. Des faits qui se sont perdus dans les sables du temps. Je ne propose pas de remonter dans le temps. Nous disposons aujourd'hui d'une meilleure compréhension de l'arrière-plan scientifique qui sous-tendait les découvertes de ces innovateurs de terrain.

Je suis passionné par les méthodes qui contribuent à réduire l'utilisation des produits chimiques, mais je ne suis pas une fondamentaliste. Mon objectif est de remonter à la racine de la raison pour laquelle les produits chimiques sont nécessaires dans une entreprise donnée. Dans mon entreprise, Integrity Soils, nous travaillons avec des producteurs qui maintiennent artificiellement en état leurs plantes et leurs animaux de manière non rentable depuis des décennies. En nous attaquant aux causes profondes, nous pouvons réduire des achats de produits chimiques coûteux et souvent inutiles, et contribuer à résoudre des problèmes qui dépassent largement le cadre de la ferme.

En 2009, j'ai réuni d'éminents scientifiques et régénérateurs à l'occasion de la première conférence néo-zélandaise sur le carbone des sols, afin de discuter et de partager des recherches et des expériences concrètes dans le cadre d'une approche axée sur les "sols d'abord". Nous avons fait l'objet d'attaques répétées dans les journaux ruraux, les rédacteurs en chef et les agronomes affirmant qu'il n'y avait "aucune donnée scientifique rigoureuse" derrière la focalisation sur la santé des sols et la réduction rentable des intrants. Il est intéressant de noter que les termes "science rigoureuse" ou "science de pacotille" ont d'abord été inventés par les géants du tabac pour discréditer les preuves qui soulignent le rôle du tabagisme passif dans la genèse de certaines maladies. Ils sont ensuite devenus un argument populaire en faveur des hormones dans le bœuf et des implants mammaires en gel de silicone. Les chercheurs ont averti les professionnels de la santé que la campagne pour une « science rigoureuse » n'avait rien à voir avec la science, mais qu'il s'agissait d'un discours politique très habile, visant à manipuler les normes scientifiques pour mieux "servir les intérêts des entreprises clientes"[3].

J'aurais aimé connaître les dessous de la prétendue "science rigoureuse" en 2009. J'aurais géré notre communication médiatique avec plus d'assurance et passé moins de nuits blanches face à l'injustice de la situation. La controverse sur la "science rigoureuse" a laissé des traces dans la communauté agricole conventionnelle néo-zélandaise, qui exige des recherches pluriannuelles et multi-parcellaires évaluées par des pairs, dans sa propre région et sous son propre climat, avant d'entamer la moindre discussion. Et même le respect de ces prérequis n'est généralement pas suffisant pour les amener à sortir des sentiers battus.

Dans les populations rurales, le conformisme engendre un sentiment de stabilité, de confiance et de fiabilité dans des communautés où la confiance dans les voisins peut se traduire par des décisions de vie ou de mort. La volonté de sortir des normes en vigueur demande beaucoup de courage et d'engagement. Ce désir d'imposer la normalité et la stabilité réduit nos vies, limite l'innovation et la résolution des problèmes écologiques et, à son tour, détruit par inadvertance le sol dont dépend la vie sur terre.

À l'origine, on m›avait conseillé d›écrire ce livre comme un manuel technique. J'ai beaucoup d›ouvrages de référence de grande valeur, mais ils restent sur des étagères et prennent la poussière. J'espère plutôt vous faire connaitre le monde culturel de l›agriculture régénérative et ses aspects techniques dans un ouvrage qui, je l›espère, sera plus accessible et plus ancré dans la réalité. Ce faisant, je fais plus entendre ma voix personnelle que je n'en avais l'intention au départ, pour vous embarquer dans mon voyage.

Avant de commencer, j'aimerais vous faire part d'un aspect central de ma propre histoire régénérative. En 2000, mon père, Brian, a pris sa retraite du monde des vols long-courriers internationaux pour réaliser son rêve d'enfant : devenir agriculteur. Il a acheté une propriété à Katikati, en Nouvelle-Zélande, au pied de la chaîne sauvage des Kaimai, et je l'ai rejoint, avec un bébé nouveau-né sur la hanche. J'espère lui avoir été utile, car nous avons conçu un verger et planté 700 avocatiers. Nous avons également entrepris un vaste projet de revégétalisation des zones humides avec sa nouvelle épouse, Gaye, et nous nous sommes lancés dans l'élevage d'un petit troupeau de vaches Gelbvieh rouges. Les Gelbvieh sont considérés comme des bovins à triple usage, le lait, la viande et la traction. Pour nous, il s'agissait d'une expérience d'apprentissage verticale sur l'impact d'animaux lourds sur des terres escarpées et la génétique de l'instinct maternel. Ces vaches étaient en effet très maternelles, ce qui pouvait les rendre dangereuses. Papa rentrait le soir, avec des histoires de situations-limites : "Je me suis retrouvé entre la vache et son veau, et elle m'a repoussé sur dix bons mètres. Heureusement, il y avait une clôture juste à cet endroit mais elle a continué de me pousser à travers !" Et il éclatait de rire. Plus d'une fois, le tracteur s'est retrouvé dans un fossé ; ses freins tombaient régulièrement en panne : "Ne t'inquiète pas, pose la fourche si tu dois t'arrêter", me conseillait-il. La vie dans une ferme avec des néophytes n'est jamais ennuyeuse. La ferme m'offrait un stage extraordinaire et un endroit idyllique pour élever mon fils.

Papa avait choisi l'un des meilleurs climats de culture au monde. Nous jouissions d'une vue sur une rivière fraîche et baignable près de la maison, ombragée de denses buissons indigènes de couleur vert olive, qui contrastaient avec l'herbe verdoyante. Il n'est pas facile de trouver du travail en tant que parent célibataire dans une communauté rurale et je n'avais pas de dispositions pour le rôle de mère au foyer. Un jour, mon père est tombé par hasard sur une annonce intitulée : "Vend élevage de lombrics cause décès". Notre curiosité aiguisée, nous avons décidé d'acheter l'affaire, ce qui a spectaculairement accéléré ma réflexion et la réorientation de ma vie. J'ai commencé à enseigner l'élevage de vers dans les écoles et à parler des mycorhizes et du carbone avec les cultivateurs et les jardiniers.

J'avais trouvé mon ikigai[4].

De nombreux régénérateurs que je rencontre incarnent parfaitement cet état d'ikigai. Avec l'entreprise de lombriculture, j'avais une passion et une mission, mais les conditions de rentabilité de cette entreprise n'étaient pas remplies. Je savais que la santé des sols était importante, mais la Nouvelle-Zélande n'était pas encore prête à recevoir le message ! Certains jours, j'ai l'impression qu'il a fallu beaucoup de temps pour que la santé des sols reçoive l'attention qu'elle mérite. Cependant, le tableau est en train de changer et il change vite.

Représentation graphique Raison d'être par Emmy van Deurzen[5].

J'ai parcouru un long chemin, tant en termes de kilomètres que d'apprentissage, depuis les buissons couleur jade et les matins humides et brumeux où je veillais sur les vers dans la salle de traite abandonnée de mon père. Aujourd'hui, pour l'instant en tout cas, je vais de ranchs semi-arides en workshops avec mon cheval de ranch pour compagnon. Installés dans une vieille caravane de 8 mètres, nous parcourons l'Ouest nord-américain depuis quelques années.

Au fur et à mesure que je voyage, il devient évident que la passion du sol vivant se propage rapidement, car agriculteurs, éleveurs et scientifiques commencent à partager d'étonnantes expériences. L'agriculture régénérative ne représente encore qu'une petite fraction de notre production alimentaire, mais une fois que vous avez assimilé les bienfaits de la santé des sols, il n'y a plus de retour en arrière possible.

Il est grand temps que la santé des sols devienne virale !

1

L'empreinte que nous laissons

« La peur ou la stupidité ont toujours été à la base de la plupart des actions humaines. »

- Albert Einstein

J'avais 10 ans lorsque mon père, qui était pilote dans l'armée de l'air royale néo-zélandaise, fut recruté par la compagnie aérienne Cathay Pacific, à Hong Kong, ce qui signifiait également que maman, mes deux frères et moi allions déménager en ville. Nous avions jusqu'alors vécu dans une petite ferme près de Whenuapai, juste au nord d'Auckland, en Nouvelle-Zélande, avec quelques chèvres, des cochons, un cheval et des chats. Tout ce que je savais de Hong Kong se limitait au nom imprimé sur ma collection de chevaux en plastique : "Made in Hong Kong". En 1985, c'était l'endroit le plus densément peuplé de la planète, avec 6 300 habitants au kilomètre carré. Parler de "choc culturel" est donc un euphémisme.

Jeune kiwi, j'aimais me promener pieds nus, fière de mes plantes de pieds à toute épreuve. Les habitants plus âgés me sermonnaient sur les dangers des "choses sur le sol". Mais j'étais invincible et j'ai continué à me promener pieds nus dans les rues pendant cinq ans, avant d'être frappée par une mystérieuse maladie. J'avais de la fièvre, les muscles de mon cou et de mes épaules étaient contractés, j'avais des douleurs au ventre et des palpitations. Lorsqu'une éruption cutanée s'est déclarée, j'ai été hospitalisée d'urgence. On a suspecté une méningite. Une ponction lombaire a révélé que tout allait bien. La fièvre étant tombée, j'ai pu quitter l'hôpital.

Libre de partir, sans doute, mais pendant les 15 années qui ont suivi, les problèmes n'ont pas cessé : maux de tête quasi constants, migraines, éruptions cutanées, sensation de brouillard cérébral et manque total d'intérêt pour l'école, la famille ou le sport. Ces symptômes pouvaient tous être attribués aux poussées hormonales habituelles de l'adolescence et aux comportements assez détestables qu'elles induisent. J'ai consulté tous les spécialistes imaginables : chiropraticiens, ostéopathes, acupuncteurs, ortho-bionomistes, experts en thérapie crânio-sacrée, en méthode Bowen ou en massothérapie. Certains m'ont procuré un soulagement temporaire, d'autres aucun, tous m'ont mis dans le rouge à la banque.

On m'a dit que mes vertèbres C1-C2 étaient soudées et qu'il n'y avait pas grand-chose à faire, jusqu'à ce que je rencontre un arboriculteur de Hawkes Bay, en Nouvelle-Zélande. Il m'a fait part d'une avancée décisive dans le traitement de sa fatigue chronique, obtenue grâce à un spécialiste de la désintoxication chimique à Auckland. À ce stade, j'avais presque capitulé. J'avais trente ans et l'impression d'avoir exploré toutes les pistes. Je me suis promis que ce serait ma dernière tentative pour trouver une solution.

J'ai fait les six heures de route jusqu'à Auckland, toujours aussi migraineuse, pour rencontrer le Dr Matt Tizard. Ce praticien avait plus de 80 ans, mais ses yeux bleus et brillants m'ont fait juger qu'il devait s'y connaitre en matière de santé. En entrant dans sa clinique, j'ai découvert un mur couvert de livres du sol au plafond, un autre de flacons étiquetés et, contre le troisième mur, j'ai aperçu un appareil de radionique posé sur une table en bois poli. Cet appareil base son diagnostic sur les "fréquences", un peu comme la radiesthésie ; tout cela demandait un acte de foi à mon cerveau analytique. Cet appareil permettait de tester, avec différentes procédures, de multiples agents chimiques, environnementaux et pathologiques.

Son diagnostic radionique ? Un empoisonnement au paraquat, peut-être causé par une coupure au pied alors que je marchais le long d'un fossé récemment pulvérisé à Hong Kong. En fin de compte, ces vieilles femmes cantonaises savaient de quoi elles parlaient... À l'époque, je n'avais aucune idée de ce qu'était le paraquat. J'avais travaillé dans la bio, dans l'horticulture, la viticulture et l'élevage bovin, et je n'en avais jamais entendu parler.

Populaire à Hong Kong, le Paraquat est un herbicide à action rapide et usage restreint, souvent utilisé comme alternative au glyphosate (Roundup). Il s'agit d'une écotoxine connue, en particulier dans les cours d'eau, et il a été étroitement associé à la maladie de Parkinson. C'est pourquoi il est interdit dans 38 pays, dont la Chine, et dans l'Union européenne depuis 2007. Curieuse coïncidence, c'est en 2007 que la Nouvelle-Zélande a levé son interdiction. Le paraquat pénètre dans l'organisme par ingestion ou par des plaies ouvertes, comme les coupures aux pieds. Lorsqu'il est inhalé, il peut provoquer un empoisonnement et des lésions pulmonaires. Au début des années 1980, les autorités américaines ont pulvérisé du Paraquat pour éradiquer des cultures de marijuana, ce qui a suscité une controverse quant à ses effets potentiels sur les fumeurs de cannabis. Dans les pays du tiers monde, il s'agit d'une des principales méthodes de suicide. Il est bon marché, facile à obtenir, n'a pas d'antidote et il suffit d'une ou deux cuillères à café pour provoquer une mort atrocement douloureuse.

Le Dr Tizard était convaincu que le Paraquat s'était accumulé dans ma colonne vertébrale. La capacité de cette substance à franchir la barrière hémato-encéphalique fait l'objet de controverses scientifiques. Cependant, la ponction lombaire a contribué à la propagation du Paraquat en lui facilitant l'accès à mon liquide céphalo-rachidien, où il a fait des ravages dans ma vie pendant les quinze années suivantes.

Le traitement du Dr Tizard comprenait trois séances dans un caisson hyperbare avec de la vitamine C en injection intraveineuse, suivies d'une série de traitements homéopathiques[6]. À la suite du premier traitement, j'ai eu l'impression d'avoir été renversée par un camion. Pendant les dix jours qui ont suivi, une substance grise, à l'odeur toxique et désagréable, s'est écoulée de mon nez. En quelques jours, j'avais retrouvé toute la mobilité de mon cou et mes muscles douloureusement tendus se sont relaxés, laissant mon ostéo perplexe. Ce que les praticiens m'avaient dit pendant des décennies être un problème structurel de colonne vertébrale était en fait un empoisonnement chimique.

Le dictionnaire anglais Oxford compte actuellement 171 476 mots. En comparaison, il existe plus de 20 millions de noms de produits chimiques. Toutes les trois secondes, une nouvelle substance chimique est inventée. Qui sait quel sera leur impact sur l'environnement ou sur l'homme ? L'agriculture occidentale américaine, qui se veut championne dans l'optimisation des rendements, n'innove plus sur le terrain, mais dans des protocoles de laboratoire.

Ce qui me préoccupe dans cette expérimentation chimique que nous menons sur la planète, c'est que ses effets ne sont pas immédiatement apparents. Nous, les humains, sommes aveuglément lents à réagir à des événements dont les effets sont décalés dans le temps ou se font sentir sur plusieurs générations ; c'est ce que nous, écologistes et penseurs systémiques appelons les "boucles de rétroaction". Plusieurs agriculteurs et applicateurs de produits chimiques se sont montrés surpris de la gravité des effets du Paraquat sur ma santé. "J'avais l'habitude d'en pulvériser sur moi sans aucun équipement, et je vais très bien", disaient-ils. Je les interroge alors sur leurs enfants et le ton change. "Notre fille est morte d'une leucémie", ou bien ils mentionnent l'autisme, les troubles de l'apprentissage et d'autres problèmes de santé chroniques. Il est de plus en plus évident que nous modifions notre génome par l'exposition à des produits chimiques et, comme le montre l'épigénétique, cela modifie à son tour le patrimoine génétique de nos enfants et des enfants de nos enfants. Dans leur volonté de comprendre mécaniquement ce qui compose le monde, les scientifiques se sont concentrés sur l'ADN. C'est l'ADN qui constitue nos gènes, mais ce sont les protéines épigénétiques qui activent l'expression des gènes. Ces protéines sont impactées par des signaux environnementaux, tels que l'alimentation, le stress, le mode de vie et les toxines. Imaginez ce processus comme la construction d'un gratte-ciel : l'ADN vous donne le plan, tandis que les gènes fournissent les matériaux de construction, et l'épigénétique est le contremaitre et l'équipe d'ouvriers qui bâtit l'édifice. Si un problème survient, par exemple si ses ouvriers ont trop bu la veille ou si le contremaître craque sous la pression, la structure de l'édifice risque d'être fragilisée.

Les recherches concernant l'impact sur la santé humaine d'une exposition à de faibles doses de produits chimiques se multiplient. Et elles sont accablantes. Prenez le bisphénol A (BPA) et son acolyte le phtalate, utilisés dans les récipients de stockage en plastique depuis les années 1960 : ils sont liés aux maladies cardiaques, aux perturbations endocriniennes et au diabète chez l'homme. Une exposition précoce au BPA chez les souris a modifié les marqueurs épigénétiques liés à l'obésité, au métabolisme et au vieillissement[7]. Consommés par inadvertance par des femmes enceintes de fœtus masculins et utilisatrices de bouteilles en plastique, ces composants chimiques ont largement contribué à la chute spectaculaire du nombre de spermatozoïdes masculins observée au cours des 40 dernières années. Depuis 1980, chaque nouvelle génération d'hommes, possède à l'âge adulte un nombre de spermatozoïdes inférieur de moitié à celui de leurs pères. Peut-être sommes-nous ainsi en train de résoudre sans le vouloir notre propre crise démographique ?[8]

À moins d›avoir grandi dans une cabane en rondins et d›être vêtu de peaux de bêtes, vous avez été exposé à une myriade de produits chimiques altérant le génome. Même l›isolement n›offre aucune garantie ; les tests effectués sur les populations inuites du Nord polaire ont fait apparaître de fortes doses de métaux lourds et de «polluants organiques persistants» tels que le DDT, les pyralènes, le toxaphène, le chlordane et bien d›autres encore. Malgré les meilleures intentions et le savoir-faire scientifique, le coût de la «production à tout prix» est désormais payé par toutes les catégories sociales. Aujourd›hui, ce ne sont plus aux maladies infectieuses du XIXe siècle que nous succombons, mais aux dérèglements auto-immuns lents et insidieux, aux cancers et autres dysfonctionnements organiques chroniques.

Écouter les indices et les signaux de la nature est une compétence essentielle pour régénérer les paysages. L›écoute exige que nous mettions tous nos sens, y compris le bon sens, en lien avec les choix que nous faisons sur la Terre et que nous faisons pour notre propre corps.

Ce qui me fascine le plus dans l'impact du Paraquat sur ma vie, c'est que je m'étais déjà engagée sur la voie de la réduction des produits chimiques dans l'environnement, sans savoir que je portais mon propre fardeau chimique. Mon corps et mon cœur le savaient. L'intuition et le savoir du corps sont incroyablement sous-estimés dans la société actuelle. Nous les rejetons comme une ineptie New Age ou un aveu de faiblesse. Ignorer notre intuition ne nous rend pas plus forts. C'est tout le contraire. Nous devenons plus ternes. Nous émoussons nos sens et limitons ainsi nos possibilités de mener une vie riche et clairvoyante, qui découle de l'attention et de la synchronisation avec la nature.

Les régénérateurs que je rencontre écoutent leur instinct. Ils réinterrogent sans cesse leurs présupposés et leurs décisions : "Le paraquat, l'atrazine ou le glyphosate sont-ils des ingrédients alimentaires ? « Cet intrant améliore-t-il la qualité de mon sol ou de mes cultures, ou la dégrade-t-il ? » « Cette pratique me fait-elle mal au cœur ou à l'estomac ? » Il est grand temps de passer du paradigme chimique au paradigme naturel. Il ne fait aucun doute que nous, les humains, sommes pleins de ressources. S'allier avec un partenaire qui est beaucoup plus grand, plus intelligent, plus efficace et créatif que nous pour résoudre les problèmes relève du simple bon sens.

De nombreuses réponses se trouvent dans le sol. Des sols fonctionnels, gorgés de vie, sont bénéfiques non seulement pour les habitants de la terre, mais aussi pour l'ensemble de nos sociétés et pour la santé de la planète.

2

Les conséquences involontaires

"Partout où nous regardons, la magie complexe de la nature flamboie devant nos yeux".

-Vincent van Gogh.

Le lendemain de Noël 2004, la planète a été secouée au plus profond d'elle-même. Un tremblement de terre d'une magnitude de 9,1 a ouvert une faille de 1200 km dans le plancher océanique bordant les côtes indonésiennes. Il a engendré une redoutable série de tsunamis avec des vagues atteignant 30 mètres de haut qui ont frappé les côtes de 11 pays, avec un impact dévastateur sur les écosystèmes, les systèmes de transport et les communautés. Aucun système d'alerte technologique ne s'est déclenché et plus de 227 000 personnes ont perdu la vie. Après le retrait des eaux et le début du retour à une vie normale, on a observé un phénomène intéressant : les populations indigènes, dont beaucoup craignaient qu'elles n'aient été anéanties, ont survécu. En fait, le peuple Moken ou "nomades de la mer", qui vit sur les eaux, n'a eu à déplorer qu'un seul décès.

Les Moken vivent dans la Mer d'Andaman, près de l'épicentre du séisme, et sont considérés comme l'un des peuples les moins "touchés par la civilisation moderne". Leurs enfants apprennent à nager avant de savoir marcher. Comparés aux nôtres, leurs yeux se sont adaptés pour voir deux fois mieux sous l'eau et ils peuvent même ralentir leur rythme cardiaque pour plonger en profondeur pendant de longues périodes. Les traditions orales des Moken parlent d'un esprit de la mer qui "mange les gens". Avant que le tsunami ne frappe, ils ont pris conscience de signes inhabituels : des animaux agités, des dauphins se dirigeant vers le large, des courants changeants, des poissons devenus invisibles et les cigales de la forêt subitement silencieuses. Les Moken de la côte ont emmené leurs enfants et les touristes sur les hauteurs. Ceux qui étaient en mer ont dirigé leurs bateaux vers des eaux plus calmes et plus profondes. Les pêcheurs birmans qui se trouvaient dans la même zone que les Moken n'ont pas survécu aux vagues. Lorsqu'on leur a demandé pourquoi les Birmans n'avaient pas perçu les signaux, les pêcheurs Moken ont répondu : "Ils ne voient que leurs calamars, ils n'ont rien observé. Ils ne savent pas regarder"[9].

Les Moken incarnent une ancienne façon d'être sur terre ou sur mer, profondément liée aux rythmes de la nature. Leurs réactions spontanées ont été plus efficaces que les systèmes technologiques modernes. Beaucoup d'entre nous ont perdu ce lien intuitif avec la terre. Nous sommes aujourd'hui confrontés à un choix : nous pouvons rester sur la plage à nous détendre, ou bien nous pouvons tenir compte des avertissements et réagir de manière proactive au tsunami qui se dirige vers nous. Comment nous pourrons nous adapter et réagir à un avenir incertain, tel est le plus grand défi auquel l'humanité est confrontée.

La plupart des dégradations environnementales qu'on observe dans le monde ne sont pas le résultat d'un comportement intentionnel ou malveillant, mais de "conséquences involontaires". Les producteurs les mieux intentionnés adoptent souvent de nouvelles technologies ou des solutions rapides qui entrainent des conséquences cachées. En tant qu'êtres humains, nous sommes capables de comprendre des systèmes compliqués tels que les machines et les ordinateurs. En tant que penseurs de la complexité écologique, cependant, notre environnement actuel et l'état de la santé humaine à l'échelle mondiale témoignent de nos échecs[10].

Le nœud du problème est que les systèmes de production alimentaire ne sont pas compliqués mais complexes. À l'échelle d'un bassin versant ou d'une région, l'agriculture génère de nombreux effets sur l'environnement, impliquant une multiplicité d'acteurs. Il n'existe pas de solution simple à ces problèmes complexes ou, selon un terme couramment employé, "pernicieux". Les systèmes complexes se composent d'éléments interconnectés, de multiples facteurs interviennent, et les modifications qui affectent certains d'entre eux peuvent avoir des répercussions imprévisibles. Parmi ces problèmes complexes on citera des sujets lourds comme les soins de santé, les lois sur les armes à feu, l'épidémie d'obésité, la "guerre contre les opioïdes" ou le changement climatique. Des sujets qui suscitent souvent l'émoi sans que personne n'ait de solution unique. Des opinions, oui, des solutions, pas vraiment ! Considérez la complexité de l'éducation d'un enfant ; il n'y a pas un unique facteur déterminant pour le résultat, ni une seule méthode qui fonctionne avec tous les enfants -- sinon, toute l'industrie éditoriale sur l'éducation des enfants serait en faillite ! En traitant des problèmes complexes avec des solutions mécaniques compliquées, nous finissons par avoir encore plus de problèmes. La pensée mécanique nous propose des solutions, comme l'interdiction des opioïdes ou du sucre, pour traiter les problèmes de santé systémiques ou la prescription de pilules amaigrissantes ou de méthadone. Ces solutions rapides ne s'attaquent pas à la racine du problème, par exemple la question de savoir pourquoi vous prenez du poids. La cause est-elle hormonale, biologique, épigénétique ou liée à des troubles compulsifs, et comment pouvons-nous nous attaquer à ces facteurs déterminants ?

L'utilisation de l'azote en Nouvelle-Zélande est un exemple de problème complexe « pernicieux » qui s'est répercuté dans la société. La prise de conscience de l'excès d'engrais azotés (N) remonte au début des années 1970, lorsque les agriculteurs et les pêcheurs ont constaté pour la première fois des proliférations d'algues à la suite d'épandages aériens d'urée. En 1986, le gouvernement néo-zélandais a publié un rapport faisant état de préoccupations concernant la qualité de l'eau et la nécessité de réduire l'utilisation de l'azote. Sans qu'aucune mesure ne soit prise. Au cours de la dernière décennie, l'intensification de l'élevage laitier et la hausse de 160 % des apports azotés ont entraîné une baisse sensible de la qualité de l'eau en Nouvelle-Zélande. Le "bilan azoté de la Nouvelle-Zélande a connu une hausse plus importante que tous les autres pays de l'OCDE entre 2000 et 2010"[11]. J'ai été horrifiée en visitant des exploitations laitières mal gérées, qui "doivent" appliquer plus de 300 unités d'azote (par hectare et par an), sur des terres situées le long de réseaux fluviaux en tresse. En raison de la teneur des eaux en azote et en phosphore, de nombreux lacs et rivières ont basculé au-dessous du seuil de "bonne santé". Dans certaines régions, du fait de la lenteur de la percolation de l'azote dans les aquifères profonds, les engrais épandus dans les années 1950 atteignent les rivières seulement aujourd'hui. Grâce à une prise de conscience accrue des effets de l'azote, des efforts sont déployés pour réduire le lessivage de l'azote à partir des terres. La plupart des actions proposées impliquent des solutions mécaniques ou technologiques telles que le génie génétique, les inhibiteurs d'engrais azotés, les zones de retrait pour le bétail, l'irrigation de précision et la clôture des cours d'eau[12].

Si ces mesures peuvent être utiles à court terme, l'application de solutions technologiques à des problèmes biologiques entraîne généralement des conséquences imprévues en aval. Ainsi, les inhibiteurs de l'azote, utilisés pour empêcher la conversion de l'azote en formes plus volatiles, ont été déversés dans les cours d'eau de Nouvelle-Zélande afin de bloquer le cycle naturel de l'azote. Ces produits ont eu pour effet connexe de libérer de l'ammoniac, dont les effets sur la qualité de l'eau sont bien plus néfastes que ceux des nitrates. On a ensuite retrouvé des traces de ces inhibiteurs chimiques dans le lait, ce qui a entraîné un retrait immédiat de ces produits du marché. Comme c'est souvent le cas pour les problèmes qui se manifestent progressivement, les premiers signaux d'alerte ont été ignorés. Aujourd'hui, peu de progrès ont été réalisés pour atténuer le problème des nitrates. Et le problème crucial mais sans cesse éludé demeure : pourquoi les taux d'apports d'azote demeurent-ils toujours aussi élevés ?

Comment pouvons-nous résoudre les nombreux problèmes complexes auxquels la société et la planète sont confrontées aujourd'hui ? Nous devons être plus intelligents dans la mise au point d'une « comptabilité systémique globale » de notre utilisation des ressources. Cela suppose d'intégrer l'ensemble des coûts depuis les premières étapes de la fabrication d'un objet ou d'un intrant ; quel est le coût total de l'extraction d'un minerai ou d'un combustible fossile de la terre ? Quel est le coût final de l'élimination des toxines ou de la dépollution de l'eau ou de l'air ? Et même quel est le coût induit de ces polluants pour nos systèmes de santé ?

Dans la nature, les déchets n'existent pas. En ce qui concerne la pollution, nous, les modernes, avons toujours cru en un endroit magique une sorte d'« ailleurs » qu'on ne visualise pas et auquel on ne pense pas. Nous avons commencé par déverser nos déchets dans les rues, puis dans les décharges, puis dans les profondeurs de la terre, dans la mer et même dans l'espace. Toutes ces décharges sont aujourd'hui soumises à une pression croissante et notre vieille habitude de tout déverser "là-bas" nous rattrape enfin.

Les agriculteurs, les jardiniers et les éleveurs me demandent souvent une prescription simple pour guérir leur maladie, qu'il s'agisse d'un problème d'azote, de mauvaises herbes ou tout autre problème grave. Ils veulent qu'on leur donne "La réponse". Mais tout comme il n'y a pas une seule façon d'élever un enfant, il n'y a pas de réponse unique en ce qui concerne les sols. Pour trouver des solutions à des problèmes complexes, il faut adopter de nouvelles approches et une nouvelle façon de penser. Que ferait la nature ? En approfondissant notre relation avec la dynamique de la nature, nous pouvons améliorer les systèmes naturels, réduire les déchets et les besoins en intrants externes.

Comme mon père, mon grand-père maternel, le capitaine Robert Allen, était pilote. A l'image de mon père, c'était un bel homme ; il ressemblait comme deux gouttes d'eau au célèbre acteur Clark Gable, et je suis sûr qu'il faisait sensation auprès des femmes en son temps. Nous connaissions tous le capitaine sous le nom affectueux de "Grump". Il me laissait conduire le tracteur à l'époque où il avait cessé de voler. Je faisais semblant d'être une fermière, tandis qu'il me racontait son époque de gloire en tant qu'épandeur d'engrais de haut niveau dans un Douglas DC-3, rien que ça ! Cet avion bimoteur a révolutionné le transport aérien dans les années 1930, transportant jusqu'à 32 passagers dans le plus grand confort. Véritable héros, le DC-3 a transporté des troupes dans des régions reculées pendant la Seconde Guerre mondiale. Il a même été utilisé intensivement pendant la guerre du Viêt Nam, larguant de la propagande aux masses et des fusées éclairantes pour illuminer les cachettes des combattants vietnamiens. Je doute que Donald Douglas n'ait jamais imaginé que son bel avion pourrait être utilisé pour épandre de l'engrais. J'imagine souvent l'époque où Grump travaillait pour Fieldair en Nouvelle-Zélande, descendant en vrombissant à travers les vallées escarpées et remontant les chaînes de montagnes dorées de la baie de Hawkes. Le spectacle devait être impressionnant.

Dans les années 1960, les pilotes utilisaient du superphosphate, une roche phosphatée traitée à l'acide sulfurique. Le phosphate est le "P" dans le trio des engrais chimiques NPK. Il a été très largement subventionné par le gouvernement néo-zélandais afin d'accélérer la transformation des zones de brousse en zones de pâturage. La source de ces premières roches phosphatées était du guano de haute qualité (fientes séchées d'oiseaux marins), extrait des îles du Pacifique, Nauru et Banaba, qui font partie de la République de Kiribati. Avez-vous déjà vu Banaba dans une brochure touristique ? C'est peu probable. Ce qui était autrefois une île paradisiaque de 6 km2 habitée n'est plus qu'une coquille vide. De 1900 à 1980, l'exploitation des roches phosphatées a détruit 90 % de la surface de l'île, un processus qui s'est reproduit sur l'île voisine de Nauru. L'altitude du site a chuté de 50 à 60 mètres, jusqu'à l'épuisement des réserves de phosphate. Après 80 ans de fête, la gueule de bois s'est installée et les mineurs sont repartis. L'île ressemble aujourd'hui à une apocalypse moderne, ornée d'équipements miniers abandonnés, de piscines vides, d'un vieux projecteur de cinéma rouillé et de terrains de golf, vestiges d'un déchaînement de cupidité.

Cette exploitation a permis la croissance rapide des économies agricoles de la Nouvelle-Zélande et de l'Australie. La leçon que Katerina Teaiwa, universitaire née aux Fidji, nous demande de tirer de l'histoire de Banaba est de réfléchir à ce qui se cache derrière la croissance de la production de bœuf, de blé, de maïs, ou encore de produits laitiers. "Je pense qu'il est important que l'humanité réfléchisse à la contrepartie de toutes ces choses que nous considérons comme acquises. Où et comment votre nourriture a-t-elle été cultivée ? Ces producteurs s'attachent-ils à produire des aliments riches en nutriments ? Ou bien recherchent-ils des produits de base bon marché et de qualité médiocre, dont le prix réel est payé par d'autres ?

L'histoire nous a sûrement appris quelque chose ? Apparemment, non. L'extraction du phosphate sur les sources les plus accessibles étant devenue plus complexe, d'autres régions se sont ouvertes à l'exploitation minière en Chine, en Floride, au Maroc et à Boukraa, au Sahara occidental. Le phosphate est un élément essentiel des systèmes agricoles industriels modernes et tout risque en matière d'approvisionnement constitue une menace pour la sécurité alimentaire mondiale[13]. En tant que tel, le phosphate est une pomme de discorde, et sans doute l'une des raisons pour lesquelles le Maroc revendique Boukraa et le Sahara occidental. Ajoutez à cela des réserves pétrolières potentielles et de précieuses pêcheries offshore, et vous obtenez un trio qui aiguillonne l'intérêt de votre voisin[14]. Vous avez sans doute entendu parler des "diamants de sang" ; de même, la guerre a éclaté à cause des réserves de phosphate, la roche étant désormais appelée par certains "phosphate de sang". Les aliments que vous avez consommés cette semaine contenaient probablement un peu de ce minerai disputé.

Malheureusement, à mesure que les filons de meilleure qualité se tarissent, le phosphate provenant de sources de qualité inférieure, qui est désormais expédié par voie maritime, est contaminé par des taux élevés de métaux lourds, de cadmium (Cd), de chrome (Cr), de mercure (Hg) et de plomb (Pb), ainsi que par des éléments radioactifs tels que l'uranium (U). Ces éléments s'accumulent dans le sol et sont toxiques pour les humains et les animaux[15].

Le cadmium est considéré comme une substance pathogène, mise en cause notamment dans les troubles gastriques, l'ostéoporose, diverses maladies cardiaques et rénales, des problèmes d'infertilité ainsi que des cancers de l'endomètre, du sein et de la prostate. Il s'accumule dans les principaux organes. En Nouvelle-Zélande, en 1990 à la suite de la mort de chiens qui avaient mangé de la viande contaminée, l'autorité de sécurité alimentaire a imposé des restrictions sur la commercialisation et l'exportation d'abats provenant d'animaux âgés de plus de 30 mois. "Heureusement pour l'industrie laitière", explique le Dr Mike Joy, spécialiste des eaux douces, "le cadmium ingéré par les vaches ne passe pas dans le lait, sinon nous aurions été bannis des marchés d'exportation il y a plusieurs dizaines d'années". Le Dr Joy a endossé le rôle du « canari criant dans une galerie de mine » en Nouvelle-Zélande où la qualité de l'eau se dégrade. Il continue à défendre les cours d'eau, malgré les divers lobbies qui cherchent à le museler et à le discréditer en tant que scientifique.

Chaque année, les agriculteurs néo-zélandais épandent près de deux millions de tonnes de superphosphate, déversant ainsi 30 tonnes de cadmium sur les terres agricoles volcaniques fertiles. Préoccupé par les réactions négatives potentielles du public lorsque les terres agricoles deviennent constructibles, le gouvernement néo-zélandais a eu la clairvoyance de s'attaquer au problème de front... en empêchant ces terres d'être officiellement déclarées contaminées par le cadmium. Une idée géniale. « Là-bas », c'est maintenant sous nos pieds. Si le Cadmium s'était retrouvé dans le lait, je me demande si l'environnement néo-zélandais serait en meilleur état.

À l›échelle mondiale, nous usons et abusons de cette ressource limitée à un rythme alarmant. La majeure partie du phosphore utilisé dans l›agriculture est destinée à se lier ou à se fixer dans le sol, avant d'être entraînée avec les particules du sol pour empoisonner les cours d›eau et contribuer à la formation de «zones mortes» océaniques, c›est-à-dire de vastes étendues d›eau asphyxiées et dépourvues de toute vie.

Ces zones mortes sont causées par un excès de pollution par des nutriments provenant d'activités humaines telles que l'utilisation d'engrais et les rejets d'eaux usées qui favorisent la prolifération d'algues. Cette prolifération à son tour, réduit la lumière solaire et l'oxygène nécessaires à la survie de la plupart des organismes marins, créant ainsi un sanctuaire pour les méduses, et pas grand-chose d'autre. Une méduse pour le dîner, ça vous dirait ? Ces zones mortes se trouvent le long de la plupart des côtes habitées du monde entier. Aux dernières nouvelles, la zone morte du golfe du Mexique, qui draine les rivières de la « ceinture de maïs et de blé » des États-Unis, a établi un record en 2017, avec une superficie de plus de 22 730 kilomètres carrés, soit environ la taille de l'État du New Jersey ou celle de la Croatie[16]. Avec les inondations massives qui ont frappé les États-Unis, les prévisions pour 2019 s'annonçaient désastreuses et les responsables de la pêche ont demandé aux législateurs de déclarer l'état d'urgence en matière de pêche. Il existe des milliers de ces zones mortes dans le monde, couvrant au total près de 260 000 kilomètres carrés[17]. On estime qu'elles ont entraîné la mort ou l'exode de plus de 10 millions de tonnes de crustacés, de poissons et de mammifères. Même la Nouvelle-Zélande, pays "propre et vert", possède une zone morte importante près de Port Waikato.

La science est dans l'impasse avec les phosphates ; elle s'en remet de plus en plus à des solutions technico-mécaniques pour régler des problèmes que la nature a résolus il y a environ 240 millions d'années.

Pendant que mon grand-père épandait du superphosphate avec virtuosité, les insectes indigènes, dont la porine - une chenille géante vorace vivant dans le sol - s'en donnaient à cœur joie sur les cultivars d'herbe introduits. En réponse à ces pressions exercées par les insectes, l'organochloré DDT a été ajouté au mélange de superphosphates ; pourquoi ne pas faire d'une pierre deux coups ? Le DDT s'est avéré efficace pour tuer une multitude d'insectes à la fois... tout en éliminant par inadvertance des milliers de poissons et d'anguilles, ainsi qu'une multitude d'oiseaux. Le DDT s'est accumulé tout au long de la chaîne alimentaire, si bien qu'on en trouve aujourd'hui encore chez les orques de Nouvelle-Zélande, les mammifères marins les plus contaminés de l'hémisphère sud. Les orques, qui se nourrissent de raies pastenagues vivant sur les fonds sédimentaires sont également gorgées de retardateurs de flamme et de PCB (une autre substance interdite qui refuse de disparaître).

L'inventeur du DDT s'est vu décerner un prix Nobel, car ce produit a permis de lutter efficacement contre la malaria pendant la Seconde Guerre mondiale. À la fin des années 50, le DDT a attiré l'attention de Rachel Carson et son livre révolutionnaire sur l'environnement, Printemps Silencieux, a alerté le monde entier. Le DDT a été interdit pour la première fois en Hongrie en 1968 et aux États-Unis en 1972. Et en ce qui concerne la Nouvelle-Zélande, le pays du Hobbit ? Le DDT n'y a été totalement interdit que 20 ans après la Hongrie. Y a-t-il un leitmotiv qui commence à se dégager ? Le beau pays que je suis fier d'appeler mon chez-moi semble essayer de gagner une course à l'abime, avec un bandeau sur les yeux.

Mon Grump était un homme très instruit, empathique et aimant, qui se souciait des gens et de l'environnement, mais il a involontairement participé à un triste chapitre de l'histoire de la Nouvelle-Zélande, qu'il a regretté jusqu'à la fin de ses jours. Et nous voilà en train de recommencer, sans avoir tiré les leçons de nos aînés et en continuant à croire à l'existence d'un "là-bas" chimérique. Les générations futures devront faire face à d'autres conséquences non voulues. Nous n'avons pas besoin de plus d'intelligence, de connaissances ou de puissance informatique pour faire face à ces impacts. Pour paraphraser Albert Einstein, ce sont des mécanismes et des pensées structurels qui nous ont mis dans l'impasse à laquelle nous faisons face dans l'agriculture et il faut changer nos façons de penser pour trouver des solutions à long terme...

Pour éviter les "conséquences involontaires ", il faut commencer par faire appel à tous nos sens. Ce qui implique d'affûter notre faculté d'émerveillement. Nous entrons à présent dans une phase de l'agriculture que les chercheurs appellent l'agriculture agro-écologique ou "post-moderne"[18]. Cette approche de la production alimentaire s'attaque efficacement aux inefficacités et au gaspillage en optimisant les intrants et la gestion. Elle ne nécessite pas de technologies plus modernes ni d'intrants coûteux. En revanche, elle exige des producteurs qu'ils affinent leurs observations, leur réflexion et leurs capacités d'apprentissage afin de produire des aliments denses en nutriments et de qualité supérieure. Si nous ne nous attaquons pas aux structures de l'agriculture et que nous nous contentons de modifier les pratiques, nous continuerons à transmettre ces conséquences involontaires aux générations futures. Pour remplir nos objectifs, il faut transformer notre façon de voir, de penser et d'agir dans les espaces de production alimentaire.

Soyons clairs, transformation n'est pas synonyme de changement. La transformation implique un changement, mais tous les changements ne sont pas transformateurs. Lorsque nous pensons à un éventuel changement, nous cherchons souvent à améliorer les choses ou à les rendre différentes de ce qu'elles étaient dans le passé. Ces changements sont extérieurs et peuvent être aisés, comme l'achat d'un nouvel équipement, se laisser pousser la barbe ou vous mettre au régime. Lorsque vous opérez un changement, il est parfois facile de revenir en arrière, de reprendre une boîte de biscuits ou de vous couper la barbe. La transformation, en revanche, est irréversible, telle une porte qui, une fois ouverte, ne peut plus jamais être refermée. Le papillon ne peut pas retourner à la chrysalide. Lorsqu'un changement transformateur se produit, il s'agit d'un processus interne qui modifie nos valeurs et nos désirs fondamentaux et qui implique généralement une prise de conscience. Le monde apparaît différent d'une certaine manière et les relations changent. Il peut s'agir d'une relation avec la famille, avec vous-même ou avec votre terre.

La transformation peut sembler un peu effrayante. Cette petite voix dans notre tête, notre ego, nous assure que rester le même et poursuivre le train-train habituel est en quelque sorte synonyme de sécurité. Tout ce qui n'est pas familier et nouveau peut créer des sentiments d'anxiété, de peur, d'appréhension, de suspicion et d'évitement. Votre petite voix s'est trompée en pensant que l'inconnu et la nouveauté étaient risqués, alors qu'en fait, le plus grand risque réside dans le fait de ne pas regarder au-delà du connu. Si vous ne ressentez pas une certaine anxiété, vous ne vivez probablement pas pleinement votre vie. C'est dans cet état de léger inconfort que se trouvent les bonnes choses. Le seul risque que je vois vient de ceux qui refusent d'adopter des pratiques régénératives. Ce livre s'intéresse à la manière dont les agriculteurs parviennent à tirer parti des crises qu'ils traversent et de leurs observations pour transformer leur entreprise. Je lance ici un appel à toute l'agriculture pour qu'elle prenne conscience des bénéfices qu'il y a à approfondir nos relations avec la terre, à nous inspirer du peuple Moken et à ne pas se focaliser uniquement sur le calamar qui se trouve sous nos yeux.

3

Insuffler une vie vibrante

"De cette poignée de terre dépend notre survie. Prenez soin d'elle et elle produira notre nourriture, notre combustible, notre abri et nous entourera de beauté. Maltraitez-la et le sol tombera malade et mourra, entraînant l'humanité avec lui."

-Texte sanskrit, vers 1500 av. JC

Nous vivons une période passionnante pour les agro-écologistes et ceux qui, comme vous, se passionnent pour les sols. Partout dans le monde, des initiatives célèbrent la valeur intrinsèque des sols. En 2015, l'initiative "4 pour 1000" a été lancée par le gouvernement français juste avant la COP 21 à Paris. Il semblait que le vent tournait enfin ; on reconnaissait le sol et le carbone du sol pour leur rôle essentiel dans l'absorption du carbone et d'autres gaz à effet de serre. Cependant, les scientifiques continuant à se quereller sur les techniques de mesure, les estimations et les calculs globaux. L'engagement nécessaire pour prendre des mesures au niveau mondial est actuellement au point mort. Il semble que la mise en œuvre des initiatives ait été largement laissée aux acteurs de terrain.

En 2018, j'ai eu le privilège d'accueillir Alannah McTiernan, alors ministre de l'agriculture de l'Australie-Occidentale, lors de l'ouverture d'un atelier sur les sols. Sa position sur la santé des sols était claire : "Si l'Australie occidentale n'adopte pas l'agriculture régénérative, il n'y aura plus d'agriculture ici dans 10 ans. « Une prophétie saisissante ». Il n'a jamais été facile de pratiquer l'agriculture en Australie-Occidentale, du fait des températures extrêmes, des sécheresses et des gelées (sans parler des mouches !). Toutes les projections indiquent que l'agriculture y sera encore plus difficile à l'avenir, à défaut de systèmes de sols sains et résistants.

Il n'y a rien de tel qu'une voyageuse internationale pour réaliser que certains extrêmes climatiques sont désormais une réalité planétaire. Nous avons tous été témoins, au choix, des journées les plus chaudes, venteuses, froides, humides ou sèches jamais enregistrées. La résilience qui nous donne la capacité de nous adapter ou de rebondir face à ces défis est plus que jamais essentielle aujourd'hui. La santé des sols sera la clé de notre capacité d'affronter les catastrophes à venir. Des sols sains ont un impact salutaire sur toutes les facettes de la société et de l'environnement.

Mais en quoi consiste exactement la santé des sols ? La plupart des laboratoires agricoles existants définissent un sol sain comme un sol qui fournit des rendements maximaux, et ils s'appuient sur des décennies de tests calibrés en fonction des rendements pour étayer leurs dires. Malheureusement, ce type de test s'est avéré inadapté aux besoins des agriculteurs et de la société. Une autre définition postule qu'un sol sain est un sol dépourvu de ravageurs ou de maladies, ce qui est un point de vue très réducteur. Toute définition de la santé des sols doit inclure la rentabilité mais aussi la qualité des cultures. Une telle définition doit également tenir compte de la réduction des émissions de gaz à effet de serre, de la protection contre les toxines et de la résistance aux pressions climatiques. Les sols sains présentent des cycles d'eau, de carbone, de décomposition et de minéraux fonctionnels. Ces sols sont dynamiques et vivants, avec une intégrité structurelle complète, capables de résister à la chaleur, à la sécheresse, aux inondations et de récupérer rapidement après une perturbation.

Le département de l'agriculture américain définit un sol sain comme suit : "la capacité continue du sol à fonctionner comme un écosystème vivant vital qui assure la subsistance des plantes, des animaux et de l'homme". Le fait que cette définition caractérise le sol comme vivant constitue un progrès considérable de notre compréhension. D'autant plus que la plupart des écoles de pédologie fondent leurs enseignements sur les théories de Justus von Liebig, scientifique du milieu du XIXe siècle. Liebig est considéré par beaucoup comme le "père de l'agriculture chimique". Selon sa théorie, les trois principaux éléments nécessaires à la croissance d'une culture sont l'azote, le phosphate et le potassium (NPK). Liebig niait catégoriquement que l'humus joue un rôle quelconque dans la croissance des plantes. Il a également énoncé la "loi du minimum", selon laquelle une carence d'un nutriment donné est le maillon faible d'une chaîne, et qu'elle réduit l'absorption d'autres minéraux. Selon certaines rumeurs, il aurait regretté ses découvertes et se serait rétracté plus tard, réalisant la valeur intrinsèque de la matière organique. Toutefois, à cette époque, les nombreux industriels de la chimie se sont coalisés pour faire en sorte qu'on ne touche pas à leur juteux filon.

Les importantes percées scientifiques du XXe siècle ont transformé notre façon d'observer l'univers et nous-mêmes. Les théories révolutionnaires de la physique quantique, des mathématiques, de la conscience et de la nature même de la réalité nous ont permis d'approfondir notre compréhension scientifique et d'affirmer catégoriquement que tout est connecté et que tout est énergie. En 1942, le scientifique et mathématicien quantique Luigi Fantappie a inventé le terme "syntropie" pour décrire la force d'attraction qui régit tous les systèmes naturels : ordre, complexité, structure et vie sont en constante augmentation. Les systèmes de régénération des sols sont la démonstration concrète de ce principe. Alors que de nombreux domaines scientifiques ont fait de grands bonds en avant, les "sciences naturelles" de l'agriculture, des sols et de l'agronomie continuent de s'inspirer des modèles linéaires et réductionnistes du XIXe siècle, considérant la vie comme une "machine". En continuant à cautionner la doctrine de Liebig, c'est l'ensemble de nos systèmes d'éducation agricole et pédologique qui trahissent leurs graves déficiences. Les recherches microbiennes actuelles partent de l'hypothèse que la plupart des fonctions nutritives sont régulées par les processus biologiques. Ignorer le principe de base selon lequel les sols sont vivants coûte cher à la société.

Geoff Thorpe, le propriétaire des pépinières Riversun, est un chef d'entreprise énergique qui connaît bien le benchmarking [l'étalonnage de performances] et la fixation d'objectifs. Geoff a un caractère juvénile qui masque une volonté résolue d'atteindre l'excellence. À la première rencontre, on pourrait le prendre pour un fan de surf, avec ses mèches dorées et sauvages et son sourire buriné par le soleil. Sa recherche passionnée de la qualité, sa volonté d'innover en repoussant les limites ne se sont pas démenties depuis 35 ans qu'il dirige Riversun.

La pépinière se trouve à Gisborne, à l'extrême est de l'Île du Nord, en Nouvelle-Zélande. Gisborne est la première ville au monde à voir le soleil se lever. C'est près d'ici que James Cook a aperçu la Nouvelle-Zélande pour la première fois et que le waka (canoë) Māori Horouta a débarqué pour la première fois. Horouta a apporté la kumara, ou patate douce (Lpomoe batatas), qui a été cultivée et a constitué un aliment de base primordial dans le régime alimentaire des Māori. Le climat chaud, humide et tempéré de Gisborne a donné vie à la kumara qui avait voyagé de nombreux mois à travers les mers. Ce sont ces marées océaniques et ce climat idéal pour la culture qui ont incité Geoff, autrefois passionné de planche à voile, à demeurer dans la région.

Riversun est le premier fournisseur néo-zélandais de vignes greffées et de porte-greffes pour nombre des meilleurs vignobles du pays. Lors des grandes années de production, ils ont greffé environ 5 millions de porte-greffes. Ils produisent également des avocatiers et des kiwis greffés pour répondre à l'évolution des marchés. Geoff a l'art de prédire les tendances du marché. Dans ce secteur, anticiper l'avenir peut faire la différence entre le succès et la faillite : les pépinières de porte-greffes doivent être en mesure de prédire quelles cultures seront à la mode la saison suivante. En 2008, l'industrie des pépinières viticoles s'est effondrée, mettant fin à une activité florissante et réduisant de trente à quatre le nombre de ces entreprises.

En 2017, Geoff a été nommé officier de l'Ordre du mérite de Nouvelle-Zélande (ONZM) en reconnaissance des services qu'il a rendus au secteur viticole. Son exubérance et sa passion de la qualité sont contagieuses, un trait précieux pour son équipe de 70 employés à temps plein qui travaillent dans ses diverses entreprises. Notamment un laboratoire de classe mondiale et une équipe de scientifiques spécialisés dans l'identification des maladies et la réalisation de tests PLFA (Phospholipid Fatty Acid Analysis) pour la santé des sols. Le test PLFA mesure les acides gras présents dans les membranes cellulaires des microorganismes présents dans le sol. De nombreux organismes produisent des biomarqueurs spécifiques PLFA, grâce auxquels on obtient une empreinte digitale précise des microbes présents et actifs dans un sol donné.

Pour Geoff, la qualité et la santé du sol sont des éléments non négociables, des moteurs essentiels de la réussite de son entreprise. Sa bêche est un compagnon de chaque instant, il a creusé plus de trous que la plupart des agronomes chevronnés. Nous marchons le long de rangées imposantes de blocs (blocs-sources), sous-plantés de diverses herbes, graminées et légumineuses qui contribuent à l'enrichissement du sol. En creusant sous les vignes, il prélève de gros agrégats de terre qui indiquent un sol sain, et les fait rouler doucement entre ses doigts. Ses sols brun foncé ont un aspect colloïdal qui laisse des taches sur ses mains. Il aspire profondément l'odeur de la terre dans ses narines, avant de sourire en connaissance de cause : "le secret est dans la terre". Son attention et son amour ont jeté les bases d'une entreprise extrêmement prospère.

Au début des années 1980, la pépinière fonctionnait en grande partie selon les principes de l'agriculture biologique. Cependant, les réalités de la fourniture de porte-greffes certifiés exempts de virus et de maladies à un public pointilleux ont fait que le rêve biologique a été mis de côté. Les pépinières passaient les mois d'hiver en jachère chimique à nu. Au printemps, leurs belles terres volcaniques étaient cultivées pour obtenir un sol fin, recouvertes de plastique, plantées, enrichies d'engrais à diffusion lente, irriguées, puis récoltées à la fin de la saison. En outre, une soupe de fongicides et de pesticides organophosphorés était utilisée pour tenir en respect les maladies et les insectes vecteurs de virus, tels que la cochenille. En 30 ans, les principes bio de Riversun s'étaient érodés, obligeant l›entreprise à recourir à des produits chimiques.

Constatant ce déclin, Geoff a fait le point en 2005 et a réuni une équipe de spécialistes des sols et des pépinières pour poser les questions fondamentales : "Comment, dans un écosystème perturbé, améliorer la santé des sols, accumuler du carbone et renforcer une communauté microbienne idéale pour la croissance de vignes saines ?" Les données de base recueillies concernant le sol et les aspects financiers se sont ajoutées aux données approfondies déjà collectées dans les parcelles de porte-greffes concernant les schémas de croissance. Il est essentiel de se poser des questions sur le "pourquoi" pour optimiser les décisions régénératives. À Riversun, la question du "pourquoi" a révélé l'existence d'un héritage de décisions non réfléchies. "Si nous ne pouvons pas continuer à faire cela sur la même terre, dans la même communauté et sur la même planète pour les 100 prochaines années et les 1 000 années qui suivront, alors ce n'est pas durable", rappelle Geoff.

Une pratique courante dans les pépinières consiste à utiliser des granulés d'engrais à libération lente. En testant des intrants alternatifs, notamment du sang et des os, du fumier de poule, du poisson, et une parcelle-contrôle sans aucun intrant, l'équipe de Riversun a rapidement découvert qu'elle pouvait se débarrasser des granulés à diffusion lente sans que la santé, la vigueur ou le rendement des plantes n'en pâtissent. Le fait que les engrais naturels soient moins onéreux que les engrais à diffusion lente a été un atout supplémentaire.

Après quatre ans d'utilisation exclusive d'engrais bio, ils ont réduit de moitié leur consommation d'azote. Ce que j'apprécie chez Riversun, c'est leur capacité à tester de nouvelles idées avec rigueur ; ils disposent de vastes blocs d'essai qui n'ont reçu AUCUN apport d'azote pendant deux années consécutives et ils n'ont constaté aucune différence dans la couleur, la vigueur ou le rendement des vignes. Et ce, bien que les résultats des analyses de sol leur indiquent qu'il n'y a pas d'azote disponible dans le profil du sol. Les apports d'azote d'origine naturelle sont en fait le nec plus ultra des "engrais à libération lente".

Riversun a également testé plusieurs engrais verts différents. Ceux-ci sont semés tous les trois ans, pour allouer un temps de repos aux sols de la pépinière. L'objectif est d'éliminer tout apport d'engrais azoté au sol, en s'appuyant sur des légumineuses cultivées et les bactéries du sol pour fixer l'azote atmosphérique (après tout, 78 % de l'air que nous respirons est composé d'azote !).

La raison d'être de l'utilisation du plastique noir a également été remise en question. Ce plastique est traditionnellement utilisé dans les pépinières de vignes du monde entier pour lutter contre les mauvaises herbes et réchauffer les sols au début du printemps. Malheureusement, il empêche également la pénétration de l'eau, de sorte que, chaque année, un ruban d'irrigation est disposé sous chaque rangée. Dès l'arrivée du soleil d'été, ce plastique devient trop chaud. Il fallait donc peindre le plastique noir en blanc pour éviter que l'air très chaud sous le plastique ne provoque un écorçage annulaire des boutures greffées. Un bloc a été testé en remplaçant le plastique par de la paille d'orge. En déroulant de petites balles entre les rangs, on a évité le recours à l'irrigation, au plastique et à la peinture. Les sols pouvaient désormais respirer et, même en tenant compte du coût de la main-d'œuvre et de la paille, l'orge s'est avérée très avantageuse du point de vue financier et environnemental. Il n'est pas non plus nécessaire de se débarrasser des milliers de mètres de ruban d'irrigation ou de plastique. Le seul inconvénient de la première année a été que les graines d'orge ont germé et qu'un champignon a poussé sur les tiges. C'est pourquoi la paille est désormais stérilisée à la vapeur à son arrivée.

Depuis qu'elle s'est lancée dans un programme de régénération, axé sur des systèmes de santé des sols dynamiques, la société Riversun a éliminé les herbicides de ses opérations de plein champ. Les fongicides synthétiques et systémiques ainsi que tous les insecticides ont également été supprimés de la pépinière ce qui a permis une amélioration de la santé des plantes. Comme c'est souvent le cas avec les pratiques de régénération, l'écologie et l'économie travaillent main dans la main.

Mise à jour : la simple logistique de la culture, de la récolte, de la pasteurisation et de l'épandage de la paille (1 500 balles conventionnelles/ha), sans parler de la lutte contre les mauvaises herbes de la fin de l'automne qui sont apparues lorsque la paille a commencé à se décomposer, a incité Riversun à concentrer ses efforts sur la recherche d'un film de paillage véritablement biodégradable. Il a trouvé un fabricant spécialisé en Europe et des essais ont été réalisés fin 2019.

Nombre des exemples présentés dans ce livre proviennent de sites dégradés et exigeants. Comment parvenir à régénérer ces sols, voilà l'un des défis les plus importants pour notre génération. Les producteurs que présente ce livre régénèrent leurs sols, restaurent le cycle de l'eau et insufflent une nouvelle vitalité aux "patients" de l'écosystème qui se sont effondrés. Leur succès repose sur leur capacité à identifier des points de levier critiques, un tri littéral qui va permettre de traiter les "facteurs limitants" et les "facteurs favorisants". Lorsqu'ils se demandent quel est le principal facteur de croissance, la plupart des producteurs pensent à l'eau. L'effet de l'eau est immédiat, en période de faibles précipitations, chaque cultivateur constate la réponse instantanée à un épisode pluvieux. Cependant, ce n'est pas la limite n°1 à la production. Le principal moteur de la production est le soleil, puis l'air et enfin l'eau. Si le soleil s'éteignait, nous serions tous dans de beaux draps ! Combien de temps pourriez-vous survivre sans air, sans eau ou sans nourriture ? Il en va de même pour nos systèmes de sols, notre microbiologie et nos plantes. Si les sols sont tassés et compacts, s'ils ont du mal à respirer, c'est notre point de départ pour méthode de priorisation. Une fois ces points résolus, la priorisation porte sur les facteurs favorables suivants : l'eau, la décomposition, puis la disponibilité des minéraux. Trop souvent, les conseillers agricoles passent à la quatrième étape, le NPK de Liebig. Ces conseillers apprennent à leurs producteurs à recourir aux engrais chimiques, condition première, selon eux, pour faire pousser quoi que ce soit.

Nous allons aborder ces facteurs favorisants dans les prochains chapitres. J'aimerais que vous reteniez pour l'instant que chacun de ces facteurs est influencé par ce que nous appelons les 5 M : La mentalité, le management, les microbes, les minéraux et la matière organique (MO). (D'accord, je triche un peu avec la MO !). Dans chaque chapitre, nous verrons comment les 5 M conditionnent et interagissent avec la santé du sol et vos objectifs. Les mesures que vous prenez pour traiter ces facteurs sont régies par des principes simples de santé des sols. Ces principes sont basés sur le fonctionnement naturel des sols.

Principes de santé des sols

* Maintenir le couvert végétal et la protection du sol.
* Des racines vivantes le plus longtemps possible.
* Incorporer le bétail et/ou son fumier (dans la mesure du possible).
* Diversité, diversité, diversité.
* Optimiser la photosynthèse des plantes.
* Réduire les perturbations - éviter au maximum de tuer la faune souterraine.
* Gérer en fonction de ce que vous voulez, non de ce que vous ne voulez pas.
* Les actions qui découlent de ces principes sont influencées par votre climat et votre contexte spécifiques.

Vous pouvez choisir ce qui motive les régénérateurs ; leurs motivations individuelles sont aussi diverses que les gens que l'on rencontre sur le terrain. Leurs motivations personnelles vont de la hausse de la rentabilité et de la résilience aux préoccupations envers leur communauté ou leur famille. Certains s'inquiètent de la dégradation de l'environnement ou de la qualité des aliments. D'autres recherchent la reconnaissance de leur communauté ou veulent être les meilleurs agriculteurs possibles. L'agriculture régénérative permet de jouer sur divers aspects afin d'aider les producteurs à atteindre leurs objectifs individuels.

Parmi les 5 M, le mental peut être le plus grand frein ou le plus grand moteur de la réussite. Par exemple, si vous pensez que les paramètres échappent à votre contrôle ou que le changement est difficile, devinez quoi ? "Si vous pensez que vous pouvez ou que vous ne pouvez pas, vous aurez raison !" Cette attitude devient le reflet de votre réalité sur le terrain et dans la vie. Je constate que, même lorsque je travaille initialement avec des clients très dépendants des intrants chimiques, s'ils sont curieux et ont l'esprit ouvert, leur stratégie de gestion des sols et des cultures a beaucoup plus de chances d'être couronnée de succès.

Dans le cadre de notre travail de coaching sur les sols, nous avons constaté que l'un des principaux facteurs de réussite est l'état d'esprit d'une personne face à l'apprentissage et à l'échec. Un "état d'esprit rigide" considère l'intelligence et le talent comme innés. Cette approche mentale conduit à mettre en cause des influences extérieures, à rejeter la faute sur les autres, le temps ou la météo, en cas de difficultés. Échecs ou critiques sont perçus comme des échecs personnels, plutôt que comme une incapacité à produire le résultat souhaité. Les personnes dotées d'un esprit rigide sont souvent menacées par le succès des autres ; on le constate fréquemment dans les petites communautés rurales, où il est mal vu d'adopter des méthodes différentes ou de paraître atypique. Cet état d'esprit peut être le plus grand obstacle à l'innovation et à la réussite. Ce ne sont pas avec ces profils que nous choisissons de collaborer.

À l'inverse, les personnes capables d'évoluer croient qu›elles peuvent apprendre de leurs expériences, que c'est leur attitude et leurs efforts qui déterminent les résultats. Comme le disait le brillant éleveur laitier Neil Armitage, aujourd›hui malheureusement décédé, à propos de l›optimisation de la santé des sols, " [Que vous soyez] bon, meilleur, le meilleur, ne vous reposez jamais». Il ne s›est jamais contenté d›être un producteur moyen. L'amour qu'il portait à ses vaches et à sa terre faisait qu'il ne se contentait jamais d'un «bon» résultat. Neil était sans cesse à l'affût de nouvelles approches pour optimiser et perfectionner sa gestion des pâturages, les espèces d›herbes ou les intrants. Par conséquent, après plus de 14 ans de gestion d'un système à faibles intrants et haute production, un agronome chimiste déconcerté a un jour attribué à ses pâturages une note de «11 sur 10»[19].

La frontière entre une mentalité figée et une mentalité évolutive est floue. Vous pouvez osciller entre une attitude figée ou évolutive dans certains domaines, par exemple envers vous-même, votre terre, la politique ou certains membres de votre famille. Les personnes qui ont cette capacité d'évoluer considèrent les défis, y compris les échecs, comme une occasion de progresser. J'aime entendre Gabe Brown, le régénérateur de sols du Dakota du Nord, commenter lors de conférences sur l'agriculture : "Nous prévoyons d'essuyer au moins un échec par an, dit-il. Si nous n'échouons pas, c'est que nous n'essayons pas assez de nouvelles choses". Ce n'est pas tant l'échec que la volonté d'essayer de nouvelles choses qui produit des résultats extraordinaires.

Il y a quelques années, nous avons eu une interaction inhabituelle avec un nouveau client ; appelons-le l'agriculteur C. Pendant plus de dix ans, C avait essayé différents intrants et cultures de couverture, mais il avait l'impression que rien ne fonctionnait. Chaque action que nous lui proposions se heurtait à sa résistance. "Ca ne marchera pas dans mon sol". Ou encore : "J'ai déjà essayé ça. Ça n'a pas marché." Il était clair : rien ne changerait jamais. Dans l'esprit du client C, l'absence de réussite n'était pas le reflet de ses actions, elle était due à des facteurs externes, comme la météo, le choix des semences, etc. Il était également préoccupé par tout risque d'échec ; à ses yeux, les échecs n'étaient pas des occasions d'apprendre, mais le confrontaient à un échec personnel.

Lorsqu'on lui a demandé d'exposer son programme de culture, il a fallu un certain temps avant qu'il ne révèle, penaud : "Eh bien, nous appliquons un herbicide de prélevée, puis une pulvérisation anti-dicotylédones après la germination, on applique des néonicotinoïdes sur les semences, six fongicides" et enfin "de l'atrazine pour assécher la culture au moment de la récolte". Il me demanda alors : "Puis-je vendre ce produit en tant que produit biologique ?" Je n'ai pas eu à réfléchir longtemps pour lui donner une réponse ! L'agriculteur C avait ajouté des inoculants biologiques commerciaux à ses semences, y compris des produits de lutte contre les maladies, la protection contre le gel, l'absorption d'eau, de phosphate et d'azote. Ces micro-organismes existent tous à l'état naturel dans les sols sains. Si les sols sont très perturbés, ils peuvent être carencés en micro-organismes ; dans ces circonstances, l'ajout de ce type de produits peut être une occasion précieuse de donner un coup de fouet à un processus de régénération.

Le vrai problème de l'agriculteur C ? Il était tellement préoccupé par l'idée de quitter la branche sur laquelle il se sentait en sécurité qu'il ne parvenait pas à prendre les mesures nécessaires pour passer à un nouveau plan d'action. Au fil des conversations, nous avons découvert qu'il n'avait jamais testé quoi que ce soit pendant trois ans, au même endroit. Il ne disposait d'aucune base de référence ni d'aucune méthode pour évaluer si la santé des sols et des plantes s'améliorait ou s'il atteignait même ses objectifs. Il n'effectuait pas non plus de mesures pour évaluer si sa gestion était régénérative ou dégénérative ! L'agriculteur C ne s'était pas donné les moyens de réussir ; son seul critère était le rendement. Lorsqu'il ne constatait pas de changement immédiat dans les rendements, il abandonnait une pratique plutôt que de subir un "échec" potentiel. Lorsqu'il m'a demandé : "Quel est, selon vous, mon facteur limitant ?", j'ai répondu, un peu à contrecœur : "Votre attitude".

Au cours des deux années suivantes, l'agriculteur C a poursuivi ses essais et réduit fongicides et pesticides. Il a vu l'opportunité de produire des semences de plantes de couverture pour un marché de niche en expansion. Il a commencé à se rendre compte que son attitude l'avait empêché d'aller jusqu'au bout ou de persévérer dans une nouvelle technique. Il a également constaté que ses inquiétudes concernant ses voisins et sa peur du risque l'empêchaient d'atteindre ses objectifs en matière de réduction des intrants chimiques.

Les mentalités figées rendent la mise en œuvre de méthodes régénératives difficile, mais pas impossible. Malgré le terme "figé", cette façon de voir le monde n'est pas nécessairement insurmontable. Vous pouvez vous aussi changer d'état d'esprit ! Il a été très inspirant de voir une communauté se développer autour de cet agriculteur, avide des connaissances qu'il a acquises au cours de ces années. Ce fut une joie absolue de voir les changements qui se sont opérés en lui, à mesure qu'il acquérait courage et confiance en lui pour agir.

Un jour, alors que je rendais visite à un client, j'ai pris place sur le siège passager d'un vieux véhicule de ferme déglingué. J'ai eu la chance rare de ne jamais avoir à ouvrir de barrières ; elles étaient toutes couchées à terre et nous avons roulé par-dessus ! La ferme ressemblait à une carte postale touristique typique de la Nouvelle-Zélande, avec ses collines verdoyantes, ses moutons épars dans les champs et, en arrière-plan, ses montagnes aux cimes blanches. Lorsqu'il m'a demandé mes conseils de coach, j'ai répondu : « Clôturez et installez des points d'eau ! » Il ne sert à rien d'injecter des intrants coûteux dans un système si vous ne le gérez pas correctement. La consigne vaut pour tous les secteurs, qu'il s'agisse de grandes cultures, de jardinage ou d'arboriculture.

La gestion et le bon timing sont vos principaux outils, qu'il s'agisse d'adapter le pâturage selon les conditions, de limiter le passage d'engins lourds sur les sols, de ne pas cultiver en période humide, de privilégier l'observation plutôt que les pulvérisations selon un calendrier, de choisir le bon moment pour tailler, planter des semences ou appliquer des engrais. Sans une bonne gestion, vous freinez la régénération de vos sols. Malheureusement, ce livre n'a pas l'ampleur nécessaire pour couvrir l'ensemble des techniques de gestion applicables à chaque secteur. Toutefois, il existe d'excellentes options pour obtenir des informations supplémentaires et enrichir vos connaissances. Pour les éleveurs, il existe de remarquables livres écrits par des auteurs comme Allan Savory, Jim Gerrish et Greg Judy, qui couvrent parfaitement les aspects pratiques. Si vous avez du bétail et que vous n'avez pas encore adopté les principes préconisés dans les modèles de pâturage adaptatif planifié, c'est par là qu'il faut commencer. Pour les vergers et la polyculture, Bill Mollison, David Holmgren, Michael Phillips, Mark Shepherd, Gabe Brown et Joel Salatin traitent de tous les sujets, des conseils pratiques aux avantages inestimables des entreprises mixtes.

Je travaille avec de nombreux éleveurs qui pratiquent une gestion adaptative sans intrants et qui pensent qu'une bonne gestion des pâturages peut à elle seule tout résoudre. D'après ce que j'ai vu, la réponse n'est pas si évidente - peut-être, c'est possible, ça se peut... Tout dépend du temps dont vous disposez et de l'état de votre ressource. Une fois les facteurs favorisants pris en compte, la gestion des pâturages est toujours l'outil numéro un. Dans le secteur de l'élevage, je constate que de nombreuses entreprises "holistiques" ou "adaptatives" à long terme butent contre des obstacles. Au début, une gestion différente des pâturages a permis de faire des bonds en avant en termes de production, mais avec le temps, la production stagne, sur certains sites l'herbe est moins fournie, la terre plus compacte et les performances animales déclinent petit à petit. Si l'entreprise est bien supervisée (ce qui est l'un des principes de la gestion holistique d'Allan Savory), les changements adaptatifs nécessaires sont appliqués avant qu'on atteigne ce stade. Pour les sites qui ont atteint un plateau, il est temps de se pencher sur les autres facteurs favorisants à envisager, voire de réexaminer attentivement la gestion, car les résultats ne sont pas à la hauteur des attentes.

La gestion humaine, ou la mauvaise gestion des paysages, a eu un impact significatif dans le monde entier. Ce qui m'a frappé lorsque j'ai visité la Californie pour la première fois, c'est le manque flagrant de couverture végétale en été. Un retour en arrière, grâce aux livres d'histoire, est révélateur.

En 1880, avant une inondation dévastatrice et la sécheresse qui s'ensuivit, la Californie comptait environ 500 000 élans, 2 millions de moutons et 1,5 million de bovins qui paissaient dans ses vastes et luxuriantes prairies. En l'espace de trois ans, plus d'un million d'animaux sont morts, ce qui a mis les entreprises d'élevage à genoux. Le pâturage de la totalité de l'herbe pendant cette sécheresse a entraîné une diminution spectaculaire des graminées vivaces et des herbacées natives appétentes de saison chaude. La perte de leur habitat et une chasse intensive ont fait chuter le nombre d'élans d'un demi-million à moins de 3 500 (5700 en 2020), cent ans plus tard. En Australie, un autre environnement fragile, une dynamique de pâturage similaire s'est développée en l'espace de 2 à 3 ans, et aujourd'hui, le couvert vert estival traditionnellement présent a presque entièrement disparu.

Les sols ont besoin d'une couverture et d'une protection tout au long de l'année. La meilleure gestion du monde ne servira à rien si les sols sont exposés pendant près de la moitié de l'année. L'introduction de diverses plantes vivaces sèches d'été à racines profondes protégera et améliorera les sols, éliminera le compactage et apportera des minéraux. Je n'ai aucune réserve philosophique quant à l'utilisation d'espèces indigènes et non indigènes. Dans mon esprit, il est absolument prioritaire de réintroduire des couvertures estivales dans ces paysages. Ce que nous constatons dans le monde entier, c'est qu'au fur et à mesure que les processus de guérison des sols se réenclenchent, des espèces indigènes que l'on n'avait pas vues depuis des décennies commencent à réapparaître.

Malheureusement, de nombreux gestionnaires de ranchs en Amérique du Nord et en Australie font pousser de l'herbe sur un substrat appauvri du fait des mauvaises décisions prises dans le passé. En raison d'une mauvaise gestion et du surpâturage, la couche arable a été rapidement emportée par le vent ou par le ruissellement. Il est possible de remettre ces terres en état au fil du temps grâce au pâturage. Mais si vous êtes comme moi, vous n'avez pas cette patience-là !

Le modèle à fort impact ponctuel, avec de longues périodes de repos proposé par de nombreux défenseurs du pâturage est difficile à mettre en œuvre lorsque les environnements produisent une couverture végétale insuffisante. Je vois de nombreux éleveurs dans des environnements semi-arides qui se débattent aujourd'hui encore après des décennies d'adhésion à ce système. Les défis sont multiples lorsque vous essayez de lancer le processus de compostage. De nombreux éleveurs sont confrontés à un compactage important ou risquent de créer des « dust bowls »[20] lorsqu'ils ajoutent de fortes concentrations d'animaux, sans couverture végétale ni système racinaire adéquats.

Steve Charter est un éleveur qui applique les principes du pâturage adaptatif depuis plus de 30 ans. Son ranch "2 lazy 2" est situé à mi-chemin entre Billings et Roundup, dans le Montana. Ces terres évoquent l'Ouest d'autrefois qui, avant mon arrivée ici en 2013, était un paysage que je n'imaginais exister que dans les Westerns. Des buttes rocheuses abruptes interrompent les prairies ouvertes et poussiéreuses, parsemées d'armoises grises et vertes et, ici et là, d'antilopes. Billings est une ville qui vit de l'élevage de bétail et de ses riches réserves de charbon et de pétrole. Steve élève de 200 à 400 vaches avec leurs veaux sur deux parcelles distinctes qui couvrent plus de 3000 ha. La parcelle sud, hivernale, est plus sèche avec une terre plus facile, tandis que la parcelle estivale se trouve à deux bons jours de cheval de la chaîne des Bull Mountains, avec ses paysages époustouflants, ses buttes, ses belvédères et ses vallées abritées.

Steve a passé de longues journées et de longues semaines seul dans ces paysages, avec son chien de troupeau et ses chevaux pour seule compagnie. Lors de ma première visite chez lui, nous avons sellé nos chevaux dans l'obscurité et sommes montés au sommet du ranch. "Les vaches sont quelque part par-là", m'a-t-il dit en me montrant du doigt les mille hectares de buttes abruptes, d'éboulis, de pins et de genévriers. "Allez par là et je vous rejoindrai au portail." Et il est parti. Heureusement pour moi, ou pour Steve, trouver et déplacer du bétail m'emplit le cœur de joie. Cinq heures plus tard, couverts de poussière, nous nous sommes retrouvés, avec la majeure partie du troupeau et mes esprits rassemblés. Monter à cheval avec Steve m'a appris beaucoup de choses, dont les leçons sont évidentes dans ma sacoche : un canif, du baume à lèvres, un cure-pied, du ruban adhésif, de la crème solaire, un casse-croûte et de l'eau. Mon père m'avait appris une chose : "Nous buvons quand les chevaux boivent". C'est peut-être vrai, mais je n'ai pas la constitution nécessaire pour boire ce que boivent les chevaux... J'ai donc appris à emporter ma gourde.

Poussé par un profond besoin de bien traiter sa terre et de la laisser en meilleur état, Steve n'a jamais été du genre à accepter le statu quo. Ses parents étaient de fervents opposants à l'industrie du charbon, dont ils louaient les terres voisines. Bien que Steve passe pour un homme décontracté à la voix douce, ayant grandi dans une famille qui lutte contre l'industrie de base du Montana, il s'est fait quelques ennemis. Il s'anime dès qu'il est question de charbon ou d'éleveurs bernés par les organismes [professionnels] qui ont été créés pour les soutenir. Les relations de voisinage ont parfois été fragiles et conflictuelles. Des photos ont circulé en ligne montrant Steve debout dans une énorme fissure, vestige du processus d'exploitation minière souterraine de type "longwall", qui provoque l'effondrement des tunnels derrière les excavatrices, provoquant une rétraction et une fissuration de la couche de terre supérieure. Ces photos sont devenues virales et l'entreprise houillère a concentré son ressentiment sur Steve. Ils l'ont traîné en justice à plusieurs reprises, ont envoyé des shérifs à sa porte pour lui demander ses courriels personnels et ont vu leurs poursuites rejetées par le juge pour harcèlement plus d'une fois.

L'entreprise veut le faire partir et continue à prendre des mesures hostiles pour le pousser dehors. La saison dernière, il est arrivé sur les terres qu'il louait à la mine de charbon et a trouvé des excavatrices de la compagnie en plein travail, en train d'enlever ses barrages et ses conduites d'eau. Son bétail a été privé d'eau pendant plusieurs jours alors que la température dépassait les 30°C. Il a passé la saison à courir pour installer des pompes à eau et des générateurs afin de fournir à son bétail de quoi s'hydrater. Pourtant, il est déterminé à poursuivre sa protestation pacifique.

Lorsque Steve a repris le ranch familial, le Service de conservation des sols lui a fourni l'essentiel des informations, des conseils que Steve a jugés "insatisfaisants". « Ils voulaient que nous labourions les pâturages indigènes et que nous y semions de l'agropyre, ce qui ne me paraissait pas pertinent. » Leur conseil à la communauté des éleveurs ? « Ils nous ont dit de ne pas faire pâturer trop tôt, de ne pas faire pâturer lorsque les plantations montent en graine ou lorsqu'elles développent des réserves racinaires. Ce qui a laissé Steve songeur... « C'est pratiquement toute l'année. À quel moment exactement faites-vous paître le bétail ? » Peu après qu'il a repris le ranch, la région a été frappée par une sécheresse prolongée. Steve se dit aujourd'hui que s'il avait suivi leurs conseils, le ranch et son sol auraient été emportés par le vent.

Heureusement, sa remise en question du statu quo l'a amené à rencontrer par hasard, au début des années 80, Allan Savory, célèbre pour sa méthode de gestion holistique. Le couple fut parmi les premiers à adopter les méthodes de pâturage Savory, et Jeanne, la femme de Steve, a créé le premier groupe de stratégie holistique aux États-Unis. Cette approche préconise un fort impact animal suivi d'une période de récupération plus longue des pâturages. Avant de rencontrer Savory, le bétail restait dans ses zones favorites, surpâturant les sols de fond de vallées et ignorant les endroits plus éloignés de l'eau et les pentes abruptes. Steve a commencé à diviser les vastes prairies ouvertes, en posant laborieusement des clôtures électriques - souvent longues de plus d'un kilomètre - pour gérer l'herbe de manière plus efficace. Les élans et les cerfs sauvages représentent un défi unique pour l'entretien des clôtures électriques et donnent du travail à Steve car ils sautent, s'emmêlent dans les fils, arrachent des pans de clôtures et les entraînent régulièrement dans les pâturages. Les prairies d'altitude ont réagi au changement de gestion des pâturages par l'apparition d'un couvert végétal diversifié et dense, qui fournit une excellente nourriture d'été. Après la fonte des neiges, ces prairies d'altitude bénéficient d'une bonne pousse d'herbe au printemps et sont beaucoup moins exposées à la canicule et aux vents desséchants que les prairies hivernales des plaines.

Ses pâturages de plaine témoignent d'un passé bien différent. Ces terres ont été cultivées et elles ont été l'une des victimes de la grande série de tempêtes de poussière des années 1930. Les traces de cette période sont encore visibles : des monticules de terre le long des clôtures et des ravins à sec creusés par l'érosion. Le mot "saleté" semble tout à fait adéquat pour désigner le sol car tout ce qui en subsiste est une couche de poussière sans structure, qui provient des terres voisines situées en amont. Au cours des 30 dernières années, malgré une meilleure gestion des pâturages, cette prairie semi-aride n'a enregistré que des progrès minimes. Dans les plaines à armoise, un type d'environnement friable, le bétail est déplacé au moins tous les cinq jours vers de nouvelles parcelles et ne revient pas tant que l'herbe n'a pas suffisamment repoussé - une rotation qui peut durer au moins deux ans. Sa terre s'est améliorée, mais la plupart du temps, Steve a l'impression de faire deux pas en avant et deux pas en arrière. Les terres jouxtant la ferme étaient dominées par de l'agropyre moribond et de la sauge, qu'entouraient une vaste étendue de terre nue. Il se demandait depuis longtemps si la terre avait exprimé tout son potentiel et "ce potentiel", a-t-il dit, "n'était pas grand".

Steve s'intéresse au biomimétisme et aux manières de reproduire plus fidèlement les cycles naturels. Il se demandait « quel pouvait être le couvert végétal naturel et les modes de pâturage autrefois ? » Difficile de trouver des preuves concluantes. En explorant les archives historiques, on trouve quelques indices dans les précipices à bisons et les récits des Premières Nations. Ces indices laissent penser que les bisons devaient migrer tous les 5 à 7 ans. Toutefois, les données relatives à l'activité migratoire des bisons sont difficiles à reconstituer. L'utilisation historique de précipices à bisons à proximité montre que ces sites n'étaient pas utilisés tous les ans par les Premières Nations. Les grands troupeaux suivaient les bonnes années d'herbe, ne revenant pas tous les trois mois, ni même suivant les rotations de deux ans appliquées par Steve. Cette migration devait permettre une récupération suffisante puis un impact animal élevé, créant ainsi une couche de litière et de matières compostables.

Au début du siècle dernier, des pâtures mal gérées et l'emploi de la charrue ont fait perdre aux fonds de vallées une grande partie de leur diversité d'espèces, de leur carbone et de leur terre arable. Les graminées courtes prédominantes, telles que le boutelou gracieux, l'herbe de bison et les espèces de graminées moyennes, l'agrostis, la jonquille des prairies, l'agrostis des sables et l'agropyre de l'Ouest, ont pratiquement disparu. Aujourd'hui, la détérioration de la situation biologique a façonné des sols désertifiés "endormis", parfaits pour l'armoise, les cryptogames (plantes ne produisant pas de graines) et les sols nus. Il n'est plus possible de laisser ces zones sans pâturage pendant de longues périodes. Aujourd'hui, dans le ranch de Steve n'existent ni les conditions ni les espèces d'herbes hautes et denses susceptibles d'être piétinées. Toutes les pratiques de gestion ne conviennent pas à tous les écosystèmes, d'autant plus que beaucoup d'entre eux sont aujourd'hui dégradés. J'ai vu des éleveurs américains transformer les sols néo-zélandais en boue et les annihiler. Des agriculteurs néo-zélandais ont réduit des terres américaines en poussière. Écoutez vos paysages et étudiez leur passé ; il n'y a jamais de prescription unique qui convienne à tous les cas.

Pour Steve, c'est son changement d'état d'esprit, c'est-à-dire le fait de ne plus se concentrer sur la production en surface, mais sur ce qui se passe en sous-sol, qui a libéré le potentiel de son ranch. En 2014, il mis en oeuvre des méthodes que j'imaginais réservées à de vastes superficies. Il a commencé par pulvériser des stimulants biologiques et des catalyseurs minéraux pour réveiller la vie du sol.

Steve a construit un pulvérisateur de lisier sur mesure et l'a monté sur un vieux camion de l'armée. Ces pulvérisateurs sont conçus pour relever le défi que représente l'épandage de matières volumineuses en suspension liquide, tels que le compost, la chaux et les semences. La première année, sur 200 ha, il a testé quatre traitements différents avec des mélanges comprenant de la mélasse, du poisson, des algues, du sel gemme et du lombricompost (ou compost de vers). Pour Steve, les résultats ont été fantastiques. Dès la première année, la qualité de l'agropyre a commencé à s'améliorer et la deuxième année des herbes indigènes ont commencé à réapparaître. Dans cette communauté, les éleveurs cherchaient des moyens de réduire la monoculture dominante d'agropyre à crête. Steve constate aujourd'hui que le blé de l'Ouest le supplante naturellement, le tapis herbacé des pâturages s'épaissit et les zones de terres à nu ont été réduites.

Jodie, le vacher de Steve, qui est né et a grandi dans ce pays, déclare qu'il a constaté de grands changements là où les traitements ont été effectués. "Je n'ai jamais vu de l'herbe comme ça", dit-il, "par endroits, elle arrive à hauteur des genoux ou de la taille ! Jodie a attrapé le virus de la santé du sol ! L'amélioration des nutriments de l'herbe signifie également qu'il y a plus de fourrage à donner au bétail, ce qui permettra d'augmenter le nombre de têtes de bétail à l'avenir, d'accroître la quantité d'herbe piétinée et d'améliorer le cycle des nutriments et de l'eau dans le sol. Steve met en garde ceux qui souhaitent adopter des méthodes de gestion holistique en doublant le nombre de têtes de bétail, ce qui pourrait être catastrophique dans cet environnement : " il faut d'abord obtenir le pâturage qui permette d'augmenter le cheptel ".

Steve s'est également efforcé d'accroître la diversité des plantes en ajoutant des graines aux suppléments minéraux de ses vaches. Lorsqu'il part à cheval inspecter son bétail, Steve répand des graines de kochia fourrager, laissant une traînée derrière lui, tel un Jonny Appleseed à cheval. Le kochia fourrager (Kochia prostrata) est un petit arbuste vivace qui a toute sa place dans les prairies arides et semi-arides. Fait remarquable, les graines se sont mieux implantées sur les sols les plus pauvres. Les arbustes ont superbement bien germé autour des habitats de chiens de prairie, qui les ont plantés par inadvertance autour de leurs terriers. Les plantes poussent maintenant plus haut que les chiens de prairie ne peuvent brouter, ce qui rend les conditions peu à peu inadaptées pour les petits rongeurs, qui s'installent désormais chez les voisins. Grâce à l'action des bio-stimulants, les herbes autrefois disparues localement reviennent en masse. C'est une expérience passionnante d'accompagner Steve, car il connaît ses graminées. Il saute de son cheval, ravi, en montrant les populations émergentes d'herbes indigènes. Des graminées telles que la stipe comateuse ou le blé de l'Ouest, prolifiques avant l'arrivée des ovins, sont de nouveau présentes sur ses terres.

Steve a été tellement séduit par les premiers résultats obtenus dans les zones d'essai qu'en 2015, il a construit son propre atelier de lombricompostage. Grâce au service postal, un cheptel de vers d'une valeur de 500 dollars est arrivé et ils ont été répartis sur une série d'andains en paille de jardin de 100 mètres de long. Les vers ont été nourris avec un régime varié de feuilles, de déchets de betteraves sucrières, de fumier, de foin et de copeaux de bois. Un mélange parfait pour développer bactéries, champignons, protistes et nématodes bénéfiques. Pendant l'hiver, sous la neige épaisse, les vers ont continué à travailler, recouverts d'une couverture géotextile et de bottes de foin. À la fin de l'année 2017, l'atelier de lombricompostage produisait environ 30 tonnes d'un élixir de vers biologiquement diversifié et de qualité. La majeure partie a été vendue à des exploitations agricoles innovantes qui voient les avantages du catalyseur microbien fourni par l'extrait de lombricompost. Il était également prévu de nourrir des citrouilles à partir des déchets livrés après Halloween ; au lieu de cela, ils ont contribué à nourrir une nouvelle génération de cerfs en maraude.

Encouragé par les changements survenus dans ses pâturages, Steve a traité, en 2017, 1200 ha supplémentaires de terres de plaines et s'est aventuré sur les pentes abruptes des Bull Mountains pour épandre 400 ha supplémentaires avec son camion militaire-épandeur personnalisé. Après des années de lutte pour obtenir les résultats espérés de pratiques de pâturage améliorées, c'est en s'attaquant à la vie microbienne, le facteur déclencheur capable de revivifier ses terres, que la gestion de ses pâturages de plaine a pu passer à la vitesse supérieure... "Je me sens maintenant plus fort et plus positif quant à ce qui est possible ici et pour l'ensemble de l'agriculture", déclare Steve. Il est clair qu'un changement de paradigme est nécessaire dans l'ensemble de la société si nous voulons interrompre ce cycle qui nous fait passer d'une catastrophe à l'autre. « Dès lors que nous coopérons et travaillons avec la nature, les choses commencent vraiment à marcher. » C'est cet état d'esprit axé sur l'apprentissage et la régénération des terres qui a permis à Steve de prendre des mesures et d'expérimenter sur un site que beaucoup jugeraient trop dégradé et trop périlleux pour se risquer à entreprendre les changements requis.

4

Votre faune souterraine

« Si vous n'aimez pas les bactéries, vous êtes sur la mauvaise planète. »

- Stewart Brand, rédacteur en chef du Whole Earth Catalogue

Nous ne savons rien. Enfin, nous en savons peut-être un peu - 1 % de 1 % de 1 %... Nos connaissances sont comparables à celles d'une personne qui se tiendrait au bord du vide, éclairant l'obscurité à l'aide d'une lampe de poche. Ce que notre lumière éclaire n'est possible que grâce à notre compréhension actuelle, à la technologie et aux questions que nous posons. Ce que les scientifiques disent clairement c'est que notre ignorance sur les microbes est bien plus profonde que ce que nous en savons. Selon les estimations actuelles des biologistes il existerait plus de 36 mille milliards d'espèces sur la planète[21]. Parmi celles-ci, environ un million d'espèces ont été recensées. Vous entendrez des propos tels que "nous connaissons 5 % de ce qui se passe dans le sol", alors qu'il s'agit en fait d'une cible mouvante et que chaque nouvelle découverte ouvre une nouvelle porte de la connaissance. Lorsque la plupart des gens plaident en faveur de la biodiversité, très peu d'entre eux ont conscience que la majeure partie de la diversité est microbienne et qu'elle se trouve sous nos pieds. Le sol est l'écosystème le plus important et le plus essentiel, lié à toutes les fonctions de la planète. Il s'agit d'un domaine riche de découvertes à venir, qu'il s'agisse du changement climatique, des clés de la santé humaine, de la nutrition ou du cycle de l'eau. Les sols constituent un champ d'exploration absolument passionnant.

Une poignée de terre peut contenir des milliards d'organismes, invisibles à l'œil nu. Si vous vous imaginez sous la forme d'un nématode serpentant dans le sol, vous découvririez une métropole trépidante, foisonnant de choses à manger et de prédateurs à éviter. Les rues de ces villes ne sont pas des endroits où l'on se promène en toute sécurité ; ce sont des communautés dynamiques et vivantes. Si nous pouvions écouter l'écosystème du sol avec l'appareil adéquat, nous entendrions une cacophonie sauvage et des cris à glacer le sang! De nombreux organismes présents dans le sol feraient un excellent sujet de film d'horreur, comme Aliens ou le Cadeau (champignons Cordyceps jaillissant du corps des insectes), Le Blob (moisissures visqueuses), Le Jour des Triffides (nématodes piqueurs) et Frankenstein (Tardigrades). Dans le sol, à l'abri de la lumière, les microbes n'ont pas besoin d'yeux. Les microorganismes sont dotés d'incroyables systèmes sensoriels : êtes-vous de la nourriture, un ami ou un ennemi ? Ces minuscules créatures émettent des signaux chimiques et électriques pour communiquer entre elles et avec leur système de soutien vital, les plantes.

Il existe très peu de microbes "bons" ou "mauvais", bien qu'ils aient été présentés de cette manière depuis les travaux pionniers de Louis Pasteur sur la "Théorie microbienne" dans les années 1850. Les organismes pathogènes sont présents dans tous les écosystèmes et peuvent souvent avoir des effets positifs sur les plantes et les animaux. Les E. coli (Escherichia coli), par exemple, souvent mentionnés dans des bulletins d'information paniqués annonçant le rappel de laitues et d'épinards, nous offrent d'immenses avantages dès la naissance, en nous protégeant contre d'autres organismes pathogènes et en synthétisant les vitamines K et B12. Les instituts de recherche et les laboratoires pharmaceutiques se cantonnent dans une voie étroite, en se concentrant sur les agents pathogènes et la manière de les éliminer. Depuis trop longtemps, nos questions ont été mal posées. Les questions que nous devons poser sont les suivantes : quelles sont les conditions qui invitent les microbes à venir faire le ménage ? Les maladies sont souvent la conséquence d'un autre déséquilibre.

Un vieil éleveur australien m'a dit un jour : "Vous avez du bétail, vous avez des animaux morts". Cette règle s'applique aussi bien aux moutons qu'à votre troupeau microbien. Si vous voulez garder votre bétail en vie et rentable, vous devez respecter les exigences de base des moutons : ils ont besoin d'air, d'eau, de nourriture et d'un abri.

Considérez que le sol fonctionne comme votre intestin : vous mâchez d'abord votre nourriture pour la réduire, puis les microbes et les enzymes la décomposent davantage pour que les nutriments puissent pénétrer dans la circulation sanguine. La même action se produit dans le sol, d'abord par le biais des insectes, fourmis, bousiers et vers de terre, puis de toute une série d'organismes de plus en plus petits, des nématodes aux protistes, en passant par les champignons et de minuscules bactéries. Tout comme un sachet d'antibiotique, le stress ou des aliments transformés peuvent provoquer des troubles digestifs, un même phénomène se produit sous terre à la suite de ce que nous appelons des "événements perturbateurs". Il peut s'agir d'événements naturels, tels que les inondations et les incendies, ou de perturbations induites par l'homme, tel le surpâturage, le travail du sol, les herbicides, les engrais à base de sels solubles, les fongicides et les pesticides - ce que nous appelons l'agriculture moderne. Tout comme les scientifiques découvrent aujourd'hui que la plupart des problèmes de santé qui affectent la société sont dus à des problèmes intestinaux humains, la même chose se produit dans nos systèmes pédologiques. Les sols souffrent d'indigestion, de gaz, de constipation et même de diarrhée chronique ! Comment reconstruire les interactions microbes-plantes et optimiser la santé de l'écosystème, tel est le plus grand défi auquel la société est confrontée aujourd'hui. Dans un sol sain et fonctionnel, on trouve six grandes catégories de créatures vivantes : les virus, les bactéries et les archées, les champignons, les protistes, les nématodes, les micro-arthropodes et les micro-animaux.

VIRUS

Dans ce groupe microbien, j'ai inclus les virus ; ce sont des parasites sub-microscopiques, capables de se reproduire uniquement à l'intérieur du corps d'autres créatures. Bien qu'ils ne soient pas techniquement des microbes, ils constituent le plus grand nombre d'entités biologiques sur la planète et ne doivent donc pas être négligés. Dans chaque cuillère à café de terre, il peut y avoir plus de 10 milliards de virus. Le magazine Nature affirme que : "Si tous les 1×10^{31} virus de la planète étaient mis bout à bout, ils s›étendraient sur 100 millions d›années-lumière. » Collectivement, tous les virus de la planète pèsent plus de 1,6 milliard d›éléphants. En d›autres termes, les virus sont très nombreux. Nous en savons pourtant très peu sur leur rôle dans le sol : ils sont «une quantité inconnue dans un territoire inexploré». À l›instar des bactéries, des champignons et des insectes, nous en savons beaucoup plus sur les agents pathogènes que sur les agents bénéfiques.

De récents progrès scientifiques permettent aujourd'hui de penser que les virus jouent un rôle central dans le contrôle des populations bactériennes, le cycle des nutriments, du carbone et les échanges énergétiques dans le sol. Par le biais d'un transfert horizontal de gènes, ils sont les médiateurs de l'évolution microbienne et pourraient avoir été les précurseurs de toute vie sur la planète. Traditionnellement, on pensait que le cycle de l'azote, du carbone et des nutriments était dû à la mort des bactéries et des champignons, mais les recherches montrent que ce processus ne rend pas compte de l'ampleur du cycle dans sa totalité. Si l'on écarte la prédation par d'autres organismes de la chaîne alimentaire, les virus sont responsables à 100 % des taux de mortalité bactérienne et de la libération de carbone et de nutriments. Ces virus assurent la jeunesse des bactéries, une "jeunesse éternelle", selon les scientifiques, garantissant ainsi un renouvellement important des populations bactériennes. Des recherches menées en Chine, comparant des champs cultivés en bio à des champs fertilisés de manière conventionnelle, ont montré que les populations de virus étaient multipliées par 4 ou 5 dans les champs bio. Si vous parcourez la littérature spécialisée, vous constaterez que les conclusions relatives aux microbes du sol sont unanimes : "Pour comprendre le sol... il reste encore beaucoup de travail à faire."

BACTÉRIES ET ARCHÉES

Les bactéries et les archées sont des procaryotes, les organismes unicellulaires les plus petits (<10 um) et les plus simples. Ce sont les premiers microbes à être apparus sur scène, sur la planète, il y a une éternité, à la surface des roches et des feuilles. Comme les virus, on les trouve dans tous les environnements de la planète - sur les plates-formes glaciaires, dans les déserts, dans les sources d'eau chaude sulfureuse, dans l'air et dans - et sur - vous. Toutes deux sont unicellulaires, mais les archées se distinguent par la structure de leur paroi cellulaire et sont curieusement plus proches des plantes et des animaux que les bactéries. À l'origine, les archées (qui signifient "choses anciennes" en grec) étaient considérées comme extrêmophiles, vivant dans les marais salants, les sources chaudes sulfureuses et autour des cheminées hydrothermales en haute mer ; aujourd'hui, les scientifiques ont découvert qu'elles jouent un rôle important dans les cycles de l'azote et du carbone. Les archées ont la mauvaise réputation de produire du méthane dans les zones humides et dans le ventre des ruminants, des protistes et des termites. Elles représentent également environ 10 % des organismes présents dans votre intestin.

Soyez profondément reconnaissant de leur contribution à votre bien-être. Lorsque vos aliments traversent votre système intestinal, ce sont les bactéries qui produisent la plupart des enzymes nécessaires à la décomposition de vos repas. Au cours de ce processus de digestion, elles transforment l'indigeste en digeste. Elles élaborent les hormones et les vitamines B et K. Les bactéries influencent votre appétit et votre humeur, en s'associant à vos cellules pour produire de la sérotonine, l'hormone du bonheur. Le microbiome intestinal influence la santé et le bien-être de l'homme bien au-delà de l'intestin. De nouvelles recherches montrent que les perturbations de nos partenaires microbiens (dysbioses) influent sur presque tous aspects du bien-être humain.

Faites votre choix parmi les troubles inflammatoires, métaboliques et auto-immuns, les maladies pulmonaires et cardiaques, les problèmes de peau, les problèmes neurologiques et certains cancers. Nourrir nos microbes avec une alimentation diversifiée, pauvre en toxines et en aliments transformés, est essentiel pour le bien-être de tous. Certains scientifiques affirment aujourd'hui que le cerveau humain pourrait être l'unité centrale de traitement du "cerveau" primaire de l'intestin.

Ces recherches sur le microbiome humain nous permettent de mieux comprendre le rôle vital des bactéries dans les sols. Elles décomposent et font fermenter les matières organiques, dissolvent les roches, immobilisent (retiennent les minéraux), détoxifient, défendent les plantes et synthétisent les vitamines, les enzymes et les hormones de croissance des plantes. À bien des égards, la relation entre bactéries et plantes reflète ce qui se passe dans notre propre intestin (sauf pour ce qui est de manger des cailloux). Les bactéries sont l'équipe de nettoyage du sol. Elles se nourrissent des exsudats racinaires (sucres et autres matières libérés par les racines) et des matières organiques mortes : elles se nourrissent les unes des autres, mais aussi de feuilles, d'excréments et de déchets excrétés par les organismes de plus grande taille. Les bactéries se nourrissent des sucres les moins complexes. Pensez aux matières que vous mélangez dans un compost et qui génèrent de la chaleur ; cette chaleur est due au métabolisme bactérien. Les composteurs appellent ces sucres simples les carbones "verts" : ces matières comprennent l'herbe verte, les feuilles vertes, la mélasse, le sucre, les algues, le fumier et l'urine.

Les bactéries fabriquent les premières briques des structures de nos cités souterraines, en créant des micro-agrégats. Ce sont de toutes petites particules. Comme pour tout dans la vie, l'équilibre est essentiel. Exemple de déséquilibre, les "sols à dominance bactérienne", se présentent comme des sols très fins et déstructurés. Ils sont plus enclins à l'érosion et à la formation de croûtes en surface que les sols plus riches en champignons. Cela entraîne des problèmes de pénétration de l'air et de l'eau. Les sols bactériens conduisent également à l'immobilisation des nutriments - les nutriments sont fixés et ne sont pas librement disponibles pour les plantes. Imaginez les bactéries comme un sac d'engrais fermé et stocké dans votre hangar. Un sol sain contient environ 2,5 tonnes de bactéries par hectare. Celles-ci étant composées pour environ 17 % d'azote, cela peut équivaloir à une tonne d'urée par hectare. Les bactéries conservent cet azote jusqu'à ce que des microbes supérieurs, nématodes ou protistes, les consomment. Le cycle de l'azote s'achève lorsque l'excès d'azote disponible pour les plantes est excrété dans la zone racinaire. Il est courant de rencontrer ces conditions bactériennes dans les exploitations laitières et les champs cultivés avec pour conséquence des pertes de sol, une pression des adventices et des besoins en intrants artificiels élevés. La domination bactérienne peut être un facteur limitant majeur dans votre ferme ; je qualifie ces sols de "constipés" ou, dans les régions à forte pluviosité, « atteints de diarrhée rampante » ! Les bactéries sont des microbes essentiels, inévitables et déterminants pour la santé optimale du sol et des plantes.

CHAMPIGNONS

Ce sont les organismes qui assurent la cohésion structurelle de la vie du sol. Ce qui distingue les champignons des autres règnes de la vie est la chitine, un glucide à longue chaîne que l'on trouve dans leurs parois cellulaires. Individuellement, les hyphes qui mesurent de 2 à 10 µm sont invisibles à l'œil nu, mais lorsqu'ils se regroupent et s'amalgament, ils forment les réseaux mycéliens visibles que vous voyez sur le bois en décomposition ou sur votre pelouse sous la forme de « ronds de sorcières ». Dans la « métropole du sol », les champignons fournissent les murs et le mortier pour construire le paysage urbain. Ils constituent le réseau neuronal du sol, envoyant des informations sur des milliers d'hectares, communiquant les attaques d'insectes, stimulant les défenses des plantes et partageant les ressources. On estime qu'il existe au moins 70 000 espèces distinctes de fonges ou mycètes dans le sol à travers le monde, dont les levures, les moisissures et les champignons. Toutefois, ce chiffre n'est qu'une approximation ; il en existe beaucoup d'autres que nous ne connaissons pas. Les groupes de champignons présents dans le sol se caractérisent par trois fonctions principales : mutualistes, saprophytes et pathogènes.

Comme le terme l'indique, les champignons mutualistes offrent toute une série d'avantages aux plantes et aux animaux. Il existe des espèces d'insectes qui choisissent de s'associer à des champignons, voire de les cultiver. Parmi elles, des fourmis coupe-feuilles, des termites, des abeilles sans dard et des coléoptères. Les lichens et les algues ont besoin de cette relation mutualiste avec de nombreuses espèces de champignons pour assurer leur survie. Les mycorhizes, (composé du grec ancien, "myco" signifiant champignon et "rhiza", racines) sont des mutualistes qui vivent dans et sur les racines des plantes ; il s'agit d'une relation symbiotique bénéfique entre la plante, le champignon et leurs partenaires bactériens. Les mycorhizes réduisent le stress des plantes, protègent les racines et absorbent l'eau et les nutriments en échange d'hydrates de carbone (carbone), d'énergie et d'acides gras. Leurs hyphes sont beaucoup plus fins et peuvent aller beaucoup plus loin que les racines des plantes, ce qui multiplie par 40 la surface d'absorption des nutriments et de l'eau. Ils constituent un élément important d'un écosystème de sol sain, représentant jusqu'à un tiers de la biomasse microbienne dans les sols.

Plus de 90 % des familles de plantes et 250 000 espèces végétales entretiennent cette relation avec les mycorhizes, base d'une croissance saine et résiliente des plantes. À l'heure actuelle, il existe sept principaux types de mycorhizes : les mycorhizes à arbuscules, les mycorhizes arbutoïdes, les mycorhizes monotropoïdes, les mycorhizes orchidées, les ecto- et ectendo-mycorhizes et les mycorhizes éricoïdes. Les mycorhizes endo-arbusculaires, (du grec "endon", qui signifie à l'intérieur), sont des types de champignons qui vivent dans les cellules des racines des plantes et qui étendent leurs filaments à l'extérieur, vers les zones voisines. Les ecto-mycorhizes, ecto signifiant extérieur, s'enroulent autour des racines. De nombreux arbres et plantes grimpantes importantes pour l'agriculture forment des mycorrhizes endo-arbusculaires au début de leur vie avant de passer aux ecto-mycorhizes.

La plupart des espèces végétales (85 %) génèrent une relation endo-arbusculaire. Il s'agit de la plupart des plantes vertes à feuilles et de nos principales cultures agricoles, telles que la laitue, l'oignon, le pois, la vigne, l'amandier, le caféier, le cerisier, l'érable et le cèdre. Les familles de baies, à l'exception de l'airelle, de la myrtille et de la canneberge, sont de type endo-arbusculaire. Presque toutes les plantes à fleurs et à feuillage ainsi que les arbustes développent cette relation, à l'exception de l'azalée, du rhododendron, du banksia et de la bruyère. Certaines graminées adventices de saison fraîche sont moins dépendantes des mycorhizes. Des espèces telles que le pâturin annuel (Poa annua) peuvent devenir moins envahissantes grâce à la promotion de végétaux à mycorhizes endo-arbusculaires. La sélection a donné naissance à des cultures commerciales moins dépendantes des mycorhizes endo-arbusculaires, ce qui a des conséquences sur la résilience de bon nombre de ces espèces.

Environ 10 % de toutes les espèces végétales sont endomycorhizées, en particulier les arbres forestiers producteurs de graines. Ce groupe comprend de nombreux feuillus et conifères, tels que les aulnes, les épicéas, les chênes, les châtaigniers, les eucalyptus, les pins, les peupliers et les saules. Les espèces d'ectomycorhizes sont beaucoup plus diversifiées, plus de 6000, contre quelques centaines de champignons endo-mycorhiziens. Un arbre peut abriter des centaines de variétés d'ectomycorhizes différentes. Bien que seul un faible pourcentage de plantes soit lié aux ectomycorhizes, celles-ci jouent un rôle important au niveau planétaire, en tant qu'espèces dominantes de la couverture forestière tempérée[22].

Sans plante hôte, la plupart des mycorhizes ne peuvent pas survivre. Il s'agit d'espèces incapables de produire leurs propres acides gras et qui ne sont pas saprophytes. Certaines espèces, comme les truffes, peuvent survivre sur des matières organiques en décomposition, mais elles ne peuvent achever leur cycle de reproduction sans une plante hôte.

Environ 10 % des espèces végétales sont des espèces non mycorhiziennes, notamment les membres de la famille des Brassicaceae (brassicacées), comme le colza, le lupin et l'amarante, ou d'autres comme le quinoa et la betterave sucrière, ainsi que la famille des épinards[23*]. De nombreuses espèces adventices courantes ne sont pas mycorhizées, notamment la ravenelle, la kochia, le chénopode blanc et l'herbe à cochons. Au cours de l'évolution de ces familles de plantes, le gène de la symbiose s'est perdu. De nombreuses plantes qui prospèrent dans des milieux gorgés d'eau, comme les roseaux, les joncs et la prêle, n'ont pas besoin de cette relation pour se développer.

Les champignons saprophytes décomposent les matières les plus difficiles à digérer telles que la chitine (dans les champignons et les corps d'insectes), la cellulose et la lignine. Contrairement à la plupart des autres êtres vivants, les champignons digèrent d'abord leurs aliments à l'extérieur de leur corps avant de les ingérer, à l'aide d'une série d'acides et d'enzymes. Ces acides puissants peuvent rompre des liaisons chimiques, libérant ainsi dans le sol des minéraux tels que le phosphore, le calcium, le zinc et d'autres éléments nutritifs très peu solubles. Au cours de ce processus de décomposition, ils libèrent également du dioxyde de carbone, de l'eau et d'autres sous-produits ; certains de ces métabolites peuvent rester dans le sol environnant pendant des milliers d'années si les conditions sont favorables.

Les champignons pathogènes ou parasites, quant à eux, « volent » leurs hôtes. Ces champignons peuvent freiner le développement des plantes, voire entraîner leur mort. Chaque année, des champignons pathogènes tels que la rouille, le charbon, la pyriculariose et le fusarium, comme le piétin-échaudage, réduisent le volume des récoltes mondiales de 20 à 40 %. Une grande partie de la recherche scientifique s'est concentrée sur ce groupe des champignons « nocifs ».

Certains champignons pathogènes peuvent vivre dans et sur les racines des plantes et jouer un rôle bénéfique pour ces dernières, comme les champignons entomopathogènes (du grec entomo = insecte, pathos = souffrance), qui tirent leur énergie du corps des insectes ou des nématodes. Les mycorhizes elles-mêmes ne sont pas toujours bénéfiques. Dans certaines conditions, elles peuvent également être parasites, en particulier lorsque la photosynthèse des plantes et les exsudats des racines sont faibles. Les environnements perturbés par l'homme, tels que les terres labourées ou celles où sont appliqués des engrais solubles, peuvent favoriser des espèces de mycorhizes moins bénéfiques, voire parasites.

Dans les systèmes naturels, il n'y a pas de "déchets". Les champignons constituent un tampon essentiel contre les effets de nombreux polluants d'origine humaine. Dans un processus appelé "mycoremédiation", ils peuvent transformer les déchets les plus problématiques, le plomb, le cadmium, le pétrole, les radiations et les polluants organiques présents dans les eaux souterraines. Le plastique lui-même, résidu de notre monde moderne, peut être décomposé par les pleurotes.

Les champignons bénéfiques sont un groupe vulnérable et sont souvent les premiers à décliner dans les systèmes agricoles modernes. L'équilibre de la biomasse entre les champignons et les bactéries est important pour le fonctionnement et la structure du sol, ainsi que pour la santé des plantes. À l'échelle planétaire, les plus petits de ses habitants sont essentiels à la santé et au bien-être des écosystèmes, ils concourent à freiner le lessivage des nutriments et la sédimentation dans les cours d'eau, ainsi qu'à réduire les émissions de gaz à effet de serre dans l'atmosphère.

Les levures font partie de la famille des champignons et, lorsqu'elles sont équilibrées, elles remplissent de nombreuses fonctions bénéfiques. Elles forment des relations bénéfiques autour des racines et sur les feuilles, et peuvent favoriser la croissance des plantes par la production de phyto-hormones[24]. Les levures ont une relation bénéfique avec la vitamine B12 et le cobalt. Même à faible dose, la levure peut augmenter de manière significative la photosynthèse et la production des plantes..

PROTISTES

Les protistes forment une catégorie distincte des bactéries, des animaux, des plantes ou des champignons. Ces organismes microscopiques sont semblables par la présence d'un noyau et d'une membrane. En termes d'évolution, ils représentent les ancêtres originaux de toutes les cellules vivantes ; votre arrière, arrière, arrière... grand-mère ou grand-père, qui a émergé des profondeurs il y a environ 2 milliards d'années lorsque le niveau d'oxygène a augmenté.

Dans une cuillère à café de sol sain et vivant, il peut y avoir jusqu'à un million de ces créatures qui construisent les couloirs, les espaces de vie et les autoroutes dans le monde souterrain. Unicellulaires et mobiles, les protistes jouent des rôles divers et vitaux dans la santé des sols et des plantes. Ils accélèrent le cycle des nutriments, contrôlent les populations bactériennes et stimulent la défense des plantes.

Il existe trois groupes principaux de protistes dans le sol : les flagellés, les amibes et les ciliés. Les flagellés sont les plus petits, nommés ainsi en raison des flagelles en forme de fouet qu'ils utilisent pour se déplacer dans le sol. De nombreuses amibes se déplacent beaucoup plus lentement, utilisant un pseudopode, ou faux pied, pour se mouvoir à travers un sol humide, absorbant tous ceux qui se trouvent sur leur passage. Certaines espèces herbivores ressemblent à de minuscules vaches laitières boursouflées, broutant paisiblement des algues et des matières organiques mortes. Les amibes testacées, qui se façonnent une coquille dure pour se protéger, ont été observées en train de chasser ensemble, en meute, pour traquer et attaquer les nématodes qui se nourrissent de bactéries. Quant aux amibes, les "amibes vampires" (Vampyrella) percent les algues et les champignons pour extraire leur substance vitale. Les ciliés de plus grande taille (jusqu'à 500 micromètres) nommés ainsi en raison des cils semblables à des poils qui couvrent leur corps, se déplacent dans le sol en se nourrissant de bactéries, de champignons, d'autres protistes et de nématodes. Ils sont également un mets très apprécié des micro-arthropodes affamés.

Les protistes forment l'un des principaux groupes responsables du cycle nutritif des plantes. Ces créatures voraces peuvent ingérer jusqu'à 10 000 bactéries en une seule journée, rejetant dans leur sillage des nutriments disponibles pour les plantes. Comme ils se nourrissent de bactéries et de champignons, dans une relation dynamique avec la plante, ils broutent sélectivement des bactéries ou des champignons pour maintenir le rapport champignons/bactéries (C/B) dans le sol. Comme ils sont d'importants prédateurs des bactéries, un déficit en protistes peut entraîner une explosion des populations bactériennes, créant une cascade de conséquences dans l'ensemble du réseau trophique du sol.

Tous les microbes du réseau alimentaire du sol sont interconnectés, ce qui explique en partie pourquoi on parle de "réseau trophique". Ce terme est apparu pour la première fois dans les années 1960, lorsqu'on s'est rendu compte que tous les organismes étaient limités par la nourriture disponible et qu'ils étaient connectés les uns aux autres. Ces relations sont souvent complexes et imprévisibles. Prenons l'exemple des protistes : en présence d'organismes pathogènes, ils stimulent les bactéries pour qu'elles produisent des molécules de signalisation qui aident la plante à se défendre.

Dans un processus appelé "boucle microbienne", les plantes créent des conditions plus propices à leur croissance. En libérant des exsudats racinaires, les plantes stimulent les populations bactériennes, qui attirent à leur tour davantage de protistes et de nématodes. Ces prédateurs restituent alors à la plante les nutriments fixés dans le corps des bactéries sous des formes assimilables par la plante.

NEMATODES

Il s'agit de vers non segmentés, des créatures colossales comparées aux bactéries, dont la longueur varie de 300 micromètres à la taille à peine visible de 2,5 mm. La majeure partie des recherches et de l'attention s'est concentrée sur les "méchants", les mangeurs de racines et les parasites, qui représentent peut-être 5 % de toutes les espèces de nématodes. Lorsque les systèmes pédologiques sont déséquilibrés, les dégâts causés par les nématodes peuvent être considérables ; rien qu'en Nouvelle-Zélande, les coûts liés aux pertes de rendement des pâturages sont estimés à plus d'un milliard de dollars néo-zélandais par an. Comme pour tous les microbes, il n'y a pas de "bons" ou de "méchants", il n'y a que des indicateurs et des équipes de nettoyage qui font leur travail.

La plupart des familles de nématodes sont bénéfiques et jouent un rôle important dans la construction de la structure du sol, des « autoroutes et des routes de la cité ». Ils contrôlent et équilibrent les populations microbiennes et alimentent le cycle de l'azote. Ils vivent dans des zones où leur nourriture se concentre autour des racines des plantes et dans la matière organique. L'abondance des nématodes dans les sols peut varier de 1 à 10 millions d'individus par mètre carré de sol[25]. On trouve des nématodes dans tous les environnements du monde : au fond des océans, au sommet des plus hautes montagnes, dans les couches de glace de l'Antarctique, dans les déserts les plus chauds et sous les neiges du Montana. Si la plupart des nématodes vivent dans les 15 premiers centimètres du sol, certains ont été trouvés, dans une mine d'or au sud-ouest de Johannesburg, à 1 000 mètres de profondeur.

Les 40 000 différentes espèces de nématodes sont regroupées en fonction de leur alimentation. Certains broutent paisiblement des algues et des matières organiques, des champignons, tandis que d'autres se nourrissent plus voracement de bactéries, de racines, voire de leurs congénères. La structure de leur bouche est un indicateur de ce dont ils se nourrissent. Certains nématodes changent d'alimentation au fur et à mesure qu'ils grandissent, commençant par ingérer des bactéries avant de passer à des proies plus importantes telles que les protistes et d'autres nématodes du sol. Les nématodes omnivores, plus adaptables, peuvent se nourrir de différentes sources de nourriture en fonction des aliments disponibles et des conditions du sol.

Au sujet de la santé du sol, certains groupes de nématodes jouent le rôle du « canari dans la mine ». L'absence de groupes-clés de nématodes a été proposée comme méthode d'évaluation de l'intégrité et de la santé des sols, car ils sont plus vulnérables aux perturbations et à la pollution. Ces espèces sont souvent plus grandes, prédatrices ou omnivores, et vivent plus longtemps que les bactéries qui se reproduisent plus rapidement.

Lorsque les concentrations de nématodes sont faibles, on constate une réduction associée de l'azote des plantes, de la lutte contre les maladies et les ravageurs, du développement de la structure du sol et de la santé des racines.

MICRO-ARTHROPODES ET MICRO-ANIMAUX

Ce groupe comprend les équipes de démolition qui délimitent de nouveaux territoires et construisent de nouveaux canaux pour l'air et l'eau. Ils fournissent également des services essentiels, en collectant les déchets et en recyclant les matériaux. Comme le nom "micro" l'indique, vous aurez besoin d'un microscope ou, dans certains cas, d'une petite loupe (X 10-20) pour les observer. Les arthropodes ont un corps segmenté. Ce sont les micro-insectes, les insectes, les mille-pattes, les acariens et les araignées. Ils se nourrissent d'une grande variété d'aliments : matière organique, lichen, bactéries, champignons et autres. Ils constituent également une source de nourriture essentielle pour les plus gros insectes. Ils déchiquettent et digèrent les matières organiques, accélérant ainsi leur décomposition, tandis que leurs excréments inoculent les sols avec des spores bactériennes et fongiques.

Les arthropodes sont des voleurs d'azote, accumulant ce dernier dans la chaîne alimentaire sous forme d'ammonium. Leur corps contient 7 à 14 % d'azote (les plantes non légumineuses n'en contiennent que 2 à 4 %) et, à leur mort, leurs restes constituent une partie déterminante de la réserve d'azote disponible. De nombreux arthropodes entretiennent une relation mutualiste avec les bactéries fixatrices d'azote présentes dans leurs intestins, lesquelles peuvent fixer jusqu'à 40 kg d'azote par ha et par an dans un écosystème sain. Les populations d'insectes sont en forte diminution sur l'ensemble de la planète, or nous ne pouvons pas nous permettre de perdre leur précieuse contribution, historiquement non comptabilisée, à des systèmes alimentaires sains.

Les micro-animaux comprennent les rotifères et les tardigrades. Le tardigrade, également connu sous le nom d'"ourson d'eau", qui est aussi mignon qu'il en a l'air, se dandine dans les sols grâce à ses huit pattes trapues. Ce minuscule animal (d'une taille maximale de 0,5 mm) est pratiquement indestructible ; il survit dans des conditions thermiques extrêmes, supérieures à l'ébullition et inférieures au zéro absolu. Il peut résister à 10 000 fois des radiations gamma létales pour les humains. Il est passé maître dans l'art de la cryogénisation, en desséchant son corps dans l'attente de conditions plus propices. Les tardigrades sont présents sur la planète, se nourrissant d'algues et parfois les uns des autres, depuis au moins 530 millions d'années. Ils ont traversé cinq extinctions planétaires massives. Les scientifiques ont même envoyé une équipe de tardigrades dans l'espace pour voir s'ils survivraient. La réponse a été oui, mais de justesse, et ils n'étaient pas très heureux de l'expérience. Le seul endroit de la planète où vous ne trouverez pas de tardigrades ? Les endroits qui ont une longue histoire de labour et d'herbicides.

Les changements transformateurs dont les producteurs régénératifs sont témoins sur leurs terres ont été difficiles à rationaliser sur la base de la pensée agronomique actuelle. Nous avons "chatouillé" le système avec des doses infimes de produits (dans de nombreux cas, l'équivalent de parties par milliard) et observé les réactions des plantes et des sols. Nous constatons encore et encore qu'en stimulant subtilement les processus biologiques ou en agissant sur les facteurs favorables, les réponses peuvent aller bien au-delà de ce qui semble rationnellement possible... du moins jusqu'à ce que l'on prenne en compte la dynamique du quorum sensing (détection du quorum).

Le quorum sensing est la capacité d'une communauté microbienne à percevoir des signaux et à y répondre. Le processus de QS a été identifié pour la première fois, dans les bactéries bioluminescentes, dans les années 1960. Face aux préoccupations croissantes concernant l'utilisation des antibiotiques, la recherche médicale des années 1990 a mis en évidence le rôle du QS dans la virulence des streptocoques. À tout moment, vous pouvez avoir quelques streptocoques ou candidas dans votre corps sans aucune complication. Lorsque les populations sont faibles, les micro-organismes sont incapables d'exprimer certains gènes. L'expression des gènes se fait au sein d'une communauté. Lorsque le nombre de ces micro-organismes augmente, toute la gamme d'expression génétique peut alors s'enclencher et vous vous retrouvez avec un mal de gorge ou une vilaine démangeaison.

Dans un processus appelé quorum quenching (interruption du quorum sensing), des signaux sont utilisés pour inhiber l'invasion ou la croissance d'une autre catégorie de micro-organismes. Une protéine QS a été identifiée, qui communique avec les parasites du choléra pour leur signaler que leur population est devenue trop importante ; en réponse, le choléra quitte son hôte humain. Ce signal va révolutionner le traitement du choléra et, plus intéressant encore, il s'agit du même signal protéique que celui utilisé pour stopper les maladies fongiques chez les plantes. On a également découvert que les signaux QS expliquent l'efficacité de nombreux médicaments traditionnels chinois, ce qui ouvre la voie à de nouvelles découvertes sur d'innombrables herbes et champignons médicinaux. Si la science médicale parvient à reproduire ces signaux, elle pourrait créer une gamme de nouveaux médicaments basés sur le biomimétisme, afin de lutter contre de nombreuses maladies courantes. Ces signaux chimiques ont ouvert la voie à de nouvelles méthodes thérapeutiques. Ils peuvent remplacer l'approche large et imprécise des antibiotiques, ce qui pourrait permettre d'éviter l'apocalypse redoutée de la résistance bactérienne.

Dans les sols, nous commençons à peine à prendre conscience de l'importance de ces signaux. Le sol est saturé de milliers de métabolites qui forment un réseau de signalisation sophistiqué entre les plantes, les racines et les microbes. Ces signaux de communication comprennent des hormones, des acides organiques, des lactones homosérines, des peptides et d'autres protéines. Ils permettent aux organismes de s'identifier les uns les autres, de se cacher ou de bloquer les agresseurs, voire de se camoufler pour s'approcher furtivement d'un protiste ou d'une racine de plante sans défense. Les champignons peuvent intercepter les signaux hormonaux envoyés par les nématodes, pour les piéger. La plante répond aux signaux émis par les microbes pour modifier les exsudats des racines, induire des mécanismes de défense, augmenter la formation, la ramification et l'extension des racines, accroître la transpiration et le métabolisme[26]. Ces signaux contribuent à la matrice de matière organique, composée de carbone, de protéines et d'acides organiques.

Dans le sol, la détection du quorum peut conduire à des maladies virulentes comme à l'activation des gènes responsables de l'immunité et de la défense [contre les agents pathogènes], des biofilms, de la résistance à la sécheresse et de l'activation de la croissance des plantes. Le Dr Gwen Grelet, écologiste moléculaire du sol qui mène ses recherches chez Landcare Research en Nouvelle-Zélande, estime que l'approfondissement de notre compréhension des interactions de ces organismes entre eux présente un grand intérêt pour les producteurs. « En comprenant un peu cette complexité, nous pouvons adopter des méthodes qui encouragent la communication et favorisent une santé et une intégrité optimales. »

Le Dr David Johnson, de l'université d'État de Chico, a montré que les protéines de détection du quorum, les messagères de la régulation, sont jusqu'à 10 fois plus nombreuses dans les sols sains que dans les sols stressés. Ces signaux sont corrélés à une augmentation des "gènes d'entretien" responsables de la résistance à la sécheresse, de la croissance et de la régulation des plantes, de l'accroissement des nutriments, et d'une hausse spectaculaire d'efficacité de l'utilisation du carbone dans le sol. Environ 60 à 80 % de la fonction immunitaire humaine est liée à l'action des microbes intestinaux ; le Dr Johnson pense qu'il en va de même pour la santé des sols et des plantes.

Le sol est vraiment la nouvelle terre promise qui permettra des découvertes et des progrès passionnants. Approfondir notre compréhension de la manière dont nous pouvons nourrir, entretenir et tirer parti de notre microfaune, voilà la clé de la création de paysages régénératifs productifs et rentables.

5

D'abord, la lumière fut

"En moins de cent ans, nous avons trouvé une nouvelle façon de nous définir. Alors que nous étions installés au centre de l'univers, nous nous trouvons aujourd'hui en orbite autour d'un soleil de taille moyenne, qui n'est qu'une des millions d'étoiles de notre propre galaxie, la Voie lactée."

-Stephen Hawking

Mon irréalisable rêve serait de piloter une machine à remonter le temps, d'observer comment paysages, plantes et animaux se sont épanouis avant que la main de l'homme moderne ne façonne ce que nous contemplons aujourd'hui. En remontant le temps de 420 millions d'années jusqu'au début de la période du Dévonien, je verrais des paysages méconnaissables qui ressembleraient davantage à ceux de Mars, recouverts de matières brutes telles le sable, les limons et l'argile. C'est l'âge d'or des champignons !

Lorsque vous pensez aux champignons, la première chose que vous voyez sans doute, ce sont leurs organes sexuels ; ce n'est pas grave, la plupart des gens ont la même image que vous. Les champignons visibles, aux formes typiques, sont les organes qui attirent l'attention et que de nombreux champignons utilisent pour disséminer leurs spores. Cependant, la majeure partie de l'existence des champignons se passe sous forme d'hyphes, de filaments microscopiques. Il est donc difficile de se faire une idée précise de la vie préhistorique de ces organismes délicats. Lorsque les paléontologues ont trouvé pour la première fois des vestiges fossiles de ces organes sexuels fongiques géants, dont certains atteignaient 8 m de haut, ils étaient si inhabituels qu'il a fallu 150 ans pour que les scientifiques s'accordent sur le fait que ces fossiles étaient en fait des champignons. Ces souverains fongiques menaient une opération d'exploitation minière planétaire, libérant les minéraux des roches à l'aide d'une variété d'acides et d'autres exsudats, tissant ainsi la trame même de la vie. Un rôle qu'ils jouent encore aujourd'hui.

Pendant que ces champignons savouraient leur somptueux festin de minéraux, la plupart des plantes se prélassaient dans les mers, tirant du soleil une grande part de leur énergie. La mer était alors un environnement bien plus hospitalier, riche en minéraux, avec des températures plus stables et de l'eau en abondance. À cette époque, seules quelques plantes vasculaires avaient réussi à quitter leur habitat marin, se limitant à une existence cantonnée aux bordures des tourbières aquatiques.

Comment les plantes ont-elles migré sur la terre ferme, et qu'est-ce qui les y a poussées ? Les scientifiques supposent que les variations du niveau des mers, peut-être dues à des forces tectoniques ou à des changements climatiques, ont exposé les plantes marines à de nouveaux environnements. Ces plantes ont dû résister à des températures torrides, à la dessiccation et à la salinité. Des compétences que les lichens, leurs cousins, maîtrisaient déjà. Les lichens sont le fruit d'un partenariat génial entre cyanobactéries, champignons et algues. Les algues fournissent les sucres obtenus par photosynthèse, tandis que les champignons, en contrepartie, leur apportent de l'eau, des minéraux et une protection. Les chercheurs estiment aujourd'hui que cette relation a servi de tremplin aux plantes pour quitter la mer et gagner la terre. Les champignons géants ont conclu un pacte avec des formes végétales plus élémentaires - les bryophytes et les tapis d'algues présents dans la « soupe » du début du Dévonien. Les champignons ont commencé à s'associer aux plantes y trouvant de riches sources d'énergie (sucres) et d'acides gras. En retour, les champignons fournissent aux plantes de l'eau vitale et des nutriments issus du sol. Les champignons n'ont plus besoin d'investir dans des structures phalloïdes massives pour se reproduire, laissant à leurs compagnons végétaux le coûteux processus d'obtention d'énergie et de croissance vers le ciel.

En développant des systèmes racinaires terrestres et en s'associant à des champignons mycorhiziens, les plantes ont transformé la « peau » de la planète. La minéralisation des roches et l'enfouissement du carbone dans le sol ont modifié les paramètres climatiques planétaires, créant ainsi des conditions favorables à la vie telle que nous la connaissons. Cette amitié fongique a littéralement fait exploser la propagation des plantes, s'imposant comme l'une des relations les plus importantes sur terre. Vraiment. Sans elle, vous n'auriez jamais été une lueur dans les yeux de votre mère. Si vous vous intéressez au rendement, à la qualité des cultures, à la lutte contre les ravageurs, à la qualité de l'eau, à la réduction de l'érosion des sols et des émissions de gaz à effet de serre, ou au renforcement de la résistance aux pressions climatiques, il est temps de vous intéresser aux champignons !

Les mycorhizes peuvent favoriser la croissance des bienfaisants prédateurs de ravageurs et, dans certains cas, être elles-mêmes des prédatrices ! En 2001, des chercheurs de l'université de Guelph, en Ontario, ont cherché à savoir quelle quantité de mycorhizes ingéraient les collemboles. Les collemboles sont de minuscules insectes gris-blancs qui adorent manger des champignons. Ils ont essayé plusieurs espèces de plantes et leurs mycorhizes, que les collemboles consommaient avec enthousiasme, jusqu'à ce qu'ils placent des collemboles autour des racines du pin blanc.

Les résultats ont été inattendus. John Klironomos, responsable de l'étude, a découvert qu'au lieu que les insectes mangent les champignons, c'étaient les champignons qui mangeaient les collemboles ! C'était aussi stupéfiant que de mettre une pizza devant un humain et de voir la pizza le dévorer. Les chercheurs ont calculé que les mycorhizes tueuses de collemboles absorbaient l'azote de leurs petits corps, suffisamment en fait pour fournir à l'arbre 25 % de ses besoins annuels en azote. Les synergies de la nature sont complexes et passionnantes. Et je suis ravie lorsque la recherche défie nos prédictions.

Pour Geoff Thorpe, des pépinières Riversun, la qualité et la santé du sol sont des facteurs de réussite non négociables. Les vignes sont fortement mycorhizées, avec un large éventail de relations endo-mycorhiziennes. Les vignes mal colonisées seront chétives et souffriront de carences en nutriments. Sans endo-mycorhizes, elles risquent davantage d'être attaquées par des ravageurs et des maladies. Lorsque les brins d'hyphes se faufilent dans la matrice du sol, ils sécrètent toute une série de substances : acides, enzymes, ions métalliques, acides aminés, protéines (azote) et sucres. L'abondance de celles-ci favorise la santé et la résistance des plantes, ce qui permet à une ferme ou à un ranch de se rétablir rapidement après des chocs climatiques.

Pour savoir si les plantes sont bien colonisées, des échantillons de racines peuvent être envoyés à un laboratoire de microbiologie du sol. Riversun s'est associé à Microbe Labs, en Australie, pour mettre en place son dispositif de test des acides gras dérivés des phospholipides (PLFA) sur le site. De nombreux organismes produisent des biomarqueurs PLFA spécifiques ou caractéristiques, qui permettent d'identifier précisément les divers microbes présents et actifs dans le sol. Les tests permettent également de quantifier des protéines telles que la glomaline. La glomaline et les champignons contribuent tous deux à la formation de grumeaux ou macro-agrégats dans le sol. Ces agrégats y jouent un rôle vital, car ils retiennent beaucoup plus de carbone et d'eau que leurs homologues plus fins. Cette structure protège également le précieux carbone de l'exposition à l'air et aux bactéries voraces.

Au cœur de sa démarche, on trouve la prise en compte par Riversun des quatre éléments - la terre, l'air, le feu et l'eau - comme fondement de ses processus décisionnels. L'aspect "terre" met l'accent sur l'élaboration de la structure du sol et de la matière organique. La pépinière a réussi à maintenir sa teneur en matière organique à environ 10 %. C'est extraordinaire après 18 ans de viticulture en utilisant la stratégie « 2 ans de culture, 1 an d'engrais vert ». Leur sol et leur climat exceptionnels leur permettent de faire trois récoltes d'engrais verts successives par an sur la même parcelle. Des recherches approfondies montrent que la plupart des terres agricoles gérées de manière intensive dans le monde manquent de niveaux adéquats de champignons mycorhiziens (CM). Lorsque l'on réfléchit aux pratiques susceptibles de perturber les brins d'hyphes et de nuire à l'agrégation, la première chose qui vient à l'esprit est le travail du sol. Les disques d'échaumeurs, les rotoculteurs et les charrues détruisent la structure du sol, réduisent la colonisation des champignons mycorrhiziens, la glomaline et la réserve de spores (propagules) de ceux-ci[27]. Malheureusement pour Riversun, les exigences de la plantation des porte-greffes entrainent d'importantes perturbations du sol ; les lits de culture sont préparés jusqu'à obtenir une fine couche de terre et, au moment de la récolte, le sol est labouré en profondeur pour extraire les vignes. Pour limiter les pertes de sol et de carbone ainsi que les perturbations de la communauté microbienne, l'entreprise s'appuie désormais sur les multiples cultures d'engrais verts semées pendant l'année de repos pour reconstituer le microbiome du sol. Ces couverts végétaux sont incorporés dans le sol avant la floraison pour fournir de la matière organique, augmenter les spores de CM et nourrir les microbes.

Afin d'assurer un approvisionnement régulier en spores de CM, Riversun a planté plus de 3 km de rangées permanentes d'espèces cultivées sur les allées. Ces plantes, telles le romarin et la lavande, sont les hôtes des CM. Elles apportent d'autres bénéfices, notamment de la nourriture pour les pollinisateurs et des brise-vent entre les blocs, tout en diffusant un délicat parfum à travers la pépinière. Il est essentiel d'assurer une forte colonisation par les mycorhizes afin de produire un système d'enracinement plus uniforme, d'augmenter la défense des plantes et de fournir une aide précieuse pour faire face à l'aléa climatique.

Les mycorhizes jouent un rôle majeur dans les cycles de l'eau car elles protègent la plupart des espèces végétales contre la sécheresse. Grâce à leurs hyphes très fins, les CM peuvent s'enfoncer profondément dans les micro-agrégats du sol, accédant ainsi à des réservoirs inaccessibles aux plantes dont les poils absorbants sont plus épais et plus courts. Les champignons emmagasinent l'eau lorsque l'humidité du sol est suffisante, et la libèrent lentement pendant les périodes de sécheresse. Mais ce n'est pas tout : les champignons fabriquent aussi de l'eau ! Lorsqu'ils décomposent les matières carbonées (CHO), jusqu'à 20 % de ce volume est converti en H2O. Riversun s'étant fixé pour objectif une durabilité de 1000 ans, l'eau est considérée comme l'un des problèmes les plus redoutables auxquels est confrontée la production viticole. L'élément "eau" à Riversun s'exprime à travers de grands projets de revégétalisation ainsi que des barrages pour stocker et ralentir le mouvement de l'eau, et en augmentant le stockage de l'eau directement dans le sol (haute teneur en matière organique et bonne structure du sol). Le renforcement des CM pour améliorer l'efficacité de l'utilisation de l'eau est un outil dont disposent les producteurs de denrées alimentaires d'aujourd'hui.

Les endomycorhizes que l'on trouve sur les graminées et de nombreuses espèces d'arbres sont invisibles à l'œil nu. En l'absence de laboratoire ou de microscope pour observer les hyphes, on peut conclure à un faible taux de CM en observant des espèces non mycorhiziennes saines (Chenopodium, Brassica, etc.), une faible agrégation du sol (particules) et des racines "propres". Sur le terrain, une mauvaise colonisation des CM se traduit par une vulnérabilité accrue à la sécheresse, une récupération lente après le pâturage, un faible taux de Phosphore et de Zinc dans les plantes, des maladies racinaires et une pression croissante des adventices. L'envoi d'échantillons de racines à des laboratoires d'analyses biologiques vous fournira des informations sur la situation de vos terres. Si vous disposez d'un microscope stéréoscopique, vous pourrez effectuer vos propres colorations et analyses.

Les mycorhizes forment des structures délicates qui sont affectées par certains pesticides, les engrais chimiques (en particulier le phosphate soluble), un travail du sol répété, les pertes de matière organique et l'érosion[28]. Les insectes ravageurs peuvent également réduire les CM. Le glyphosate, l'herbicide le plus répandu au monde, peut réduire d'un quart la colonisation des mycorhizes dans la culture de la saison suivante.

En d'autres termes, la plupart de nos pratiques agricoles modernes sapent la fonction digestive du sol et perturbent les microbes les plus précieux dont nous avons besoin pour une production alimentaire de qualité, ainsi que les organismes les plus importants pour assurer une pérennité de la production alimentaire. La croissance et la réparation des mycorhizes sont favorisées par les cultures de couverture, les apports de carbone, les cultures de pâturage, les extraits de compost ou lombricompost, le pâturage tournant dynamique, la réduction des engrais solubles, en particulier des apports de phosphore, et la rotation parcimonieuse d'espèces végétales non mycorhiziennes (voir annexe). Il existe désormais de nombreux inoculums commerciaux et des produits faciles à utiliser qui peuvent aider à accélérer la reconstitution des CM. Gardez à l'esprit que la gestion est toujours l'outil numéro un pour restaurer la fonction myco rhizienne. Commencez par identifier la cause de la mauvaise colonisation. Souvent, ce sont nos actions qui ont sapé ce partenaire vital. La première étape peut consister à cesser de contrarier l'action de la nature et à mettre fin aux interventions qui tuent l'un des organismes les plus bénéfiques de la planète.

Pour augmenter la colonisation et l'activité des mycorhizes :

* Premièrement, arrêtez les actions qui les tuent !

* Supprimez les "icides" chimiques. Tamponnez les herbicides avec de l'acide fulvique et évitez les phosphates solubles.

* Augmentez la diversité des plantes.

* Intercalez des cultures entre les cultures commerciales. Il existe des espèces de cultures de couverture qui sont de riches sources de spores d'endo-mycorhyzes le lin, le sorgho, le millet, l'herbe du Soudan, le tournesol et l'avoine. Même les arbres, qui peuvent avoir des ecto-mycorhizes, ont une relation stimulante avec les endo-mycorhyzes dans les graminées.

* Utilisez des intrants à base de carbone et des biostimulants pour encourager la diversité souterraine.

* La présence de bactéries partenaires favorisant la croissance des plantes, telles que les levures, les *pseudomonas fluorescens* et les différentes espèces de bacilles, permet d'augmenter l'efficacité des CM.

Si le taux de mycorhizes est très bas :

Stimulez et nourrissez les CM avec des humates solubles, des extraits de compost ou du lombricompost. Si vous prévoyez d'épandre des herbicides ou de travailler le sol, l'ajout de produits humiques ou fulviques solubles est indispensable pour soutenir vos populations de CM bénéfiques. Mélangez les produits fulviques aux herbicides ou pulvérisez-les sur le sol lorsque vous cultivez le champ. Ne manquez pas l'occasion de nourrir votre microfaune primordiale!

* Vous pouvez fabriquer un inoculant mycorhizien en combinant des mélanges de terreaux avec de la terre et des feuilles provenant d'écosystèmes locaux sains. Cultiver des spores d'endo-mycorhizes dans le sol en utilisant des graminées C4, telles que l'herbe du Soudan, le *Paspalum spp*, le maïs, *etc.*

Voir annexe pour des instructions détaillées.

Le marché des biofertilisants est en plein essor en réponse à la demande des producteurs du monde entier. En 2016, le marché était évalué à 1,1 milliard de dollars américains et devait croître, selon les projections, de 14% par an [29]. Ces biofertilisants comprennent des fixateurs d'azote : rhizobia, mycorhizes, azotobacter, azospirillum et bactéries solubilisant le phosphate.

Il y a dix ans, deux producteurs m'ont confié qu'ils ajoutaient un produit mycorhizien pour augmenter les rendements de maïs. L'un d'entre eux a vu son rendement augmenter de 25 %, tandis que l'autre n'a constaté aucune différence mesurable. Après un examen plus approfondi, il s'est avéré que l'agriculteur dont le rendement avait augmenté avait un taux de relations endo-mycorhiziennes (EM) extrêmement bas dans les champs non traités. Celui qui n'a constaté aucune réaction avait déjà de bons niveaux naturels d'EM.

Si vous avez l'intention d'utiliser ces produits, il est important de vérifier le type de propagules que vous achetez, car il existe des différences considérables dans leur efficacité. Les produits mycorhiziens peuvent comprendre des spores, des morceaux de racines colonisées et du mycélium séché. Les morceaux de racines et le mycélium ont une viabilité souvent limitée à quelques semaines, tandis que les spores peuvent survivre pendant des années. Les spores ont besoin de beaucoup plus de temps pour coloniser les racines. Il faut en tenir compte car un laboratoire peut utiliser des protocoles de tests de viabilité basés sur des inoculums provenant de matériaux racinaires. Le défi pour les producteurs qui utilisent ces produits est de s'assurer que ce qui se trouve dans le sac est bien vivant et va se mettre au travail dans votre sol. Des tests indépendants réalisés en Nouvelle-Zélande en 2011 ont révélé que sur sept produits mycorhiziens disponibles dans le commerce, aucun n'était viable. Un signal d'alarme pour les fournisseurs et les producteurs ! Comme la colonisation peut prendre de 4 à 6 semaines, de nombreuses universités et centres de recherche qui fournissent des services de test de viabilité avec un délai rapide peuvent conclure prématurément que les produits ne sont pas viables. Il est donc prudent de demander aux laboratoires quel est leur protocole et d'exiger des tests de viabilité de la part de tout fournisseur lors de l'achat d'inoculums biologiques.

Personnellement, je préférerais que l'on se penche sur les raisons pour lesquelles la mycorhization est faible et que l'on s'efforce ensuite d'accroître les populations indigènes. Les spores peuvent rester dans le sol pendant de nombreuses années et très peu de producteurs n'ont pas de spores. Les spores peuvent rester dans le sol pendant de nombreuses années et très peu d'agriculteurs ont une colonisation nulle. Bien que ce ne soit pas inconnu, les rares cas où j'ai vu cela étaient associés à des perturbations importantes ; une mauvaise gestion de l'irrigation, une utilisation intensive de produits chimiques, après des cultures de colza ou des coupes à blanc forestières. Ces indicateurs nous ramènent directement à la discussion précédente sur les "facteurs favorables".

Comme vous pouvez le constater, les plantes n'existent pas de manière isolée. Songez-y un instant : de nombreuses fonctions vitales des plantes sont extérieures à leur organisme ; elles confient des fonctions essentielles à des microbes responsables de l'immunité ou de la disponibilité des nutriments et de l'eau. Leurs intestins, leurs reins et leur thermostat ne font pas partie de leur corps. Si vous considérez que l'objectif premier de la gestion des sols est de favoriser un système digestif optimal, ce sont les champignons qui fournissent de puissants acides intestinaux, des vitamines, des enzymes et des minéraux qui stimulent l'énergie et la santé. Peut-on cultiver des plantes sans sol ni biologie ? Oui. Seront-elles saines, auront-elles une expression génomique complète et seront-elles denses en nutriments ? Non.

Le carbone du sol (C) est un sujet de plus en plus politisé - principalement dans les conversations autour des principaux gaz à effet de serre : le méthane, le protoxyde d'azote et le dioxyde de carbone (avec très peu de discussions autour de l'autre influenceur majeur du climat : la vapeur d'eau). Ces diverses solutions et projets font du carbone un véritable sujet de discussion politique. Comment se fait-il que tout le monde s'enflamme au sujet du carbone ? D'un point de vue global le phénomène est similaire à celui qui sous-tend notre dépendance au pétrole. Le carbone alimente tous les aspects de notre vie, de l'essence de nos voitures au plastique, en passant par la production d'engrais, le chauffage de la maison et la production d'électricité. Le carbone est une énergie stockée. L'énergie stockée dans l'atmosphère retient plus de chaleur et l'énergie stockée dans le sol fournit du carburant aux microbes et aux plantes. Il s'agit d'une mesure de la « salle des machines » de votre sol et, en fin de compte, de votre rentabilité.

Toutes les matières organiques vivantes contiennent du carbone. C'est l'élixir même de la vie. Il en existe une quantité limitée sur la planète ; chaque atome de carbone est passé par un être vivant à un moment ou un autre. Votre corps en fait partie, puisqu'il s'est développé à partir d'atomes qui se trouvaient autrefois dans le corps des dinosaures et des arbres. J'adore l'idée qu'à un moment donné, les molécules de carbone qui m'habitent aient fait partie du cerveau d'un mégalodon ou d'un T-Rex !

Les sols contiennent une énorme réserve de carbone, plus importante que les réserves combinées contenues dans les plantes et l'atmosphère, soit environ 2 344 milliards de tonnes de carbone organique. Dès que les premières mottes de terre ont été labourées pour être cultivées, les pertes de carbone ont commencé, celles dues à l'utilisation des sols étant estimées entre 133 et 200 milliards de tonnes au niveau mondial. Cela représente environ un cinquième de tout le carbone présent dans l'atmosphère. Songez-y un instant. Un événement catastrophique se produit sur la planète, auquel la société n'a prêté aucune attention. Nous nous sommes tellement concentrés sur les combustibles fossiles et le méthane à court terme des rots de bovins que nous avons omis la quantité importante de carbone (et d'eau) qui quitte le sol pour rejoindre l'atmosphère et les océans.

Mais les nouvelles ne sont pas toutes mauvaises. Si les pertes de carbone peuvent être aussi immenses, nous avons également les moyens de le reconstituer. Le stockage du carbone dans le sol constitue la solution la plus immédiate et la plus rentable pour tenter de diminuer la charge de carbone atmosphérique héritée du passé.

Qu'est-ce que le réservoir de carbone du sol ?

Les différentes composantes de la matière organique du sol (MOS) comprennent toutes du carbone : la biomasse vivante, les résidus végétaux, l'humus, le carbone organique dissous, le carbone organique récalcitrant et le carbone inorganique. La matière organique du sol joue un rôle crucial dans les fonctions physiques, chimiques et biologiques du sol et constitue le précieux système de stockage de l'énergie du sol. Cette matière organique contribue à la rétention et au renouvellement des nutriments, à la structure du sol, à la rétention et à la disponibilité de l'humidité, à la dégradation des polluants, à la séquestration du carbone et à la résilience du sol. Le carbone organique du sol (COS) est chimiquement et biologiquement actif et se décompose avec une relative rapidité (en quelques années ou décennies).

On estime que le COS représente environ 58 % de la MOS ; si votre laboratoire mesure la MOS, divisez le résultat du laboratoire par 1,72.

La biomasse microbienne vivante comprend tous les organismes vivant dans le sol, petits et grands : vers de terre, termites, coléoptères et bactéries. Ils contiennent tous de l'azote, du carbone et de l'eau, qui sont conservés dans leur corps et libérés à leur mort. Ils excrètent également des matières concentrées en carbone - crottes, urine, salive et vomissures, éléments essentiels de la « colle» qui crée un sol stable et sain.

Résidus végétaux - constitués de racines, de pousses et de feuilles présentes dans et sur le sol. En fonction de la profondeur du sol, de l'activité biologique et de la quantité de cellulose/lignine, ces matières peuvent se décomposer assez rapidement (de quelques jours à plusieurs dizaines d'années). Ces résidus constituent une source d'énergie vitale pour les microbes, qui la restituent à la plante sous forme de carbone biodisponible.

Le carbone organique particulaire (COP) comprend les matériaux d'une taille supérieure à 2 mm, tels que les racines, les insectes morts et la litière de feuilles. Le carbone organique dissous (COD) ou "thé de litière" se trouve dans la solution du sol et est facilement disponible. Il peut se renouveler en quelques minutes ou en quelques semaines. Il représente une fraction minime mais vitale du COS. Les réservoirs de COP et de COD sont appelés "carbone labile" car ils se renouvellent assez rapidement dans le sol.

L'humification décrit le processus biologique qui transforme la matière organique - par exemple, les racines, les feuilles, le fumier ou un mouton mort - en une matière uniforme foncée entièrement décomposée appelée humus. L'humus est constitué de matières organiques d'une taille inférieure à 0,053 mm. C'est le produit final de la décomposition des matières organiques qui comprend de la glomaline, des acides aminés, des protéines (azote), des enzymes, des lipides, des graisses, des vitamines, des facteurs de croissance et d'autres métabolites de signalisation. Il est difficile de le définir par sa composition chimique ou biologique, à tel point que certains scientifiques demandent que le terme soit supprimé des terminologies scientifiques.

L'humus a une structure complexe qui sert de réservoir pour les minéraux et l'eau, et constitue une importante source d'énergie. Ce réservoir de carbone est plus résistant à la décomposition par les micro-organismes du sol et a donc tendance à se transformer plus lentement (sur des décennies ou des siècles). Il joue un rôle dans toutes les fonctions clés du sol et est particulièrement important dans la fourniture de nutriments.

Accroitre la quantité de carbone présent dans le sol permet de créer un sol spongieux et ainsi d'améliorer les cycles des nutriments, la rétention et la qualité de l'eau et de réduire les besoins en intrants et matériels agricoles. C'est pourquoi l'agriculture régénérative accorde une telle importance au carbone du sol.

Mesurer avec précision le carbone du sol, c'est un peu comme essayer d'attraper un lambeau de brume avec la main. Chaque jour, le sol inspire et expire du carbone. À mon avis, l'incapacité de la communauté scientifique à se mettre d'accord sur une évaluation chiffrée de ce phénomène a activement contribué à ralentir l'innovation et l'action. Ces désaccords scientifiques ont (involontairement ou non) ralenti l'adoption de pratiques régénératives dans l'ensemble de la communauté agricole. Le carbone s'avère difficile à mesurer avec précision. Peut-être la question de savoir comment mesurer le carbone n'est-elle pas la bonne ? Le carbone est lié à tous les aspects d'un sol en bonne santé : agrégation, structure, eau, nutriments et diffusion des gaz.

Il y a quelques années, je suis tombée sur un article qui parlait d'un inventeur à la recherche d'investissements pour financer des épurateurs de CO_2. Ces machines pourraient extraire le carbone de l'air et le stocker en profondeur dans le sol.... Exactement ce que font déjà les plantes. La nature a compris cela il y a 3,4 milliards d'années, lorsque les premières bactéries photosynthétiques ont découvert l'excitation joyeuse contenue dans l'énergie solaire. Au cours de la dernière décennie, l'industrie et les chercheurs se sont de plus en plus intéressés à la magie chimique de la photosynthèse. Des techniques d'édition de gènes sont actuellement mises au point sur le terrain pour modifier l'enzyme responsable de la photorespiration. Les chercheurs qualifient la photosynthèse de "lente et confuse"[30]. Pourtant, toutes nos tentatives d'imitation de la nature se sont révélées jusqu'à présent incroyablement coûteuses, inutiles et pitoyables. Nous essayons toujours de reproduire l'efficacité des systèmes naturels, en nous concentrant sur les solutions mécaniques et technologiques d'un problème biologique déjà résolu.

Repensez à votre adolescence, à l'école, ce moment où l'on vous a enseigné la photosynthèse ; peut-être avez-vous cessé d'écouter, vous demandant ce que cela avait à voir avec votre vie ? C'est du moins le souvenir que j'en ai gardé. La photosynthèse est pourtant le processus le plus important sur notre terre, pour la planète, et c'est celui avec lequel vous devez vous familiariser. Il régit la résilience, la santé et, en fin de compte, la rentabilité. Au cours du processus de photosynthèse, l'énergie de la lumière solaire pénètre la surface de la feuille. Cela déclenche une réaction en chaîne qui fournit l'étincelle d'énergie nécessaire pour scinder l'eau en ses éléments constitutifs : électrons, atomes d'hydrogène et d'oxygène. L'inhalation de dioxyde de carbone fournit les éléments constitutifs de la vie : les hydrates de carbone (CHO) se forment en se combinant avec l'hydrogène et l'oxygène. L'oxygène expiré nous permet de vivre sur cette planète, tandis que les glucides se transforment en saccharose, en amidon, en protéines, en lipides, en cellulose... littéralement tout ce qui a une base organique. Tout ce qui est produit sur la terre commence par des sucres végétaux.

Toutes les plantes photosynthétisent, c'est une évidence. Ce qui n'est pas certain, c'est l'efficacité de ce processus, la capture, selon les scientifiques, pouvant notamment varier de 0,1 à 4,6 %. L'augmentation de la biomasse et de la diversité microbiennes, l'aération du sol, la disponibilité de l'eau, le rapport carbone/azote) et la disponibilité du calcium et d'autres minéraux sont autant d'éléments qui peuvent améliorer cette efficacité. La photosynthèse nécessite une série de mécanismes complexes et interactifs, dont beaucoup impliquent des catalyseurs minéraux essentiels, tels que le phosphore, l'azote et le magnésium, pour fournir l'étincelle.

Deux grands cycles du carbone sont à l'œuvre dans le sol : celui qui a été le plus étudié est le cycle de décomposition à court terme, que j'appelle : "Je suis là pour passer du bon temps, mais pas pour longtemps, chéri". Ce processus essentiel suppose l'ajout de matières organiques, comme les racines, les feuilles mortes, le compost, le fumier et l'urine. Ces matières alimentent la communauté diversifiée de microbes du sol, de vers et d'insectes qui respirent ou rejettent l'excès de carbone dans le sol. Cette activité se concentre principalement dans les six premiers centimètres aérés du sol. Pendant que la microfaune travaille, nuit et jour, le carbone entre et sort du sol, alimentant la photosynthèse des plantes. Cette respiration du carbone est un flux continu, influencé par la température, l'humidité, l'heure du jour ou de l'année et la disponibilité de la nourriture pour les microbes. Ce cycle joue un rôle essentiel dans la fourniture de carbone à la plante pour la photosynthèse. Au fur et à mesure que les communautés biologiques passent de conditions bactériennes primitives à une biomasse ou une activité fongique plus importante, cette expiration atmosphérique peut se réduire de 25 %[31 32].

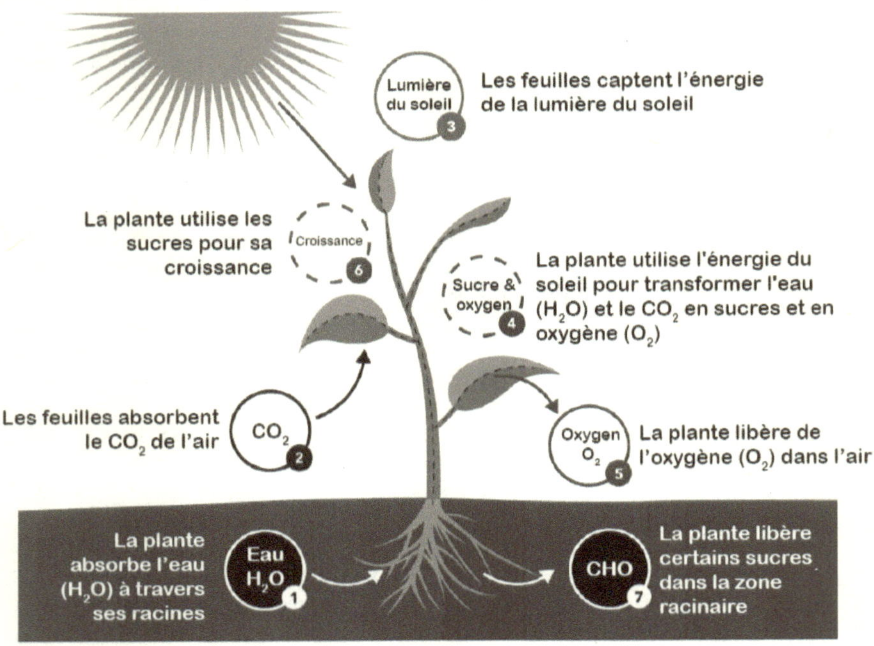

Image du processus de photosynthèse.

Le deuxième grand cycle du carbone est celui qui est le moins étudié : le stockage en profondeur du carbone dans le sol. Il s'agit du carbone capturé au cours de la photosynthèse et transmis au sol par les exsudats des racines des plantes. Chez les espèces de graminées avancées, plus de la moitié de ces précieux sucres issus du processus de photosynthèse finissent par être libérés par les racines. Pour les microbes du sol, c'est l'équivalent du nectar pour les insectes aériens. Ces exsudats contiennent une gamme alléchante d'enzymes, d'acides gras, de facteurs de croissance, de vitamines et d'agents de détection du quorum - des signaux qui réveillent, accélèrent, ralentissent ou endorment efficacement les microbes.

Une grande partie de ce nectar racinaire se trouve à des niveaux plus profonds et non perturbés dans le sol, entre 150 et 400 mm, où il est déposé grâce à l'action de nos amis, les champignons mycorhiziens. Appelé "voie du carbone liquide" par le Dr Christine Jones, écologiste australienne spécialiste des prairies, ce carbone profond peut rester chimiquement ou biologiquement protégé dans les sols pendant des milliers d'années. Lorsqu'ils sont exposés à l'air et à l'eau, ces dépôts de carbone fongique, y compris la glomaline, la chitine (le squelette des champignons morts) et la mélanine, sont mieux protégés contre la dégradation que les sucres dérivés des racines.

Les exsudats racinaires constituent la forme de carbone organique la moins chère, la plus efficace et la plus bénéfique pour la vie du sol. Les exsudats et les microbes se concentrent autour de la zone racinaire, ou rhizosheath, créant des signes visuels que nous surnommons les "racines rastafari". Ces systèmes racinaires ressemblent à des dreadlocks sales, offrant aux plantes une protection vitale contre les changements de pH, l'aluminium, la salinité et les fluctuations de température ou d'humidité dans l'environnement.

Il a été démontré que les herbicides, les fongicides et le surpâturage bloquent cet important processus du sol. Dans les champs, l'utilisation excessive de formes solubles d'azote et de phosphore (synthétiques ou provenant du fumier) est efficace pour stimuler la production végétale, souvent au détriment de la photosynthèse. Lorsque les niveaux d'azote des acides aminés augmentent dans la plante, les produits de la photosynthèse diminuent et les pressions exercées par les insectes augmentent. Ce sont ces rapports carbone/azote (C/N) dans la plante qui sont au cœur de la production d'aliments denses en nutriments et intègres. Les rapports C/N influencent le rendement, la floraison et les réactions aux stress environnementaux : sel, température, sécheresse et carences en nutriments.

Si les champignons peuvent excréter des acides pour extraire des minéraux des roches, ils peuvent également créer et transformer des roches, dans un processus appelé géomycologie. Les champignons forment littéralement de nouveaux minéraux et cristaux de roche, tels que la weddellite, l'oxalate de calcium et la glushinskite. Ces minéraux incorporent le carbone sous des formes inorganiques, ce qui signifie que les champignons ont joué un rôle majeur dans la séquestration efficace du carbone au cours des siècles. Le Dr Richard Teague, professeur d'écologie des pâturages (Université A&M du Texas), a mesuré les remontées de ce "carbone inorganique" dans le cadre de systèmes de pâturage adaptatifs au Texas (États-Unis) et en Alberta (Canada). Il s'agit d'un nouveau domaine de recherche, qui pourrait s'avérer essentiel pour comprendre la dynamique du carbone et le rôle important des divers écosystèmes microbiens dans les cycles du carbone à l'échelle planétaire.

Le carbone du sol ne peut être considéré isolément, il est intimement lié à la dynamique de l'azote, aux cycles de l'eau, à la stabilité des sols, à la résilience et à la qualité des aliments. Les bénéfices du carbone pour les exploitants, la société et l'environnement sont immenses et d'une grande portée. Si l'on considère les niveaux historiques de carbone qui existaient dans de nombreuses zones avant les débuts de l'agriculture, on se rend compte de l'incroyable perte qui s'est produite. Selon le pédologue Rattan Lal, 50 à 70 % de ce carbone ont été perdus à cause d'une mauvaise gestion. Cela signifie que, sur l'ensemble de la planète, nous avons effectivement détruit 50 à 70 % de notre potentiel de rétention d'eau.

Comment savoir si votre sol perd ou gagne du carbone ? L'une des solutions consiste à effectuer une analyse de sol (qui ne vous fournira qu'un tableau partiel) ou à prélever une carotte profonde qui indiquera les niveaux de carbone en profondeur. Toutefois, cette méthode n'est pas forcément instructive si vous ne disposez pas de données de comparaison. Il existe également des laboratoires qui peuvent tester la glomaline, le sous-produit du carbone produit au cours de ce processus biologique. Ce sont ces résultats qui vous permettront de savoir si vos pratiques renforcent les ressources de votre sol ou si elles le dégradent au fil du temps.

Une méthode rapide et peu coûteuse consiste à creuser quelques trous et à comparer la couleur de votre terre végétale à celle d'un trou creusé dans une zone voisine non perturbée, qui n'a pas reçu d'engrais, n'a pas été fauchée pour le foin, n'a pas été cultivée ou n'a pas fait l'objet d'un pâturage intensif. Si vous constatez une différence visuelle et que votre terre est plus pâle, cela peut signifier que des changements de gestion sont nécessaires. Hydratez un peu la surface du sol, car ces différences de couleur peuvent être plus nettes si la terre est imbibée.

Peut-on avoir trop de carbone ? Demandez à quelqu'un qui a des sols de chaume, de tourbe ou des fondrières.

Depuis des décennies, les producteurs régénératifs utilisent un outil simple, mais controversé, appelé réfractomètre ou compteur Brix. Les réfractomètres mesurent les hydrates de carbone et la totalité des solides dissous contenus dans la sève des plantes. Couramment utilisés dans les vignobles et les vergers pour évaluer la maturité des fruits, ils peuvent également servir à évaluer la sève des plantes et la photosynthèse. Il s'agit d'un outil portatif facile à utiliser, qui fournit des informations instantanées sur l'état de santé des cultures. (Consultez l'annexe pour savoir comment utiliser un réfractomètre.)

Une visite chez la plupart des producteurs régénératifs implique généralement une discussion sur leurs progrès en matière de Brix et la joie qu'ils ressentent lorsque le degré Brix atteint ou dépasse les dix pour cent. Simon Osborne, producteur de semences et de cultures à Canterbury, en Nouvelle-Zélande, garde un appareil de mesure du degré Brix cabossé à côté du frein à main de son véhicule. Le domaine agricole d'Osborne couvre plus de 270 hectares de sols principalement argileux et par endroits limoneux. Il gère également une entreprise de semences de grandes cultures avec des ovins dans la phase d'inter-culture. En 1976, son père a été l'un des premiers à adopter des pratiques de « non-labour», remplaçant les pratiques culturales par l'utilisation de glyphosate. Au début, la structure du sol s'est améliorée, mais l'augmentation de la teneur en carbone a été minime. Lorsque Simon est revenu s'installer avec sa femme Angela comme agriculteurs à plein temps en 1992, il a adopté les pratiques de l'agriculture de conservation des sols (ACS) : "J'ai décidé de réinitialiser le système, j'ai arrêté de brûler les résidus de culture, j'ai préféré déchiqueter et laissé les résidus en surface". Il tire une fierté modeste des sols qu'il a développés, avec des niveaux de carbone du sol passant progressivement de 1,5 % à une moyenne de 5 % de C (9 % de MO dans les 150 mm supérieurs).

Comme tous les meilleurs exploitants régénérateurs que j'ai rencontrés, Simon possède d'excellentes capacités d'observation et d'action. Le degré Brix s'est lentement élevé et les valeurs se situent maintenant régulièrement autour de 10 %. L'élimination des fongicides et des pesticides a permis à son programme d'amélioration de la santé des sols de progresser et les rendements se sont maintenus de manière satisfaisante. Le degré Brix de la sève est une mesure en conditions réelles, qui ne doit pas se limiter à des systèmes microbiens perturbés ou à des essais en pots sous serre. Sur le terrain, les régénérateurs constatent généralement que l'augmentation du degré Brix s'accompagne d'une augmentation de l'activité biologique et de la disponibilité des minéraux. Une augmentation du Brix traduit une amélioration de la santé des cultures et de leur résistance au gel, aux ravageurs et aux maladies. Cette progression s'accompagne d'une augmentation du carbone du sol en profondeur, ce qui optimise les cycles de l'eau et des nutriments. Le degré Brix est directement lié aux bénéfices de l'exploitation, avec une augmentation de la production laitière et des gains de poids pour les bovins. Allan Williams, éleveur et régénérateur américain, a constaté que chaque augmentation de 1,0 % du Brix se traduit par un gain de poids quotidien moyen de 45 à 135g. Dans le secteur laitier, nous avons constaté que cela équivaut à environ 100 grammes de matières solides du lait par vache et par jour.

L'affirmation selon laquelle le degré Brix est lié à la santé des cultures est très controversée, du moins dans certains milieux. Cette controverse est due en grande partie aux partisans de l'agriculture conventionnelle et à l'absence de documentation scientifique disponible. Des scientifiques et certains blogs ruraux affirment que les mesures Brix ne sont pas fiables. Je ne pense pas que ce soit la mesure qui ait échoué ici, mais plutôt l'état d'esprit linéaire appliqué à la conception et à la mise en œuvre des tests allégués. En cas de faible teneur en humus, d'activités biologiques médiocres et d'apports d'engrais solubles, les degrés Brix fluctuant fortement rendent les mesures incertaines.

Il est important que vous utilisiez cet outil pour évaluer votre propre réussite, et non pour vous comparer à d'autres. Si vous ne constatez pas une tendance à l'augmentation du Brix de la sève des plantes au fil du temps, il est possible que vous ne parveniez pas à régénérer votre sol. Il est temps de revenir aux 5 M et de chercher ce qui ralentit vos progrès.

L'incursion du Dr David Johnson dans les relations entre biomasse biologique et rendement a commencé en 2010. Avec son épouse Hui-Chan Su, une femme avisée, nous avons eu l'occasion d'échanger nos points de vue lors d'une conférence à Albuquerque. Le lendemain, nous avons profité d'une matinée libre pour explorer quelques-uns des remarquables pétroglyphes gravés qui font la renommée de la région. Comme la plupart des scientifiques, nous avons été tellement absorbés par ces roches et leur histoire que j'ai failli rater mon vol à l'heure du déjeuner. L'impression immédiate que David m'a faite, c'est qu'il savait écouter attentivement. Par le passé, de nombreux scientifiques de pointe m'ont fait l'impression qu'ils avaient tendance à monopoliser les conversations, portés par leur enthousiasme à partager leurs découvertes, comme s'ils donnaient une conférence devant un large public. Avec David, à l'inverse, j'ai constaté que ses yeux bleu vif traduisaient une concentration intense et que sa tête penchée exprimait son désir d'en apprendre davantage. C'est cet avide appétit de connaissances et ses interrogations qui l'ont amené à quitter l'université d'État du Nouveau-Mexique pour devenir professeur adjoint au collège d'agriculture de l'université d'État de Chico. À Chico, il travaille aux côtés d'un autre formidable défenseur des sols, lui aussi auditeur attentif, le Dr Tim LaSalle. LaSalle est à l'avant-garde de la recherche régénérative et de son intégration dans l'enseignement supérieur.

Les recherches de Johnson sur les champignons ont débuté dans le cadre d'un projet du ministère de l'agriculture américain visant à identifier des méthodes de compostage statique des effluents de laiterie. Il fallait trouver un moyen d'accélérer le processus de compostage, d'utiliser moins d'eau et de réduire la teneur en sel du produit final. C'est ainsi qu'il est arrivé à produire un compost bio-diversifié à dominante fongique (rapport Champignons/Bactéries de 4:1). Ce compost fongique a conduit le Dr Johnson sur la voie d'une découverte passionnante, qui l'a amené à supposer que les champignons pourraient être le facteur déterminant des rendements, plus encore que l'azote ou le phosphore synthétiques. Ses travaux montrent qu'avec une biomasse microbienne diversifiée, l'agriculture peut produire davantage que les écosystèmes naturels les plus productifs.

Son constat est clair, nous avons accepté comme standard des sols appauvris dans le monde entier. « Nous ne savons pas ce que peuvent faire des sols hautement fonctionnels », dit-il. « Nous avons réalisé nos observations sur des sols mutilés. » Il s'agit de sols pauvres en carbone, à faible biodiversité et dominés par les bactéries, ce que l'on observe dans presque toutes les exploitations agricoles ou cultivées modernes utilisant des produits chimiques.

Il est partisan d'une méthode que lui et Hui-Chan ont appelée le bioréacteur Johnson-Su. Ce bioréacteur inclut un processus de compostage simple et lent, qui met l'accent sur la circulation de l'air pour optimiser la croissance des champignons et la digestion des vers. Johnson est un homme selon mon cœur, car il pense que "le vermicompost est vraiment la clé de ce processus". Sur ses parcelles d'essai, une seule application de 450 kg/ha de compost à dominante fongique a été effectuée en 2012. Chaque année, les semences sont traitées avec un extrait de compost liquide et cultivées dans des parcelles mitoyennes de parcelles plantées avec un engrais NPK conventionnel. Ses travaux ont permis de mesurer des hausses exponentielles de rendement sous traitement biologique. Pour M. Johnson, "la biologie est un jeu de biomasse" : il ne s'agit pas seulement d'une augmentation du nombre de champignons, mais d'une augmentation totale de la diversité des organismes (et de leurs signaux de quorum) dans le sol. Les essais de M. Johnson portent sur des cultures de couverture, qui sont soit incorporées au sol, soit récoltées et arrachées, et les gains de rendement qui en résultent par rapport aux parcelles fertilisées avec engrais NPK sont extraordinaires. Au bout de sept ans, ces parcelles produisent 777 kg/N/Ha par an. Les autres minéraux augmentent également : calcium (76 %), magnésium (84 %), zinc (62 %) et cuivre (40 %). Ces résultats reflètent la plupart des observations faites sur le terrain avec les régénérateurs dont il est question dans ce livre.

Les sols "stressés", dominés par les bactéries, peuvent exhaler plus de la moitié du carbone du sol à cycle court et le renvoyer dans l'atmosphère. Johnson constate que les pertes quotidiennes de carbone dans l'atmosphère ralentissent avec la domination progressive des champignons dans les sols, avec un taux du carbone émis ramené à 11 %. Cela signifie que le pool d'émissions de carbone "à court terme, mais pas à long terme" peut être réduit à 20 % des pertes nettes actuelles du sol. Les pratiques de gestion régénératives, qui favorisent la prolifération des microbes bénéfiques, réduisent les durcissements, stimulent un enracinement plus profond, augmentent la photosynthèse des plantes et sont essentielles à la formation d'un carbone stable dans le sol. Les travaux de M. Johnson permettent de mesurer jusqu'à 10,71 T Mg C/ha (-1). Ce processus est le meilleur gage de rentabilité de votre entreprise agricole !

Compte tenu du grand nombre de variables qui interviennent et de la circulation complexe du carbone, il est compréhensible que les scientifiques soient dans l'embarras lorsqu'ils tentent de chiffrer ces phénomènes de manière fiable. Peter Donovan et Didi Pershouse, de la Soil Carbon Coalition, sont formels : il est temps d'agir, et de cesser de discourir sur la possibilité de séquestrer le carbone dans le sol. En partageant des données sur leur site web, ils aident les agriculteurs à répondre à la question suivante : à quelle vitesse et avec quelle efficacité le carbone atmosphérique peut-il être transformé en matière organique du sol ? Nous avons une opportunité substantielle, avec l'amélioration de la signalisation microbienne, de la biomasse fongique et de la biodiversité. Nous disposons des outils nécessaires pour résoudre le problème le plus grave auxquels la société est confrontée : les aléas climatiques.

Qu'attendons-nous pour agir ?

Dans l'ouest de l'Australie, le soleil fait tout scintiller. C'est le paysage des contrastes violents et tranchés : des rouges, des oranges et des jaunes éclatants, des ciels d'un bleu azur saisissant, ponctués de verts d'eucalyptus. Lorsque les Européens se sont installés ici pour la première fois il y a 200 ans, ils ont trouvé "un domaine pour gentlemen", une mosaïque de savanes herbeuses, d'arbustes et de grands eucalyptus, un paysage façonné par plus de 50 000 ans de culture aborigène sur brûlis. Bon nombre de ces espèces indigènes de prairies n'étaient pas adaptées lorsque la pratique du brûlis a été remplacée par des pratiques liées à l'élevage. Les changements dans ce paysage fragile ont été rapides. Les espèces indigènes ont vite disparu localement ou ont été reléguées aux affleurements résiduels, aux bordures des routes et aux fossés. Les très vieux arbres âgés de 200 ans ou plus, sont rares et rappellent l'histoire d'un paysage de savane, en contraste avec la végétation dense de jeunes eucalyptus qui a envahi les terres non entretenues.

Un voyage de trois heures à l'intérieur des terres depuis Perth nous a mené chez Di et Ian Haggerty, producteurs de cultures bio-intégrées, à Prospect Farm. Il faut traverser la "Rabbit Proof Fence" (barrière anti-lapins) et l'on entre dans la contrée des terres rouges et des sols sablonneux profonds, dits « limons argentés ». La "barrière anti-lapins" fut la dernière tentative gouvernementale (finalement vaine) d'empêcher le déferlement des lapins dans la ceinture de blé. Construite en 1902, elle s'étendait sur 1800 km. Quiconque laissait une porte ouverte pouvait passer 72 jours en prison ! Dès que l'on franchit la Rabbit Proof Fence les pluies cessent et la végétation change sous un soleil implacable.

Certains affirment que l'Australie occidentale n'est pas adaptée aux méthodes modernes d'agriculture. Divers paramètres leur donnent apparemment raison : des précipitations faibles et variables, une salinité croissante, un taux d'aluminium élevé, un pH faible et un taux de carbone du sol presque inexistant (sans oublier les mouches !). On estime que sous chaque hectare de terre de la ceinture de blé se cachent potentiellement 10 000 tonnes de sel. Sans couverture arborée pour maintenir la nappe phréatique à un niveau bas, 10 % de la ceinture de blé est actuellement trop salée pour produire des denrées alimentaires. À l'autre extrême, jusqu'à 24 millions d'hectares de terres sont formées de sols acides dont le pH est inférieur à 4,8. Ce faible pH crée des conditions idéales pour la toxicité de l'aluminium et réduit la résistance des cultures en cas de faibles précipitations. On estime que ce faible pH et cette toxicité de l'aluminium coûtent à l'Australie occidentale 70 millions de dollars par an en perte de revenus.

Voilà une "agriculture aux limites du possible" qui ressemble de plus en plus à une "agriculture sur le fil du rasoir". De 2000 à 2012, les précipitations annuelles moyennes dans les parcelles cultivées de Prospect Farm ont été de 216 mm. En 2017, les pluies vitales pour la germination sont arrivées trop tard, si bien que les producteurs ont été incités à détruire chimiquement leurs cultures de colza et de lupin chétives et clairsemées, plutôt que de les récolter. Leurs agronomes leur ont assuré que les engrais seraient toujours là la saison prochaine.

Les Haggerty ont choisi de ne pas pulvériser d'intrants, conscients qu'il était absurde de laisser le sol à nu et vulnérable à l'érosion par le vent et aux adventices. Ils n'ont jamais été du genre à se laisser imposer quoi que ce soit qui ne soit pas aligné sur les cycles de la nature. Ils appellent leur système "Natural Intelligence Farming". Ils cultivent 18 000 hectares dans la ceinture de blé centrale de l'Australie occidentale, avec quatre propriétés situées à moins de deux heures de route l'une de l'autre, ce qui, dans ces paysages australiens, correspond à peu près à la distance parcourue par les habitants pour se rendre à leur boîte aux lettres.

Prospect Farms produit des céréales Bio Integrity et gère un troupeau de mérinos en auto-renouvellement sur l'ensemble de ses propriétés. Les Haggerty ont mis au point un système agricole qui utilise avec succès "l'intelligence naturelle" par le biais des microbes du sol, des plantes, des animaux et du puissant processus de photosynthèse. Ce système leur permet de réhabiliter de manière rentable des paysages salins et chimiquement dégradés. Ce processus a pour effet secondaire de produire des céréales, de la viande et de la laine fine de haute qualité.

En entrant dans la cuisine de Di et Ian, j'ai toujours l'impression de revenir chez moi. Les murs de cette maison ne semblent pas assez solides pour contenir ces esprits et ces personnalités, et il semble donc normal qu'ils soient plus à l'aise à l'extérieur, dans ces paysages rouges et argentés. Si Di se lasse un jour de l'agriculture, elle pourra se recycler dans les câlins professionnels : elle offre ses généreuses étreintes à ceux qui ont la chance d'être ses amis. Ian se lève pour accueillir les visiteurs après avoir déroulé ses longues jambes de sous la table de la cuisine. Sa taille peut sembler imposante, mais si vous passez quelques instants avec cet homme, vous verrez quelle âme bonne et généreuse l'habite. C'est une maison qui héberge de fertiles conversations : Beaucoup, en venant ici, ont découvert de nouvelles frontières dans les possibilités qui s'offrent à eux, lorsqu'ils sont à l'écoute de leur terre et d'eux-mêmes.

Dès le début de leur relation, le couple a compris qu'une répartition claire des responsabilités constituait une base solide pour un mariage sain. Ainsi, Ian est responsable des décisions en matière de grande culture et Di s'occupe de leurs 2 500 brebis mérinos de qualité. Elle a un don magique pour diriger ses chiens. Ian et Di sont tous deux profondément attachés à leur terre, à leurs cultures et à leurs animaux. Ils ont fait l'objet d'un grand nombre d'articles en raison des résultats extraordinaires qu'ils ont obtenus en matière d'augmentation de la teneur en carbone du sol. Charles Massey qualifie Di et Ian de "révolutionnaires" dans son livre de 2017 intitulé "The Call of the Reed Warbler" (l'appel de la fauvette des roseaux), qui décrit en détail le développement de l'agriculture régénérative en Australie.

Dans leur jeunesse, Di et Ian ont tous deux perdu l'opportunité de continuer à travailler dans leurs fermes familiales respectives, un motif de stress majeur dans leur vie. « Nous étions dos au mur et il n'y avait aucun espoir de retourner à l'agriculture. » Ils ont déménagé au nord, dans les Kimberly, et ont tenu un relais routier pendant quelques années. Pendant cette période, Ian et Di ont été initiés à des approches innovantes de gestion des terres grâce à leur amitié avec Robyn Tredwell de Birdwood Downs Station. Robyn a été élue « femme rurale de l'année » par ABC en 1995. Elle préconisait d'utiliser le bétail comme outil pour "nourrir, semer et désherber", avec les conseils et les idées de Jane Slattery. Ces façons innovantes et intuitives d'interagir avec la terre et le bétail ont trouvé un écho profond chez Ian et Di. Le temps passé loin du travail agricole leur a également permis de réfléchir et d'apprécier plus en profondeur l'intérêt de diriger leur propre ferme. En 1994, la possibilité d'acheter 660 ha à Wyalkatchem, à côté du domaine familial de Di, a été rapidement saisie. Les premiers temps ont été difficiles sur le plan financier, mais l'opportunité de partager ces terres avec ses parents était trop belle pour être négligée et cela les a aidés à reprendre pied dans l'agriculture. Lorsqu'ils sont arrivés, une partie du domaine était sous-pâturée et n'avait pas été cultivée depuis 30 ans. Même si « cette partie comptait beaucoup de terres salines, elle était vivante et bourrée de champignons ! » Les premières années, ils ont obtenu des récoltes exceptionnelles, supérieures à celles de la plupart des agriculteurs de la région.

Dans ce paysage fragile, ils ont vite appris que négliger la biologie du sol, récolter et travailler ce dernier, étaient des pratiques qui entraînaient rapidement une baisse des rendements et un compactage. Les pertes de matière organique ont entraîné une diminution de la capacité de rétention d'eau et de la perméabilité des sols dès lors incapables de faire face aux saisons sèches. Bien que le champ qui n'avait pas été cultivé depuis 30 ans y ait gagné une bien meilleure capacité et une meilleure banque de carbone, il s'est aussi lentement épuisé faute des apport nécessaires.

La leçon qu'ils en ont tirée est claire et nette : une gestion plus saine est essentielle pour augmenter la rétention d'humidité, le taux de carbone et la résilience des sols. Ce message a été renforcé par des rencontres fortuites avec certains des plus grands promoteurs de la régénération au monde, les docteurs Elaine Ingham, Christine Jones et Marten Stapper, ainsi qu'Arden Anderson, médecin et agronome biologique américain.

Les Haggerty ont un esprit profondément curieux et font preuve d'humilité à l'égard du monde qui les entoure. Cela leur permet de rester ouverts à de nouvelles possibilités, des atouts indispensables pour réussir en agriculture régénérative. Au début, ils ont constaté d'importantes incohérences entre leurs analyses de sol et de tissus végétaux, ce qui les a poussés à chercher d'autres réponses. Les analyses de sol ont révélé d'importantes carences en minéraux, alors que les analyses de plantes ont indiqué que les niveaux de nutriments étaient optimaux. Les plantes étaient en mesure d'accéder à ce dont elles avaient besoin, d'une manière ou d'une autre. Cette révélation s'est produite au début de leur carrière d'agriculteurs, alors qu'ils connaissaient des baisses de rendement, des augmentations du coût des intrants et des saisons de plus en plus incertaines. La nature avait résolu ce dilemme dans les zones ne recevant pas d'engrais. Ils se sont concentrés sur le carbone du sol, sur le renforcement des capacités de rétention d'eau et sur le fonctionnement des systèmes interconnectés de la nature. Ils ont compris que la collaboration avec les microbes était la clé de la résilience dans un climat changeant et imprévisible.

Leur approche se concentre sur l'optimisation de la gestion du pâturage animal et de la récupération des sols, afin de maximiser le transfert et le cycle des nutriments et des microbes. Les sols sont recouverts de plantes vivantes pendant la plus grande partie de l'année. L'épandage d'engrais de synthèse, de pesticides ou de fongicides est minimal, voire nul. Le couple n'a jamais aimé les produits chimiques et utilise ses herbicides avec parcimonie. Lors des semis, les seuls intrants utilisés dans le semoir sont les vermiliquides (5 litres/ha) et les extraits de compost (10 litres/ha), qui optimisent les bénéfices de la détection du quorum. Le vermiliquide est un produit commercial, expédié de Victoria par la société innovante Nutrisoil. L'extrait de compost est fabriqué sur place à l'aide d'un extracteur importé de Mid-West Biosystems et d'un compost à haute diversité fongique. Pour réussir, il est essentiel de disposer d'un compost ou d'une source de lombricompost de qualité. C'est un domaine dans lequel on ne peut pas faire de compromis.

Ils constatent que plus leur approche est subtile, plus les bénéfices sont importants. Cette exigence de sensibilité englobe même l'attitude du personnel. Si les employés sont là pour gagner de l'argent rapidement et n'accordent aucun respect à l'équipement ou à la terre, leur séjour dans l'entreprise sera de courte durée. Ian est clair : le personnel qui a ce genre d'attitude coûte cher à la ferme en termes de dommages aux machines, de consommation d'intrants et de résultats : le rendement et la régénération des terres en pâtissent.

Ian explique son approche de la pulvérisation d'herbicides aux nouveaux employés de la manière suivante : « Vous parcourez les champs et vous sentez quand vous devez pulvériser. » Sentir ? C'est vrai, dans son énorme tracteur à la pointe de la technologie, Ian utilise la méthode la plus ancienne et la plus simple qui soit : les extraits de compost et la sensation. Ce "feeling" permet à la ferme d'économiser herbicides et combustibles fossiles. La structure du sol s'améliorant, semer nécessite moins de carburant et est plus aisé pour le tracteur. Avec une cuve de produit conçue pour traiter 40 hectares, Ian en couvre plus de 400 ! Le couple a appris à tirer parti des processus de signalisation naturels, en les stimulant avec de petites quantités d'extraits.

Prospect Farms a une relation de soin à la terre qui valorise l'interconnexion en surface et en sous-sol, et ça se voit. En 2010, les Haggerty ont participé à une étude indépendante du CSIRO sur la ceinture de blé, qui portait sur le carbone du sol dans les cultures. Cette étude a montré que par rapport à d'autres fermes de la région, les terres des Haggerty présentaient des hausses significatives du carbone du sol (+42 %), de la capacité de rétention d'eau (+13 %), de l'azote (+28 %) et des minéraux du sol. Fait notable, alors que leurs bases minérales augmentaient, les éléments moins désirables, l'aluminium et le sodium, diminuaient. Il a fallu trois ans pour que les données de Haggerty soient incluses dans l'ensemble des données principales. Pourquoi ? Leurs données contrastaient tellement avec les autres qu'elles ont été considérées comme aberrantes et que fait-on des valeurs aberrantes en science ? On les ignore !

La ferme séquestre d'importantes quantités de carbone. Dans l'étude du CSIRO, réalisée plus tôt dans le cadre de son programme de santé des sols, elle en absorbait encore 2 tonnes supplémentaires par hectare et par an. Les travaux menés par d'autres agriculteurs australiens soucieux de régénération, comme Colin Seis, montrent que l'absorption de carbone n'est pas une relation linéaire, mais qu'elle devient une boucle de rétroaction qui se renforce. Les Haggerty s'attendent à ce que plus leur gestion du domaine se prolonge plus les taux de carbone absorbés augmentent.

La capture de la lumière du soleil à Prospect Farms est incroyablement efficace, avec des degrés Brix dans le blé allant jusqu'à 25, une performance supérieure à celles de nombreux cultivateurs de blé dont le degré de Brix dans la sève de la plante est d'environ 3. Atteindre un haut niveau de Brix réduit la sensibilité des plantes au gel, permet de stocker le carbone en profondeur dans le profil du sol, stimule le système bio-digestif et augmente la densité des nutriments. Le gel devient une menace croissante pour les cultures dans le monde entier. Les récoltes de 2018 en Australie occidentale s'annonçaient exceptionnelles. En Australie, le gel fait plus de ravages sur les cultures` que le feu et la grêle réunis. Alors que nombre de leurs voisins ont été fortement touchés par le gel, ils n'ont perdu que 5 % de la récolte sur l'ensemble de leurs parcelles. La syntropie est ici clairement mise en évidence : la vie engendre plus de vie et une résilience accrue.

Prospect Farm n'est pas une entreprise certifiée agriculture biologique. Elle utilise encore certains herbicides, mais à des doses réduites de moitié et à des fréquences moindres. Tous les herbicides sont tamponnés avec des extraits de lombricompost, protégeant ainsi les microbes du sol contre les effets néfastes des herbicides. Leur blé est soumis à des tests de qualité et ne contient aucun résidu chimique, y compris de glyphosate, ce qui rend leur blé plus « propre » que certains aliments biologiques disponibles sur le marché. Leurs céréales sont testées et contiennent des niveaux élevés de protéines complètes, moins de nitrates et des niveaux d'oligo-éléments jusqu'à trois fois plus élevés que les céréales cultivées en conventionnel. Les Haggerty affirment que leurs céréales ont un poids à l'hectolitre plus élevé et des niveaux de bioénergie plus importants, ce qui "assure une meilleure digestibilité lorsque nos produits sont consommés". Les consommateurs du monde entier exigent des aliments plus sains et riches en nutriments, et les Haggerty s'alignent sur cette demande. Actuellement, ils fournissent des céréales aux Pays-Bas et prévoient d'augmenter les volumes de production en collaboration avec d'autres producteurs pour commencer à exporter vers l'Asie du Sud-Est.

Avec l'activation des signaux biologiques les nouvelles parcelles se développent naturellement, avec une bonne couverture de trèfles en inter-rang qui se ressèment d'eux-mêmes. Ian a été "très impressionné" par la croissance des cultures, sans aucun apport d'azote. Au cours de la saison 2018, les régions voisines ont eu du mal à obtenir suffisamment d'azote pour faire pousser leurs cultures, certaines appliquant environ 130 unités/Ha. Avec des coûts d'intrants de 180 $/ha uniquement pour l'azote, ce n'est pas un bon début de saison pour les producteurs conventionnels.

Délivrée du besoin de recourir à des herbicides de post-levée, des pesticides ou des fongicides, ni à la nutrition foliaire, l'équipe a enregistré une baisse immédiate de ses niveaux de stress. "Dans ce système, nous ne courons pas comme tout le monde", explique Ian. En s'appuyant davantage sur les processus naturels, en renonçant à l'idée de champs parfaitement désherbés et en se concentrant sur le long terme, le stress qui occupait une grande partie de leur vie a disparu. L'inconvénient pour Ian est qu'il a désormais trop de temps libre. Au cours de la dernière saison, il a ressenti le besoin de s'amuser un peu avec son tracteur. Comme il restait de l'azote dans la remise, il a procédé à une application foliaire de 6 unités d'azote sur une superficie de 300 acres. En milieu de saison, il constate que cette parcelle est désormais la moins performante. Ca lui apprend à se trouver d'autres occupations pendant son temps libre et à laisser la nature faire son travail !

En modifiant leur façon d'interagir avec leur terre et leur bétail, les Haggerty ajoutent aujourd'hui davantage que ce qu'ils prélèvent. Des défis autrefois perçus comme redoutables, sont aujourd'hui considérés comme des opportunités d'apprentissage. Ce changement de mentalité a modifié la trajectoire et les résultats de l'ensemble du site, entraînant le système dans la syntropie. Sur toute la propriété, le carbone séquestré en 2010 correspondait aux émissions annuelles totales de 23 855 personnes sur la planète. Un chiffre qui aura augmenté cette année. Voilà un exemple frappant de la manière dont une famille, bien au-delà de sa ferme, peut se révéler bénéfique pour la communauté.

6

Laissez-les respirer

"Cette terre palpite de vie. Elle respire en moi, elle respire autour de moi, elle respire malgré moi. Lorsque je marche sur cette terre, je marche sur les battements de cœur du passé et de l'avenir. Et ce n'est qu'une des raisons pour lesquelles je suis agricultrice".

- Brenda Sutton Rose

Si vous demandez à la plupart des revendeurs d'engrais quel est le principal facteur limitant le rendement, ils vous répondront que c'est l'azote. Demandez à un agriculteur ou à un éleveur et il vous répondra que c'est l'eau. Maintenant, essayez ceci... Plaquez fermement votre main sur votre nez et votre bouche pendant quelques minutes pour voir quel est votre principal facteur de survie... C'est l'AIR.

Tout comme nous, la plupart des plantes et de nombreux microbes bénéfiques du sol ne peuvent survivre longtemps sans air. Comme les forêts, les sols jouent le rôle de poumons de la planète, inspirant l'air à l'intérieur et l'expirant à l'extérieur selon un rythme quotidien. Sans un flux d'air suffisant, les racines et les microbes se recroquevillent et meurent, et les cycles vitaux des minéraux et de l'eau s'interrompent. Les sols compactés et gorgés d'eau retiennent ou perdent des éléments nutritifs précieux, dont l'azote. Avez-vous déjà remarqué que l'herbe pousse plus court dans les traces de véhicules dans un champ ou le long de chemins bien tracés ? De nombreuses fermes et ranchs peuvent avoir cet effet sur l'ensemble de leur superficie, ce qui masque les effets du compactage.

Lorsqu'on priorise les mesures essentielles à prendre, le point de départ pour améliorer les performances des plantes c'est la respiration du sol. Lorsque les sols ne sont pas bien aérés, il faut augmenter les apports d'eau et d'engrais. L'air (et l'eau) pénètrent dans le sol par les interstices des agrégats de sol, c'est-à-dire les amas de particules agglomérées par les microorganismes. Si l'on prend la métaphore de la ville : Considérez l'élaboration d'une structure de sol saine comme la construction d'un pâté de maisons. Les termites, les bousiers, les fourmis et les vers de terre bâtissent les structures principales, les rues de la ville et les espaces entre les bâtiments. Les micro-insectes, les protistes et les nématodes, construisent les couloirs, les cages d'escalier et les espaces de vie entre les particules. Les bactéries et les champignons construisent le mortier et les briques pour bâtir les murs et les sols. Cette structure du sol comprend également des lieux essentiels ; imaginez des banques, des écoles, des hôpitaux et même un pub. Imaginez ce qui se passe lorsqu'une communauté perd ses services, en particulier le pub ! Sans ces services essentiels, les communautés déclinent rapidement. Le compactage du sol entraîne la dégradation des services essentiels pour les microbes et les plantes, créant ainsi un cercle vicieux. La mauvaise structure du sol transforme ces logements en macadam compact. Cette mauvaise circulation de l'air et la perte de structure bloquent les cycles naturels du sol, de l'eau, du carbone, de l'azote, du phosphore, du soufre, etc. Vous ne voulez pas d'un sol qui ne peut pas respirer librement !

La plupart des entreprises agricoles que je visite pâtissent de gros problèmes de circulation de l'air. En effet, en creusant des trous sur les terres des fermes laitières néo-zélandaises, on découvre un motif d'inquiétude profond. Un récent rapport gouvernemental a montré que près de 80 % des exploitations laitières étaient gravement touchées par le compactage des sols [33]. Cette situation est préoccupante, car les sols compactés nécessitent davantage d'eau et d'azote. En d'autres termes, ces fermes ont besoin de toujours plus d'intrants pour maintenir leur production. Et pour enfoncer un peu plus le clou, ces sols peuvent perdre dix fois plus d'azote dans l'atmosphère et dans les cours d'eau. Ainsi, certaines exploitations laitières de Nouvelle-Zélande dépensent jusqu'à 900 dollars néo-zélandais (500 euros) par hectare pour faire pousser de l'herbe.

Le compactage peut créer un cycle d'expansion et de ralentissement lorsque les bactéries manquent de nourriture. En mourant, elles libèrent des nitrites. Toutes les formes d'azote ne sont pas identiques. Les nitrites et les nitrates se déplacent rapidement dans le sol avant d'être relâchés dans les cours d'eau ou dans l'atmosphère. En excès, ils dégradent la qualité des fourrages et, dans le pire des cas, peuvent entraîner la mort d'animaux et même d'êtres humains. Les nitrites/nitrates stimulent la germination de nombreuses mauvaises herbes, telles que la marguerite du Cap et des graminées de faible qualité, comme la queue-de-rat et l'orge. Les protistes se nourrissent de champignons et de bactéries, de sorte qu'un protocole qui augmente le nombre de bactéries augmente le nombre de protistes. L'activité précieuse des protistes qui se nourrissent de bactéries peut contribuer à générer 75 % de l'azote disponible pour les plantes.

Comment savoir si votre sol est compacté ? Creuser un trou est un bon début. Les sols compacts présentent souvent des structures en forme de plaques, les racines sont peu profondes, se cisaillent ou poussent latéralement. Les autres indicateurs sont des miettes de terre fines, les croûtes de surface, le chaume et les fortes pressions d'insectes ou de maladies. Dans ces zones, le stress hydrique est plus important, la croissance des plantes est plus faible et la reprise plus lente. Dans les zones compactées, l'eau forme des mares ou ruisselle, on voit s'y développer des mousses ou des adventices à racines profondes.

Vous souhaitez obtenir une mesure plus claire et plus précise du compactage ? Le pénétromètre est un outil que vous pouvez acheter en ligne et utiliser pour surveiller les conditions actuelles et mesurer les changements au fil du temps. Il vous donne une lecture basée sur le nombre de PSI qu'il faut pour qu'une racine s'enfonce dans le sol. Prenez votre pénétromètre et enfoncez-le dans le sol. Idéalement, faites-le lorsque votre sol est à un niveau d'humidité optimal, ni trop humide ni trop sec (généralement au printemps, après des pluies ou la fonte des neiges). Ne poussez pas trop vite, idéalement 3 cm par seconde.

Au fur et à mesure que la résistance augmente au-delà de 300 PSI, la pénétration des racines diminue. Il peut encore y avoir quelques racines qui traversent cette couche, mais elles sont généralement peu nombreuses et en mauvais état. La possibilité d'ouvrir les sols et d'augmenter la pénétration des racines de cette manière a d'énormes implications positives bien au-delà de la ferme car elle améliore la qualité de l'eau et réduit les gaz à effet de serre.

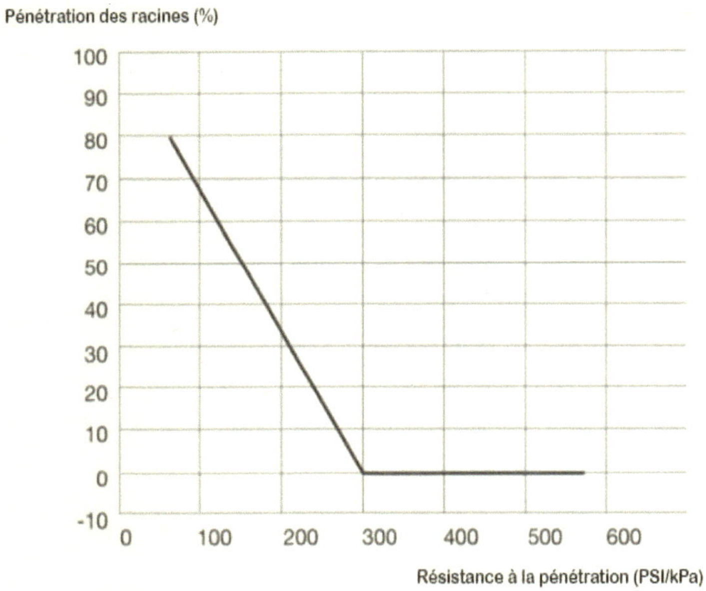

Imaginez deux vergers de pommiers côte à côte, séparés uniquement par une bande de terre et un abîme dans les paradigmes de culture. Les deux vergers ont été plantés en même temps. L'un est géré par une station de recherche néo-zélandaise qui étudie les meilleures pratiques de gestion et la lutte intégrée contre les ravageurs (LIR) ; l'autre est en production bio depuis 7 ans. Le verger LIR est irrigué, l'herbe entre les lits de culture est entretenue comme un gazon de golf, avec une ceinture soigneusement désherbée autour des arbres. Le verger bio quant à lui, est une véritable explosion d'herbe et de couleurs. Chaque année, 5 à 10 m3/ha de compost sont épandus sous les arbres et il n'y a pas d'irrigation ; ce n'est tout simplement pas nécessaire.

Nick Pattison, arboriculteur biologique, est un personnage dont le laconisme masque une profonde passion pour les gens et la planète. Nous

nous sommes rencontrés pour la première fois lors d'une « école du sol » organisée par le Dr Arden Anderson. Je suis arrivée seule, avec pour tout bagage un diplôme universitaire sur les sols et cinq années de gestion de jardins et de vergers. J'ai quitté l'école en réalisant que ma compréhension du monde souterrain se résumait à peu de choses. Chaque soir après l'école, nous buvions un verre avec ce qui est devenu mon équipe restreinte d'influenceurs et d'amis de toujours, Steve Erickson, Tom Harris et Nick. Lorsque nous nous sommes rencontrés, Nick luttait contre ses démons depuis des années : sa fille adolescente avait été tuée dans un tragique accident de voiture par une nuit pluvieuse. Je crois que notre amitié a permis à Nick de remonter la pente. En tant que pionnier de la production bio de fruits à pépins, il avait accumulé des années d'apprentissage qu'il partageait autour de bouteilles de vin et de fébriles bouffées de cigarettes.

Avant de passer à la production bio en 1997, les parents de Nick vivaient également sur la propriété, ce qui a permis à Nick de s'occuper de sa mère âgée pendant les derniers stades de son cancer, alors en phase terminale. Un jour de printemps, alors que Nick pulvérisait un produit contre la cochenille sur ses prunes Black Doris, levant les yeux il a vu sa mère en train d'étendre le linge, peu à peu enveloppée d'un nuage de produit chimique.

L'insecticide qu'il utilisait était le Tokuthion, un organophosphate. Ces produits chimiques ont été associés à des cancers, au syndrome de fatigue chronique, à la maladie de Parkinson et à des troubles neurologiques du fœtus et chez les enfants en bas âge[34]. Les cochenilles farineuses étaient une épine dans le pied de Nick depuis des années et, malheureusement, le puissant insecticide n'en venait pas à bout.

Nick était conscient des dangers potentiels de ces produits chimiques. Cependant, le fait de voir sa mère auréolée par cet insecticide l'a incité à abandonner tous les organophosphates cette année-là. L'année suivante, le nombre de cochenilles farineuses, qui causaient d'importants dégâts aux cultures, a diminué et l'année d'après... elles avaient totalement disparu. Ce processus est connu sous le nom de "trophobiose" : les intrants chimiques perturbent la physiologie des plantes, ce qui les rend plus sensibles aux ravageurs et aux maladies. Cette découverte a bouleversé la vision du monde de Nick, qui a stoppé toutes les pulvérisations de chimiques solubles. En quelques années, le verger a été entièrement certifié bio. Au début, il a adopté ce qu'il appelle une approche "vert pâle" de la production biologique, en remplaçant les produits chimiques agressifs par leurs équivalents bio.

Nick faisait partie d'un petit groupe de producteurs innovants de fruits à pépins, qui avaient décidé de se convertir à la production biologique certifiée en 1997. Avec le recul, il se dit que "c'était plutôt courageux". L'un des moteurs du changement était le désir de briser le monopole de l'Office des pommes et des poires sur le secteur, et la culture bio de fruit à pépins offrait à l'époque une rémunération substantielle.

Dans les années 1990, les producteurs de fruits à pépins néo-zélandais étaient contrôlés par l'Office des pommes et des poires. L'office spécifiait les types de produits chimiques, les taux d'application et les calendriers ; si un producteur voulait vendre ses fruits, il devait se conformer strictement à ce calendrier de pulvérisation. "Il n'y avait pas de contrôle ou de surveillance et on ne se souciait pas de savoir si les pulvérisations étaient nécessaires ou non. Ce calendrier réduisait les producteurs à l'état d'automates, il nous privait totalement de notre autonomie". Nick a estimé que l'utilisation des organophosphorés était excessive, "ça revenait à prendre un marteau de forgeron pour écraser une punaise".

À la recherche d›apports organiques d›azote, Nick a tourné son regard et ses machines vers la production de compost. Il a participé à un atelier «inspirant» avec la microbiologiste américaine Elaine Ingham, directrice et maître d›œuvre du Soil Foodweb Laboratory. Nick y a trouvé la rigueur scientifique et les connaissances qu›il recherchait, ce qui lui a permis d›acquérir les outils et le savoir-faire nécessaires à la production d›un magnifique compost fongique de qualité supérieure. Me rendre sur le site de compostage de Nick faisait partie de mes moments de détente favoris, avec les riches odeurs qui me rappellent toujours le pétrissage de la pâte à pain et les balades dans de vieilles forêts. Fabriquer du compost est un fantasme d›enfant : on joue dans un bac à sable géant avec un bobcat (chargeuse articulée), des tracteurs et un retourneur de compost. Je pourrais passer des journées entières à construire, malaxer et déplacer des piles de compost. En utilisant le compost dans ses propres vergers, il a découvert que ce dernier ne se réduisait pas seulement à un paillis organique ou à une source d›azote, mais était aussi un riche inoculant pour un large éventail de microbes bénéfiques.

L'un des organismes que vous verrez souvent dans le compost ressemble à une couche de cendres blanches. En y regardant de plus près, vous verrez qu'elle ressemble à de fins filaments d'hyphes. Ceux-ci appartiennent à un groupe de bactéries à longue chaîne, appelées actinomycètes.

Vous avez peut-être eu une relation intime avec ces bactéries, car elles produisent 80 % des différents types d'antibiotiques médicaux[35] ; prenez les streptomycètes, elles fabriquent la streptomycine. Ce sont ces organismes qui contribuent à l'odeur distincte du sol et du compost, qu'on appelle "géosmine" (qui se traduit littéralement par "odeur de la terre"). Lorsque la géosmine est combinée à d'autres molécules émises par les plantes et les roches, l'odeur est appelée "petrichor". Ce mot vient du grec "petra", qui signifie "pierre", et "ichor", la substance qui coule dans les veines des dieux. C'est ce qui donne à la betterave[36] son goût et qui produit l'odeur après qu'une averse a arrosé la route par une chaude journée d'été. Vous sentez les actinobactéries faire la fête en projetant leurs spores dans l'air. Même le citadin le plus indifférent aux odeurs est capable de sentir la géosmine, à une concentration de 1 pour un milliard.

Pour replacer ce phénomène dans son contexte, je laisserai le Dr Hank Campbell, président du Conseil américain pour la science et la santé, nous livrer un point de repère: "un requin peut sentir le sang à une concentration de de 1 pour un million. Cela signifie que le nez humain est 200 000 fois plus sensible à la géosmine... qu'un requin ne l'est au sang"[37]. Les scientifiques n'ont aucune idée de la raison pour laquelle nous sommes si aptes à sentir la géosmine. Peut-être avons-nous cette capacité parce qu'elle est si bonne pour nous : les actinobactéries ont été associées à la réduction du stress et du syndrome de stress post-traumatique chez l'homme[38]. Ou peut-être sommes-nous capables de sentir cette odeur si vive, car elle est là pour nous rappeler d'où nous venons tous. Après tout, notre ADN est plus bactérien qu'humain.

Une autre bactérie importante impliquée dans la décomposition de la matière organique, Mycobacterium vaccae, est proposée comme vaccin potentiel contre le SSPT pour les secouristes [pompiers, urgentistes] et les soldats en opération. Il est stupéfiant de constater que ces exemples ne représentent que quelques étoiles dans une galaxie qui compte potentiellement des milliards d'organismes du sol que nous ne connaissons pas encore. Il est possible que ces trésors cachés détiennent les clés des plus grands défis auxquels l'humanité est confrontée. Je crois que pendant que Nick fabriquait certains des meilleurs inoculants biologiques, il soignait aussi son cœur. Par la suite, il a abandonné l'alcool et les cigarettes au profit de la montée d'endorphines que lui procurait sa récente conversion au yoga.

Pendant des années, Nick a fourni des services de compostage et de thé de compost à d'autres horticulteurs, tout en appliquant 20 tonnes de compost à son propre verger. Outre le compost, le verger a également reçu de la chaux, tous les trois ans, à raison de 400 kg/ha, ainsi qu'un fertilisant associant extraits de poisson et acide humique enrichi d'une microbiologie bénéfique, créée par mon autre inspirateur, le génie renégat des engrais à base de poissons, Tom Harris, de Nelson (Nouvelle-Zélande)[39].

Au cours de la saison 2006, un centre de recherche gouvernemental, Plant and Food, a mené une étude sur la manière dont la structure du sol différait selon les pratiques culturales. La ferme de Nick était le choix idéal : elle combinait un type de sol similaire, une texture identique et les mêmes antécédents en matière d'utilisation des terres ; mieux encore, elle était toute proche. Les chercheurs, Marcus Deurer, Karin Müller et Brent Clothier, étaient les pionniers d'une technologie de pointe (passionnante !) la tomographie 3D à rayons X. Il s'agit en fait d'un appareil sophistiqué qui prend des images aux rayons X des espaces interstitiels vides du sol[40].

Les mesures du carbone du sol étaient très différentes selon les cas. Comparé à ses homologues, le sol du verger de Nick avait 32 % de carbone organique en plus. Mais ce qui a surtout attiré l'attention des experts, c'est ce qu'ils ont découvert avec l'appareil à rayons X. En général, lorsqu'on étudie les sols à l'école ou à l'université, on retient une composition standard : 45 % de minéraux, 25 % d'air, 25 % d'eau et 5 % de matière organique (MO). A l'inverse, les espaces vides du sol de Nick représentaient 78 %, soit bien plus que les 50 % d'air et d'eau que l'on nous enseigne dans les formations agronomiques

Comme le montrent les images radio de la page suivante, ses sols contiennent plus d'air que de terre ! Les chercheurs ont obtenu des résultats frappants : outre une meilleure aération du sol et des racines, ces sols produisaient et émettaient moins de protoxyde d'azote, un gaz à effet de serre, et présentaient une augmentation de 12 tonnes/ha de carbone dans les 100 premiers millimètres du sol (même si le volume de sol est bien moindre !). Le verger biologique, comparé au verger du centre de recherche, avait un cycle de l'eau fonctionnel, d'où l'absence de besoin d'irrigation. Ces structures poreuses stockent l'eau et fonctionnent comme une éponge, absorbant rapidement l'eau dans le sol. Après de fortes pluies, Nick voyait de grandes mares s'accumuler sur le terrain voisin, tandis que son sol restait spongieux ; il pouvait y faire circuler des engins sans endommager le sol. Ces pores ne se contentent pas de laisser entrer l'eau, ils sont remplis d'éléments biologiques qui contribuent également à filtrer les contaminants et à mélanger les éléments nutritifs.

Dans les deux sols différents, les chercheurs ont également mesuré le devenir des produits chimiques, en appliquant du 2,4-D pour voir ce qui allait se passer. Le 2,4-D est une hormone végétale synthétique résiduelle utilisée pour lutter contre les dicotylédones ; il est présent dans plus de 1 500 herbicides couramment utilisés aujourd'hui (c'était également l'un des composants de l'agent orange[41]). Il existe des liens entre l'exposition au 2,4-D et le sarcome (un cancer des tissus mous) et le lymphome non hodgkinien, ce qui en fait un agent cancérigène présumé. Le 2,4-D a une demi-vie de 280 ans. Sa longévité résiduelle a des effets durables sur l'environnement[42]. Il s'agit de l'un des nombreux produits chimiques contribuant au déclin de la Grande Barrière de Corail, un autre des "lourds" problèmes actuels. Les récifs étant constitués d'une relation symbiotique entre de simples plantes et animaux (polypes coralliens)[43], les eaux de ruissellement contenant des herbicides suscitent de réelles inquiétudes.

Dans le verger LIR, le 2,4-D est resté actif à la surface du sol et, en cas de pluie, s'est déversé dans les égouts avant de rejoindre l'océan. Dans le verger biologique, les mesures du sol après l'application n'ont détecté aucune trace du produit chimique ; ils l'ont donc appliqué à nouveau, avec le même résultat. Où était passé le produit chimique ? Il avait été bioremedié (procédé de dépollution). Cela signifie que les microbes du sol ont consommé le 2,4-D et l'ont décomposé en éléments qui ne constituent plus une menace pour l'environnement. Il est vital que nous ayons des sols qui fonctionnent de la sorte !

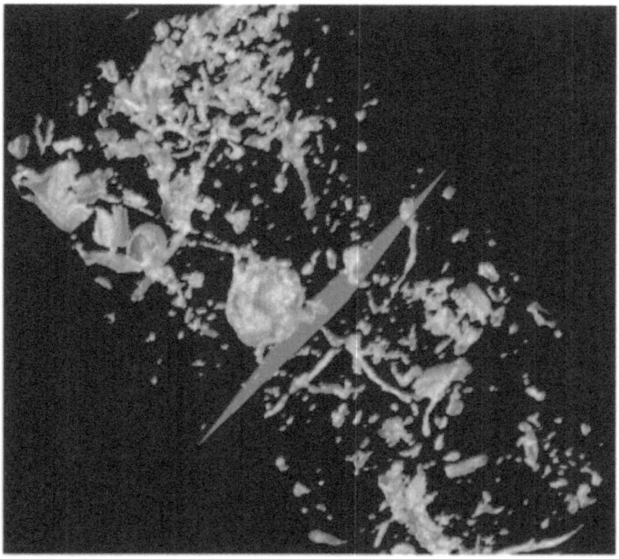

Image : Tomographie 3D par rayons X des deux sols. Le sol du haut est traité LIR [lutte intégrée contre les ravageurs], celui du bas est celui de Nick Patterson. Image reproduite avec l'autorisation de Plant and Food Research New Zealand.

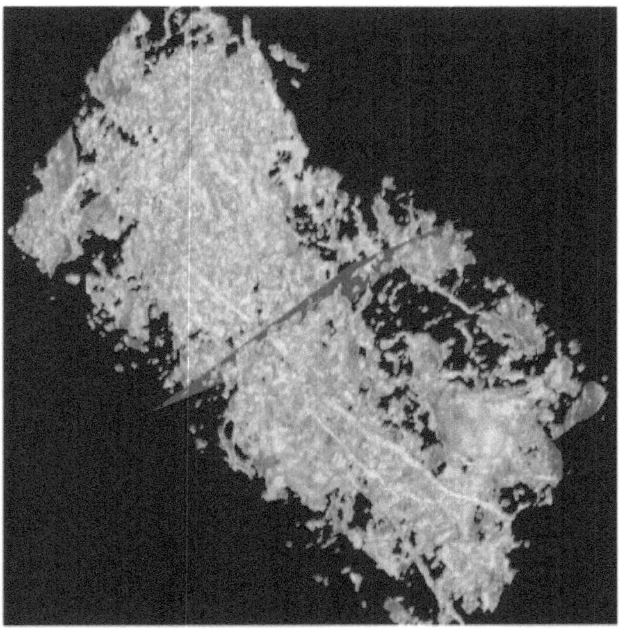

Nick a continué à cultiver des pommes pendant quelques années après cette étude. Grâce à sa surveillance et à sa gestion, il a réussi à réduire de moitié l'utilisation de la chaux, du soufre et des fongicides et n'a jamais appliqué de cuivre. Cependant, il s'est heurté aux mêmes problèmes que de nombreux producteurs novateurs, à savoir l'utilisation de pratiques bio appliquées à des variétés sélectionnées pour leur saveur et pour produire de grandes quantités de fruits dans le cadre de cultures conventionnelles. Cette sélection s'est faite au détriment des défenses naturelles des arbres contre les ravageurs et les maladies. Pour de nombreux producteurs biologiques, les options étaient limitées : arracher les arbres et les replanter, continuer à appliquer de multiples pulvérisations de chaux et de soufre avec une détérioration de la santé des plantes (et du sol), changer de culture ou vendre leur domaine aux grandes entreprises de production fruitière. Au cours des saisons 2008-2011, après une conjonction catastrophique de restrictions d'accès au marché, de baisse des marges et de pertes massives de récoltes dues au gel et au vent, il ne restait plus que trois agriculteurs familiaux dans la région, qui ont été remplacés par des poids lourds du secteur. Aux contraintes de l'arboriculture Nick a préféré un mode de vie plus détendu. Il a arraché les pommiers et les a remplacés par un ensemble d'arbres spécimens et d'aménagements paysagers sculptés. La ferme offre aujourd'hui un hébergement touristique dans son sanctuaire rural et sa contribution fascinante à la science du sol et à l'agriculture régénérative a pris fin.

L'une des mesures du succès de la régénération est l'augmentation de la couche arable, la couche supérieure (brun-chocolat foncé) des sols. La couche arable avec laquelle vous commencez dépend de l'utilisation historique et actuelle des terres, du climat, des matériaux parentaux et de la végétation historique. Les terres arables les plus profondes, les plus belles et les plus productives se trouvent dans les régions ayant une longue histoire géologique de prairies et de bonnes précipitations saisonnières ; ce sont les terres de maïs et de soja des États-Unis, les veldts d'Afrique du Sud, les downs d'Australie et les pampas d'Argentine et d'Uruguay. On trouve également des sols profonds dans les steppes de l'ancienne Union soviétique, dans certaines parties du nord des États-Unis, au Canada et en Chine. On utilise le terme "steppes" pour décrire les prairies d'herbes courtes que l'on trouve dans les régions à faible pluviosité et au climat plus froid. Les sols les plus profonds dans lesquels j'ai eu le plaisir de creuser se trouvaient au Northfork Ranch, d'une superficie de 9 000 ha, situé à côté du parc national des Glaciers, près de la frontière canadienne. Ces terres sont entourées par la réserve des Blackfeet, d'une superficie de 600 000 ha. Ce peuple des Premières Nations a été baptisé ainsi soit en raison de la couleur noire de ses mocassins, assombris par les cendres, soit parce que sa principale ressource alimentaire, le bison, avait les sabots noirs. À l'ouest, la région bénéficie d'un approvisionnement fiable en eaux glaciaires pures provenant des Rocheuses. Avec les vents chauds du chinook, qui tracent périodiquement une sorte d'arc dans le ciel, le climat a longtemps favorisé l'apparition d'une fétuque riche en protéines et l'un des écosystèmes de bisons les plus florissants d'Amérique du Nord. Les éleveurs et les agriculteurs du monde entier vous diront à quel point il est difficile de cultiver des aliments dans leur région. Ce ranch est une démonstration des défis que les hommes et la nature peuvent représenter, des défis qui vont de certains voisins qui coupent les clôtures pour faire paître leurs chevaux sur le fourrage stocké, à la pression exercée par des troupeaux de milliers d'élans, des bancs de neige parfois hauts de 9 mètres et des températures qui peuvent plonger d'un niveau compris entre 10 et 20 °C à -20 °C en quelques heures seulement. Ajoutez à cela les prédateurs - loups, faucons, coyotes - et tous les jeudis soirs du printemps... c'est la soirée buffet à volonté pour un grizzli résidant sur le domaine qui a un goût très prononcé pour le veau. Voilà clairement des conditions de culture difficiles !

Avec l'aide des autorités locales, tribales et fédérales, chargées de la pêche, de la faune et des parcs, les éleveurs installaient depuis des mois des pièges à ours, des engins impressionnants dotés d'énormes portes en acier à ressort et de grands panneaux portant la mention "Attention, ne pas entrer". Malheureusement, à croire que leurs ours savaient lire, les pièges sont restés vides.

Au centre d'un champ de vêlage, l'ours résident s'était retranché dans une tanière située à 6 mètres de profondeur sur un talus. En pénétrant dans la grotte (après que l'éleveur l'aie déclarée sûre !), j'ai découvert qu'elle était nichée dans un sol brun limoneux profond. "Combien de temps faut-il pour former un tel sol ? Il y a autant de réponses à cette question qu'il y a de sols. La plupart des pédologues s'accordent à dire qu'il faut entre 100 et 500 ans pour développer 2,5 cm de terre arable, en fonction de la végétation, du climat et d'autres facteurs de formation du sol. Si vous avez un climat humide et chaud comme celui de l'Argentine, les sols se formeront relativement vite contrairement aux environnements froids et arides comme les hauts déserts du Nevada.

Sur le promontoire sud du port de Manukau, à Auckland, se trouvent certaines des terres rurales les plus productives et les plus onéreuses de Nouvelle-Zélande. Les sols volcaniques profonds, nourris par des précipitations abondantes, ont accueilli la plus grande densité de jardins Maoris pendant les cinq siècles qui ont précédé l'arrivée des Européens. Par une rare journée sans vent et ensoleillée, la vue est une véritable carte postale de mer et de forêts. Vous pouvez presque oublier à quel point vous êtes proche du bruit et des embouteillages de la ville. En 2015, nous avons effectué une mission de dépannage à la ferme Lindsay avec des agriculteurs passionnés par la santé des sols.

L'exploitation était d'abord vouée à l'élevage de bétail (engraissement de finition), avant d'être transformée en un haras de chevaux de course. La ferme couvre plus de 220 ha et accueille également des ovins et des bovins pour l'entretien des pâturages. Lors de l'aménagement du terrain pour les précieux chevaux de course, d'importants travaux de terrassement ont été effectués sur les collines ondulantes. Les engins de terrassement ont comblé les ravins et aplani les sommets des collines, ce qui semble impressionnant à première vue. Mais en y regardant de près, on s'aperçoit que tout n'est pas rose. Les travaux de terrassement ont interrompu l'écoulement des eaux souterraines et causé des dommages importants en termes de compactage et de structure du sol. De plus, l'érosion souterraine a créé des fissures, ce qui représente un risque pour les chevaux de course enclins à s'ébattre. Dans les zones les plus hautes, la terre arable a été rasée, exposant des argiles lourdes, sur lesquelles une seule couche de terre arable a été appliquée avant que le ray-grass ne soit réensemencé. James White, l'actuel directeur de l'exploitation, estime que les travaux de terrassement ont "arraché le cœur de cet endroit". Les déséquilibres minéraux et microbiens du sol et les zones de compactage ont créé des conditions idéales pour les insectes ravageurs. Non seulement les sols s'érodaient en raison des perturbations mécaniques, mais de plus les déséquilibres minéraux créaient des fissures.

D'un point de vue chimique, les analyses de sol historiques semblaient plutôt encourageantes. À l'exception d'un défaut flagrant : pour maintenir l'image parfaite de l'endroit, ils irriguaient en été, sans savoir que le coûteux système d'irrigation par nacelles tirait l'eau d'un puits salin. Comme l'a souligné James, l'eau salée et l'argile lourde ne font pas bon ménage. Lors de notre visite, les premiers signes du sodium commençaient tout juste à se manifester, les arbres ornementaux bordant les entrées dépérissaient et présentaient des brûlures sur les bords des feuilles. La combinaison des déséquilibres minéraux et microbiens et des contraintes physiques avait des effets néfastes sur le bon fonctionnement du sol, la santé des pâturages et celle des animaux.

Dans les environs d'Auckland, j'ai l'habitude de voir des sols compactés, mais dans cette propriété, cela atteignait un niveau inédit. Près de l'étable principale, les graminées étaient à ras du sol avec des racines peu profondes, tandis que les adventices à larges feuilles prédominaient. En raison de la faible circulation de l'air, la diversité biologique et la capacité de rétention de l'humidité du sol étaient réduites. Des conditions pédologiques semblables à celles que connaissent de nombreux parcs d'engraissement : boue en hiver, béton en été avec un brève transition entre les deux. Les sols compactés ne laissent à l'eau d'autre choix que de ruisseler. Avec peu ou pas de couverture végétale, l'érosion devient un cercle vicieux.

Avec les meilleures intentions du monde, ces pâturages étaient loin d'être suffisants pour élever des chevaux de haut niveau. Le responsable des pur-sang constatait des problèmes de comportement et la population de tiques ne cessait de croître. Le pelage des chevaux était rêche malgré un apport en compléments alimentaires parmi les meilleurs du marché.

Lors de la visite du site, les analyses des tissus végétaux, des minéraux du sol et des microbes ont permis d'identifier de nombreuses pistes d'action. Les problèmes que nous voulions cibler étaient la faible circulation de l'air, la mauvaise infiltration, le chaume, les systèmes racinaires courts, l'arrachage de l'herbe, le faible indice Brix, les insectes nuisibles et les maladies des plantes. Le moment était parfaitement choisi pour mettre en place un protocole de santé du sol !

Lors de notre évaluation, la circulation de l'air avait été gravement perturbée. Une bonne structure du sol est le résultat d'interactions entre des facteurs chimiques, biologiques et physiques, tous conditionnés par la gestion du domaine. Les pratiques susceptibles d'accroître le compactage comprennent le surpâturage, l'utilisation de produits chimiques, les mauvaises pratiques d'irrigation, le travail du sol, le manque de diversité des espèces, les jachères chimiques, l'utilisation d'engins lourds sur des sols humides, etc.

Dans tout programme de santé des sols, nous commençons toujours par mettre en œuvre des méthodes qui évitent ou réparent les phénomènes de compactage. Creusez et découvrez par vous-même : le compactage est-il superficiel ? Les 5 cm supérieurs forment-ils une zone de tassement due à l'impact des animaux (les sabots des chevaux !) ou d'un durcissement profond causé par les machines, le type de sol ou l'accumulation de particules fines dans ce sol ?

À la ferme Lindsay, les deux types de compactage ont été observés. Le compactage superficiel et l›encroûtement de surface peuvent être traités du haut vers le bas par le rééquilibrage minéral en augmentant le degré Brix des plantes et en encourageant les petites bestioles à s'aménager un logement. Les engrais verts sont un excellent outil pour réduire les problèmes de compactage. Cependant, sur ce domaine, nous ne disposions pas d›un tel outil, qui ne correspondait pas au paradigme esthétique d›une propriété de chevaux de course.

Nous avions une rare opportunité d'opérer des changements rapides afin de réaliser des progrès significatifs pour atteindre nos objectifs de santé des sols. Nous sommes donc intervenus sur tous les aspects de la dynamique structurelle du sol, grâce à :

1) l'aération,

2) l'équilibrage du profil chimique du sol,

3) la lutte contre les insectes nuisibles,

4) l'augmentation de la teneur en carbone et du degré Brix et

5) l'élimination ou la neutralisation des intrants nocifs.

1) L'aération

Compte tenu de la forte compaction et de la faible profondeur de la couche arable à la suite des travaux de terrassement, nous avons opté pour une intervention mécanique. Ce n'est pas un choix que je prends à la légère, mais il est possible en tant que remède ponctuel, en gardant à l'esprit les processus biologiques. Il est important que toute intervention mécanique soit effectuée lorsque le sol présente une humidité optimale pour la tâche à accomplir, sinon ces efforts peuvent s'avérer préjudiciables. En tant qu'êtres humains, nous aimons les gros engins brillants, c'est pourquoi il existe une multitude d'options mécaniques parmi lesquelles choisir. Le choix de l'équipement doit tenir compte de vos conditions spécifiques. À la ferme Lindsay, les pâturages étaient déjà en place et nous devions donc veiller à ce que l'herbe soit aussi peu perturbée que possible. Un sous-solage au printemps aurait risqué de créer un surcroît de fissures et d'autres problèmes connexes.

Dans ce cas, nous avons recommandé deux méthodes mécaniques pour améliorer la structure du sol. Premièrement, briser la croûte du sol à l'aide de herses et deuxièmement, aérer les 150 mm supérieurs pour ouvrir le sous-sol. Cette dernière méthode améliore immédiatement le drainage et la pénétration des racines. Au départ, les herses étaient utilisées pour éliminer le chaume et les végétaux morts, afin d'ouvrir la surface du sol et de faciliter l'infiltration.

Chaque fois qu'on remue le sol, les microbes se réveillent, affamés. Si vous ne les nourrissez pas, les populations bactériennes explosent, car elles se nourrissent du carbone exposé du sol. En général, toute déchirure mécanique peut se refermer rapidement, surtout si les conditions sous-jacentes qui ont conduit au compactage ne sont pas traitées. Il faut toujours " ouvrir et imprégner". Vous pouvez nourrir vos microbes avec des produits simples et bon marché, comme la mélasse et l'acide humique à faible dose (je parle de quelques tasses et d'un litre d'acide humique par hectare). Demandez- vous si vous pouvez adapter le matériel pour faire couler des liquides à faible dose le long des dents. J'ai vu des producteurs monter des fûts de 200 litres au-dessuus des pulvérisateurs ou les transporter dans la benne du tracteur. Dans le tambour, vous pourrez insérer des tuyaux avec des robinets pour vous assurer que le liquide s'écoule lentement le long des sillons creusés dans le sol. À Lindsay Farm, un mélange liquide de sous-produits de poisson, algues et chaux a été versé au goutte-à-goutte pour aider à maintenir ouvertes des tranchées où les systèmes racinaires peuvent pénétrer et faire leur travail, à savoir améliorer le sol.

Si vous n'avez pas l'intention d'avoir des pâturages aussi verdoyants que des pelouses impeccables, les solutions à long terme pour les sols compacts et tassés peuvent inclure l'introduction de diverses espèces à racines profondes comme la luzerne, le tournesol et la chicorée. De nombreuses graminées annuelles, telles que l'avoine et le seigle, ont des racines fibreuses qui ouvrent les sols compacts et peuvent être utilisées comme première étape avant d'implanter des pâturages pérennes.

2) Déséquilibres minéraux

Atteindre les objectifs de santé du sol est un défi complexe. Lorsque les sols sont compactés, l'action biologique est inhibée et les petites bêtes qui bâtissent les structures souterraines sont stoppées dans leur élan. Compte tenu de l'encroûtement superficiel, des racines peu profondes, de la quantité limitée de terre arable et de la teneur élevée en sodium des terres de la ferme Lindsay, nous avons choisi d'appliquer des doses élevées de gypse comprises entre 450 et 900 kg/ha au cours de la première année. Le gypse ($CaSO_4$) est un outil puissant pour éliminer les excès de cations et pour floculer ou ouvrir les sols. Je considère le gypse un peu comme une chasse d'eau (je commence à me demander si je n'ai pas une obsession pour les ablutions !) Lorsque le gypse est appliqué, il déplace l'ion sodium et le remplace par du calcium. Nous avons également surveillé le magnésium, car le gypse a le même effet sur le magnésium. L'utilisation du gypse sur des sols comportant une couche imperméable est un peu délicate, car il faut que le sodium soit évacué ailleurs, vers la mer dans le cas de Lindsay Farm ! Pour atténuer les niveaux élevés de sel provenant de l'eau de forage, un humate a également été ajouté au gypse, afin de tamponner l'effet du sodium sur la plante. En cas de doute, utilisez du carbone !

En mars et avril 2017, la ville d'Auckland a connu des précipitations sans précédent, ce qui a réduit les besoins d'irrigation. Grâce, en outre, aux apports d'intrants, les niveaux de sodium de Lindsay ont dès lors rapidement chuté pour retrouver leurs niveaux d'avant l'irrigation en eau salée. Le graphique ci-contre montre l'influence de l'irrigation qui a commencé après les analyses de sol de 2011. Après les analyses de 2015, nous avons commencé notre programme de réhabilitation des sols.

Le fait de réaliser des analyses de ce type (et d'avoir quelqu'un pour vous seconder et interpréter les résultats) a permis d'étouffer la crise dans l'œuf.

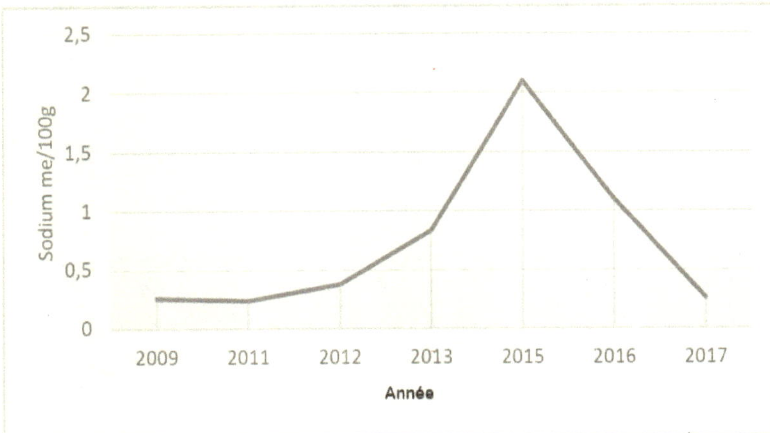

Graphique montrant les changements dans les niveaux de sodium du sol au printemps. 2012 a été la première année d'irrigation avec de l'eau salée, L'apport d'intrants biologiques remonte à fin 2015.

3) Renforcer le carbone

Lors de nos visites sur le terrain avec un coach d'Integrity Soils, Phil Billings, nous avons repéré d'importants volumes de matières compostables qui étaient transportées hors site ou déversées sur place et gaspillées. Chaque semaine, la ferme générait entre 11 et 15 m3 de déchets : sciure de bois, fumier, tontes de pelouse et déchets d'arbres. Sur une année, cela représente plus de 780 m3. Nous autres humains sommes très forts pour créer des problèmes de déchets alors que dans la nature, il n'y a pas de déchets, seulement des opportunités. Nous avons trouvé le site idéal pour le compostage à la ferme et, en l'espace de six mois, les responsables ont produit un compost de qualité supérieure. Chaque année, l'élimination de ces déchets coûtait des dizaines de milliers de dollars au propriétaire. Cette économie a permis de payer facilement l'équipement de compostage, la main-d'œuvre et les épandages. La plupart des zones de la ferme principale reçoivent 10 m3/ha de compost par an.

Comme nous l'avons vu plus haut, c'est la plante qui envoie des sucres dans la rhizosphère, ce qui permet d'accumuler du carbone stable dans le sol en profondeur. Les plantes doivent être en bonne santé et assurer une photosynthèse optimale, sinon elles n'alloueront pas les précieux sucres aux exsudats. Le degré Brix des plantes de Lindsay Farm était bas, entre 4 et 5, avant le début du programme d'amélioration des sols, mais il a doublé dès la deuxième année. Ce résultat a été obtenu en s'attaquant au problème du compactage, en nourrissant le sol et les plantes avec des sous-produits de poisson et de l'humus et en éliminant les parasites pour donner une chance aux plantes.

4) Lutte contre les insectes nuisibles

La propriété était infestée d'insectes mangeurs de feuilles et de racines ou d'insectes suceurs. Il y avait plus de créatures qui broutait les pâturages en dessous qu'en dessus ! Des mesures ont été prises pour faire reculer ces insectes à l'aide de bio-contrôles, puis pour s'attaquer aux facteurs sous-jacents du sol qui attiraient les insectes, à savoir le faible degré Brix, les carences en protéines et la compaction. Dans les chapitres suivants, nous nous pencherons sur les chaines causales et les mesures à prendre pour lutter contre les ravageurs et les insectes.

5) Suprimez les, tout simplement

De nombreux engrais et "-icides" populaires ont un impact négatif sur la physiologie des plantes, la structure du sol et/ou les communautés microbiennes. Ce qui a donné une mauvaise réputation à l'agriculture biologique dans les communautés rurales, c'est la tendance à supprimer les intrants avant que la santé du sol, des plantes et des animaux ne soit revenue à un fonctionnement optimal. Comme le dit l'agronome biologique Gary Zimmer, "vous devez gagner le droit" de supprimer les adjuvants chimiques. Pour obtenir la certification biologique, il ne suffit pas d'arrêter les produits chimiques. Tout comme un mangeur de viande ne devient pas végétarien du jour au lendemain en supprimant simplement la viande de son régime alimentaire (en fait, vous pourriez le faire, mais cela aurait des conséquences sur votre santé), cette approche de désactivation a eu pour conséquence que de nombreux producteurs bio ont délaissé les intrants avant d'en avoir gagné le droit. En conséquence, les rendements ont chuté, les mauvaises herbes ont poussé et la santé des animaux a été compromise. Faire table rase du passé n'est pas nécessaire ; il existe des alternatives ou des options tout à fait valables pour vous aider à atténuer les effets néfastes pendant la phase de transition. À la ferme Lindsay, nous avons éliminé le phosphate soluble de monoammonium (MAP) qui inhibe les mycorhizes et l'avons remplacé par du phosphate bio-compatible, sous forme de guano et d'hydrolysat de poisson, respectueux de l'environnement. L'urée a été remplacée par un sous-produit de poisson et une petite quantité de nitrate de calcium, et les herbicides ont été tamponnés à l'acide fulvique. Que signifie "tamponner" ? J'entends par là un produit qui atténue l'impact de l'herbicide ou réduit le choc pour les microbes, le sol et les plantes. L'utilisation d'un acide fulvique avec des produits chimiques a un effet bénéfique à plusieurs niveaux.

Les produits commerciaux à base d'acide humique ou fulvique sont généralement extraits de veines de charbon tendre non renouvelables. Les formes d'humates renouvelables peuvent être extraites du compost ou du vermicompost (compost de vers). Nous utilisons régulièrement les humates dans les programmes de santé des sols et des animaux (et des humains). Les acides humiques ont des effets bénéfiques nombreux et variés sur la santé des plantes. Ils augmentent les voies de communication impliquées dans le développement des plantes (signaux de détection de quorum préhistoriques), ce qui entraîne une augmentation de la croissance des racines, du rendement, de la santé comme de la qualité des denrées alimentaires produites.

Les acides fulvique et humique augmentent la perméabilité des parois cellulaires de 30 %[44]. Les plantes reconnaissent les avantages en matière de carbone et de nourriture et s'ouvrent, ce qui se traduit par une élimination plus efficace ou une meilleure absorption des nutriments lorsqu'on utilise la nutrition foliaire. L'acide fulvique vous permet de réduire la dose de la plupart des produits chimiques de 30 % sans perte d'efficacité. L'acide fulvique stimule également la décomposition des herbicides résiduels par photo-oxydation[45]. Dans les grandes cultures, cette technique permet aux producteurs d'utiliser un minimum d'herbicides tout en produisant des cultures sans résidus. Si un programme de santé des sols est mis en place, la résistance aux herbicides n'est pas un problème.

En règle générale, la réhabilitation des sols dégradés exige un engagement, de la patience et une bonne dose de foi. Le plus souvent, les changements se produisent d'abord dans le sous-sol, souvent bien avant qu'apparaissent les signes au-dessus du sol. Au fil des ans, j'ai eu l'occasion de constater un échec de communication sur ce point : Les cultivateurs installent une bande au milieu du champ pour faire des essais, puis abandonnent au bout d'un an au motif que "visuellement, il n'y a pas de différence". La dégradation des sols peut avoir pris des décennies, voire des centaines d'années et il peut être un peu difficile de travailler avec des personnes qui s'attendent à voir des miracles dès la première année. Il est important de créer des attentes réalistes avec des agriculteurs habitués aux résultats instantanés des produits chimiques.

Heureusement, cela n'a pas été le cas à Lindsay Farm. La première phase du programme de santé des sols a largement dépassé les attentes initiales de chacun, ce qui est toujours un atout ! Vous vous souvenez que les scientifiques affirment qu'il faut entre 100 et 500 ans pour obtenir une couche de terre de 2,5cm ? Dans les zones où la couche arable avait été arasée, nous avons mesuré une augmentation de 18 à 22 mm de la profondeur de celle-ci sur une période de 18 mois. Cela représente 1 mm par mois !

Ces changements souterrains ont entraîné des améliorations visibles et remarquables de la capacité de rétention d'eau, de la disponibilité et du cycle des nutriments ou encore de la densité des pâturages. La lutte contre les insectes s'est avérée extrêmement efficace, entraînant, outre une augmentation du trèfle et de l'herbe, une pénétration plus profonde des racines. Ces facteurs ont permis de réduire le besoin d'irrigation. Selon James, les améliorations se reflètent également dans la qualité des pâturages et la santé des chevaux. "Notre agent chargé des pur-sang a fait remarquer que les poulains sevrés n'avaient jamais été aussi beaux. Nous ne pouvons l'attribuer qu'à l'herbe que nous cultivons sur un sol plus sain".

D'autres animaux d'élevage ont également fait des progrès visibles, Lindsay Farm ayant reçu le premier "Prix du Ver de la Semaine" décerné par Integrity Soils. "Il y a deux ans", se souvient James, « nous avions très peu d'activité des vers et beaucoup de pression des insectes. De mémoire, sur un carré d'un pied de côté et d'un pied de profondeur, nous avions cinq vers de terre. [Cette fois-ci], il y en avait plus de 70 ! » Le prix trône fièrement à côté d'armoires remplies de trophées de course et de récompenses. C'est la préférée de James !

Les changements survenus à la ferme Lindsay sont le fruit du travail et de l'engagement de l'équipe de gestion de la ferme. Grâce à l'utilisation opportune de l'aération, des apports de compost, de la gestion des pâturages et de l'application des intrants suivant le protocole, ils ont boosté leur réussite. L'équipe s'est investie dans les 5 M, conjuguant de multiples outils pour construire leur sol. Ils ont optimisé la microbiologie, les minéraux, la matière organique, le management et, oui, même l'état d'esprit ! Je rêve des possibilités qui s'offriraient à moi si toutes les fermes et tous les ranchs étaient dotés de gestionnaires aussi passionnés et concentrés.

Mise à jour : notre relation étroite avec le personnel de la ferme a rencontré un obstacle inattendu lorsque des problèmes de management interne sont apparus. En conséquence, notre relation professionnelle a été mise en pause. Avec l'investissement dans des engrais essentiels et le traitement du compactage, nous nous attendons à ce que les résultats continuent sur la même trajectoire avec une équipe différente.

Dans les systèmes de production conventionnels, si la croissance des cultures est médiocre, les revendeurs se tournent généralement vers l'azote pour résoudre rapidement le problème. A 78 %, l'azote est l'élément le plus répandu dans l'atmosphère. Je trouve souvent bizarre que nous appliquions de si massives doses d'engrais. Dans un sol bien aéré et biologiquement diversifié, l'azote ne représente pas un obstacle majeur au rendement. Les écosystèmes les plus productifs, qui produisent la plus grande quantité de biomasse (prairies de hautes herbes natives et forêts tropicales, par exemple), n'ont pas besoin d'engrais azotés.

Avant la Première Guerre mondiale, les Allemands s'inquiétaient de l'accès aux réserves rocheuses de nitrate de potassium nécessaires à la production de bombes. La mise au point du procédé Haber Bosch a permis de résoudre ce problème, en brisant la triple liaison de l'azote atmosphérique (N_2) sous une chaleur et une pression intenses pour produire de l'ammoniac synthétique. Ce processus est efficace dans la nature, mais sa reproduction pour l'homme est terriblement énergivore. Les procédés chimiques de production d'azote utilisent environ 4 % de l'ensemble des réserves mondiales de gaz naturel. Vous connaissez la suite de l'histoire : à la fin de la guerre, l'application de l'azote synthétique a fourni le carburant nécessaire à la hausse exponentielle de la population humaine. Environ la moitié de l'azote présent dans votre corps provient probablement du procédé Haber Bosch[46], à moins que vous ne mangiez des aliments bio. Des millions de personnes sont mortes à cause des explosifs de Fritz Haber mais, il a aussi permis de nourrir des milliards de gens. Cependant, Haber n'avait pas prévu les "conséquences involontaires" en cascade, avec pour résultat direct les émissions de gaz à effet de serre, la dégradation de la qualité de l'eau, l'érosion des sols, la perte de résilience et la baisse de la qualité des alime nts.

Il ne fait aucun doute que l'azote soluble fait pousser les plantes et globalement nous en utilisons davantage chaque année. Malheureusement, cette approche génère aussi un gaspillage foncièrement inefficace. En outre, comme il n'y a pas de contrôle de l'utilisation de l'azote, quelqu'un d'autre paie la note en aval (ou dans l'air). Malgré la sensibilisation, les menaces législatives et les directives, l'utilisation de l'azote a continué à augmenter au cours des quatre dernières décennies. La seule période où la consommation a baissé en Nouvelle-Zélande ? L'année où le prix de l'azote a augmenté.

J'ai déjà expliqué que les sols sont semblables à des intestins et que nombre d'entre eux souffrent de constipation ou de ballonnements. En Nouvelle-Zélande et dans d'autres environnements à forte production agricole et pluviométrie élevée, les sols souffrent d'un dérèglement qui s'apparente à de la diarrhée. De nombreuses exploitations à cultures intensives perdent plus de 80 kg d'azote par hectare et par an[47]. Une estimation peut être prudente, sachant que certaines exploitations laitières néo-zélandaises épandent plus de 350 kg d'azote à l'hectare chaque année ! Comme l'exploitation laitière moyenne n'utilise que 15 à 35 % de chaque unité épandue, une substantielle proportion d'azote se perd dans l'air et les cours d'eau (ce chiffre est de 5 à 15 % à l'échelle mondiale)[48]. Réfléchissez un instant à ce chiffre. 5 à 15 %, c'est un chiffre insensé. Peu d'entreprises se montreraient satisfaites de chiffres trahissant une telle inefficacité, en particulier pour un produit qui représente un intrant aussi important. Alors pourquoi le tolérer dans l'agriculture ?

En réponse aux préoccupations environnementales, les fabricants d'engrais concentrent leurs efforts sur des additifs d'optimisation destinés à améliorer l'efficacité de l'azote, comme le DCD, la Nitrapyrine et l'Agrotain. Les projections les plus flatteuses, qui se limitent aux meilleures pratiques et aux agriculteurs les plus performants montrent une efficacité de 60 %, avec davantage de conséquences imprévues. Le DCD est l'inhibiteur d'azote que j'ai mentionné précédemment et qui a été retiré lorsqu'on en a retrouvé dans le lait et dans les rivières. Ces compléments permettent aux fabricants d'engrais de poursuivre leurs activités comme d'habitude, sans s'attaquer à la question essentielle : pourquoi faut-il ajouter de l'azote soluble et pourquoi le cycle de l'azote ne fonctionne-t-il pas ?

L'utilisation intensive d'azote soluble génère un système entropique, un cercle vicieux chaotique, avec des rendements décroissants, en raison de la décomposition du carbone et de l'humus du sol. Les communautés microbiennes sont altérées, avec une diminution des champignons bénéfiques et des fixateurs d'azote libres, et une augmentation des bactéries qui se nourrissent essentiellement d'azote. Cette perte de carbone crée les conditions d'un compactage, augmentant le ruissellement et l'érosion et limitant la croissance des racines. Pire encore, les sols ont besoin d'une irrigation plus importante, ce qui accroît la vulnérabilité des systèmes agricoles[49].

Les apports d'azote réduisent le degré Brix et la quantité de carbone exsudée par les racines pour nourrir notre bienfaisante main-d'œuvre[50]. Un jour, alors que je visitais un centre de recherche, j'ai mentionné la baisse du Brix due à l'azote ; les scientifiques, ont réagi avec un scepticisme moqueur. Je les ai invités à prélever 5 échantillons de 7,5 cm dans une zone d'essai qui avait reçu différents apports d'azote -- de 0 à 400 kg.

Sans savoir quelles plantes provenaient de quelle zone, je les ai disposées dans l'ordre des différents taux d'azote ; le Brix le plus élevé provenait du taux 0 et avec chaque augmentation du taux d'azote, le Brix chutait. Je ne sais pas ce qu'en ont pensé les chercheurs, mais cela m'a conforté dans mon opinion.

Lorsqu'ils envisagent des apports naturels d'azote, la plupart des exploitants pensent aux légumineuses, en particulier au trèfle ou au fumier, et aux rhizobiaceae, des bactéries responsables de la fixation de l'azote. Cependant, dans les sols sains, les diazotrophes, bactéries libres qui fixent l'azote dans le sol, sont courantes, comme les espèces Azotobacter et Frankia. Ces fixateurs d'azote libres ont besoin d'un sol doté d'un système d'échange gazeux fonctionnel. Lorsque les sols sont compactés ou trop fins et non structurés, la fixation de l'azote est compromise.

Lorsque la croissance des plantes est lente et que les feuilles sont jaunes, les producteurs supposent souvent qu'il s'agit d'une carence en azote, mais il peut également s'agir d'un défaut de fer (dans les jeunes feuilles), de potassium, de magnésium, de molybdène, de soufre, de manganèse ou de zinc, ou encore d'autres facteurs environnementaux. Pour l'azote, ne vous fiez pas uniquement aux indices que livre la plante, creusez un trou et cherchez le délicieux gâteau croustillant au chocolat. Cette structure friable doit adhérer aux racines des plantes pour former des systèmes racinaires rastafariens[51]. Ces structures constituent un outil utile pour évaluer si le cycle de l'azote fonctionne ou non. De nombreuses bactéries libres et essentielles vivent à l'intérieur des micro-agrégats de terre. Ici, l'environnement est similaire au nodule d'une racine. Ces structures sont vitales pour la fixation de l'azote, et toute perte d'agrégation ou compactage interrompt ce processus. De nombreuses fermes ont perdu cette agrégation essentielle du sol ; la (re)construction de la structure du sol est donc notre priorité n°1.

Pour régénérer les sols avec succès, il faut renforcer les cycles naturels et utiliser des pratiques proactives qui s'attaquent aux causes profondes et non aux seuls symptômes d'un système dégradé. Les régénérateurs favorisent leur cheptel souterrain, ce qui leur permet de réduire de manière rentable les apports d'azote. L'ajout d'aliments carbonés est un outil essentiel pour réduire les intrants azotés. Les substances humiques tamponnent et chélatent l'azote, réduisant les pertes dans l'atmosphère et par lessivage, et augmentent également la fixation de l'azote par les fixateurs d'azote natifs[52]. Les biostimulants stimulent le cycle de l'azote en améliorant la structure du sol et le stockage de l'azote[53], tout en maintenant les rendements[54] [55].

Chaque fois que vous utilisez de l'azote (vraiment chaque fois), ajoutez du carbone. Les deux vont de pair, dans des proportions différentes, dans tous les organismes vivants de la planète : des bactéries, avec un ratio carbone/azote étroit, compris entre 2 et 7 pour 1, aux champignons, 7 à 25 pour 1[56], jusqu'au séquoia, qui peut avoir un ratio de 500 pour 1. Si vous envisagez de composter un membre de votre famille, sachez qu'il présente un ratio de 30 pour 1, parfait pour la décomposition microbienne ! Les composteurs comprennent intrinsèquement ce processus, car ils mélangent le bon rapport de matières carbone/azote pour créer un compost qui sera chaud (l'azote pour stimuler l'activité bactérienne), mais pas trop chaud (le carbone rafraichissant).

Les traitements chimiques des pâturages et les applications d'herbicides perturbent encore davantage la fonction naturelle de l'azote en inhibant sa fixation. Non seulement les herbicides perturbent les bactéries naturelles du cycle de l'azote et créent des structures de sol plus fines, mais ils entraînent également la perte de 15 à 20 % de l'azote appliqué. Tenez-en compte lorsque vous planifiez vos périodes de pulvérisation et associez toujours du carbone aux herbicides.

Souvent, lorsque nous observons une bonne densité de légumineuses sous les arbres ou dans les pâturages, nous supposons qu'il y a fixation d'azote. Ce n'est pas toujours le cas. Les conditions doivent être optimales pour que le processus symbiotique de nodulation et de fixation de l'azote se produise. Dans la symbiose si précieuse qui se produit entre diverses plantes et des bactéries spécifiques telles que les actinobactéries, les Frankia ou les rhizobia spp, les bactéries accèdent aux racines des plantes, où elles forment de petites galles ou bosses appelées nodules.

Les bactéries symbiotiques utilisent les sucres et les minéraux fournis par la plante en guise de rétribution, pour ensuite convertir le N_2 atmosphérique en ammoniac, que la plante utilise pour se développer. Cet azote est également transféré d'une plante à l'autre par l'intermédiaire des mycorhizes. Si les nodules des légumineuses ne sont pas fonctionnels, cela peut indiquer des problèmes avec les fixateurs d'azote libres. Les plantes dotées de populations saines de fixateurs d'azote et de champignons mycorhiziens (CM) voient leur santé, l'expression de leurs gènes et leur rendement s'améliorer considérablement[57][58].

Au cours des processus de vie et de mort qui régissent les systèmes biologiques sains, l'azote passe par diverses formes avant d'être prélevé par les racines des plantes. Les bactéries ont une capacité remarquable à l'absorber (le fixer) et à le conserver dans leur corps. Si le réseau alimentaire du sol a été compromis par le compactage ou par des apports d'azote soluble, la prédation des protozoaires et des nématodes est souvent plus réduite[59]. Ce processus immobilise (lie) l'azote et le rend indisponible pour les plantes. Imaginez les bactéries comme des sacs d'engrais fermés dans un hangar : il faut une action des protistes et des nématodes pour ouvrir le sac et libérer son contenu pour la plante.

La biomasse et l'activité fongiques, qui sont essentielles pour l'intégrité du sol et la santé des plantes, sont également vitales pour réduire les pertes d'azote[60 61]. On a calculé que l'activité des champignons, tels les mycorhizes, peut à elle seule réduire le lessivage de l'azote de 40 %[62]. L'ensemble de la chaîne alimentaire du sol, des bactéries aux nématodes, des fourmis aux chenilles, joue un rôle dans le cycle de l'azote. Ce dernier est un bien précieux échangé entre les microbes et les racines, et concentré dans le corps des insectes herbivores, qui le libèrent lorsqu'ils font leurs besoins ou meurent. En fait, tous ces organismes constituent la « centrale électrique » qui échange et met en réserve l'azote, contribuant ainsi à la santé optimale des plantes et éliminant tout "déchet". La dégradation de la santé des sols par des apports continus d'azote soluble entraîne une augmentation des bactéries dans le sol, accentue l'érosion et le lessivage des sols, les cours d'eau subissant de plein fouet les effets négatifs de ces rejets. La recherche et les agriculteurs, un peu partout dans le monde, démontrent qu'il est possible de maintenir des rendements élevés et de réduire les intrants grâce à une bonne gestion des sols, de l'eau, de l'énergie et des ressources biologiques[63 64].

Fixation de l'azote par les légumineuses

Creusez un trou ; vos légumineuses possèdent-elles une grande quantité de nodules et ceux-ci sont-ils gros ?

Lorsque vous pincez ou coupez un nodule, est-il rose ou rouge sang ?

Si les nodules sont blancs, c'est qu'ils n'ont pas fixé d'azote. Il est temps d'emporter votre kit de détective sur le terrain...

- Votre taux de molybdène (Mo) ou de cobalt (Co) fonctionnel est-il bas ? Ces deux oligo-éléments sont impliqués dans des enzymes essentielles pour métaboliser l'azote.

- Le sol est-il déjà riche en azote ? Avez-vous ajouté de l'azote ou des taux élevés de fumier ?

- Le sol est-il salin, alcalin ou très acide ?

- Avez-vous inoculé votre culture et l'inoculum est-il présent dans le sol ? Si les nodules sont verts, la plante a fixé l'azote et le processus s'est arrêté. Demandez-vous pourquoi.

-Y a-t-il eu des facteurs de stress environnementaux ? Les sols froids stoppent la fixation chez certaines espèces, tout comme la sécheresse et le manque de lumière.

- Quelqu'un vient-il d'appliquer de l'azote ? Cette action rend les fixateurs naturels d'azote superflus.

7

Absorber toute l'eau

« Bien que la surface de notre planète soit composée aux deux tiers d'eau, nous l'appelons la Terre. Nous disons que nous sommes des terriens, pas des créatures aquatiques. Notre sang est plus apparenté à l'eau de mer que nos os à la terre, mais ce n'est pas grave. La mer est le berceau d'où nous sommes tous sortis, mais c'est à la poussière que nous retournons. Depuis que l'eau nous a inventés, nous avons commencé à rechercher la terre ferme. Plus nous nous séparons de la terre, plus nous nous coupons de nous-mêmes. »

- Tom Robbins, Une bien étrange attraction

Ceux qui travaillent la terre connaissent bien la valeur des précipitations pour le bien-être des plantes, des animaux et d'eux-mêmes. La plupart des agriculteurs tiennent un registre des précipitations et, pendant les périodes de sécheresse ou de déluge, l'eau est au centre des préoccupations de tous les propriétaires terriens. Tous les organismes vivants contiennent de l'eau à l'intérieur et autour de leurs cellules ; 70 % de votre corps « baigne » dans l'eau, un chiffre qui monte à 80-90 % pour les bactéries. Bien que certaines plantes semblent presque pouvoir se passer d'eau, telles les "plantes de la résurrection", et des organismes comme l'indestructible ourson d'eau (tardigrade), qui survit à une dessiccation extrême (3 % d'humidité), tous les organismes ont en fait besoin d'eau pour se reproduire et fonctionner pleinement. L'eau donne la vie et la mort, elle est le moteur de la fonction biologique, de l'absorption des nutriments, de la santé cellulaire et de la décomposition.

Nous sortons actuellement de l'un des régimes climatiques les plus stables et les plus favorables de ces 11 700 dernières années ; ces conditions idéales ont permis l'explosion de l'agriculture et des civilisations humaines[65].

Le climat devient de plus en plus instable et sujet aux extrêmes sur l'ensemble de la planète et les producteurs de denrées alimentaires sont les premiers à en subir les effets. La recherche agricole moderne, avec ses valeurs et ses recommandations, suppose des conditions de culture stables. A l'inverse, les producteurs régénératifs se focalisent sur la pratique de l'agriculture dans un avenir incertain. L'eau devenant rapidement l'une des principaux enjeux de ressources du 21e siècle, une gestion efficace de notre « main-d'œuvre souterraine » ne peut continuer à être négligée. Dans le monde entier, les ruptures des cycles de l'eau deviennent de plus en plus évidentes sur le terrain.

L'intérêt croissant des politiques et des activistes pour le rôle du carbone dans le changement climatique ne tient pas compte d'un autre phénomène largement aussi important. C'est la vapeur d'eau. C'est elle qui est le gaz à effet de serre le plus puissant ; il est impossible de parler du carbone sans prendre en compte l'eau, ils sont intimement liés. Notre climat tempéré est largement dû à l'étonnante capacité de l'eau à absorber le rayonnement solaire et la chaleur infrarouge. Sans le rôle tampon de l'eau dans l'atmosphère, les températures mondiales pourraient être supérieures de 33°C. Le rôle de la vapeur d'eau dans le changement climatique induit par l'homme a été largement ignoré par les climatologues, car les contributions humaines à ce phénomène étaient considérées comme mineures.

Le sympathique Walter Jehne, ancien climatologue du gouvernement australien, tire la sonnette d'alarme : la gestion des terres a un impact bien plus important qu'on ne le pensait. La variabilité du climat est intensifiée par les "brumes humides" qui remplacent les nuages de pluie sur l'ensemble de la planète. Partout dans le monde, les activités humaines telles que l'extension des villes, la dégradation des sols, la désertification, les incendies et les émissions de combustibles fossiles provoquent des aérosols de microparticules. Ces brumes humides proviennent de microgouttelettes[66] qui se forment autour des aérosols, trop fines pour se déposer et trop chargées électriquement pour se transformer en véritables nuages. M. Jehne prévient que cette dégradation est un facteur clé du changement climatique. Il estime que chaque année, plus de 3,5 milliards de tonnes d'aérosols de poussière sont éjectés dans l'atmosphère. Notre gestion des terres est au cœur de la démarche visant à réduire les aérosols fins et à remettre l'eau à sa place - dans le sol[67].

Les Australiens de l'Ouest ont entrepris un énorme projet de géo-ingénierie, supprimant la végétation côtière, provoquant des pertes de biodiversité et ils se sont engagés dans la pratique irrationnelle de la mise en jachère chimique des terres. Les arbres et le couvert végétal jouent un rôle essentiel dans les précipitations ; la plupart des précipitations qui tombent sur la terre ferme sont recyclées par les plantes grâce à la transpiration. Des études menées dans d'autres zones de culture à faible pluviométrie ont montré que la pratique consistant à laisser les champs à nu modifie la dynamique des précipitations, repoussant potentiellement la frontière atmosphérique 800 m plus haut[68]. La pratique de la jachère à nu a créé un important anticyclone barométrique au-dessus de l'Australie occidentale. Celui-ci repousse en partie les pluies vers le sud et loin de la ceinture de blé. À la suite de la déforestation due à la colonisation, les pluies d'été ont chuté de 12 %. Dans la ceinture de blé, les précipitations hivernales, période où les cultures australiennes en ont le plus besoin, ont diminué de 19 % au cours des 50 dernières années[69]. Perth subit de plein fouet ce changement, avec un taux de remplissage des réservoirs de la ville réduit de 50 %. Le changement climatique est pointé du doigt comme l'un des facteurs déterminants de ce tableau, les zones septentrionales devenant plus humides.

Les microbes jouent un rôle important dans les précipitations. Entre 69 et 100 % des précipitations sont causées par les bactéries qui provoquent la nucléation de la glace et ensemencent les nuages. Ces bactéries appartiennent à différentes familles, les Pseudomonadaceae, les Enterobacteriaceae, les Xanthomonadaceae et les Lysinibacillus[70]. Des échantillons prélevés dans les nuages ont révélé la présence de plus de 30 000 espèces différentes de bactéries et de champignons ; un quart des bactéries et la plupart des champignons prélevés étaient en phase active de métabolisation[71]. En général, ces espèces se trouvent dans l'environnement, vivant sur ou dans les plantes sous forme de symbiotes, endophytes ou pathogènes. Un genre de rouille, Puccinia lagenophorae, qui a ravagé les cultures de blé à la fin des années 1920, pourrait avoir joué un rôle dans l'altération de la dynamique du climat, devenant ainsi l'un des facteurs ayant contribué au "dust bowl" (tempêtes de poussière) des années 1930. Nos pratiques agricoles ont des répercussions considérables sur la couverture végétale vivante et les microbes vitaux qui engendrent la pluie sur l'ensemble de la planète. Le changement climatique n'arrange rien, mais il n'est pas le seul coupable. Refroidir la planète impose de faire des choix en matière de gestion des terres, de maximiser la couverture végétale vivante, d'augmenter la capacité de rétention d'eau des sols et de stimuler la microbiologie[72].

Alors que les événements climatiques extrêmes sont désormais monnaie courante, l'année 2017 a fait parler d'elle pour de mauvaises raisons. Elle a été marquée par des records de chaleur, de froid, de sécheresse alternant avec des pluies diluviennes, ainsi que par des tempêtes provoquant des inondations et des coulées de boue sans précédent. Des catastrophes de grande ampleur se sont produites aux Philippines, en Afrique, au Pérou, au Népal, en Inde, aux États-Unis et en Nouvelle-Zélande. Le cyclone américain Harvey, en août 2017, a suscité une grande attention médiatique, alors qu'au même moment, des coulées de boue catastrophiques en Sierra Leone tuaient plus d'un millier de personnes. Un mois plus tard, des inondations ont bouleversé la vie de plus de 6 millions de personnes au Bangladesh. Ces impacts sur les populations et la production alimentaire ne sont pas uniquement dus au changement climatique et à la déforestation ; les sols sont dégradés, ils ne jouent plus leur rôle d'éponge. Sans le vouloir, nous avons créé des bassins versants où l'eau ruisselle sur l'ensemble de la planète.

À la fin de l'année 2016, nous avons effectué des prélèvements dans la région d'Auckland, en Nouvelle-Zélande, dans des domaines agricoles engagés depuis peu dans la voie de la santé des sols. Les sols de toutes les fermes que nous avons échantillonnées présentaient des taux d›infiltration de l›eau compris entre 0,5 et 0,7 mm/minute, soit un quart du minimum recommandé. Ces magnifiques sols volcaniques tout jeunes contenaient une bonne quantité de matière organique, mais ils étaient tous très compactés en raison d'une mauvaise gestion des terres. Par conséquent, leurs cycles d'eau étaient complètement perturbés. Après une longue période de sécheresse, des pluies torrentielles se sont abattues sur le secteur au mois de mars suivant. En une heure, la ville d'Auckland a reçu 65 mm de pluie, ce qui a entraîné la formation de dolines et des inondations massives, avec plus de 300 maisons inondées. Plus de 100 mm de pluie sont tombés en deux jours, soit plus que la moyenne mensuelle. Les inondations dans la ville peuvent être attribuées au bétonnage irréfléchi des bassins versants, un contexte aggravé par des systèmes d'évacuation débordés et bloqués. Quant au bilan à l'extérieur de la ville, il fut tout aussi lourd. De nombreuses zones rurales environnantes ont été complètement submergées. Ce jour-là, de nombreux axes importants étaient fermés et les champs étaient recouverts d'eaux brunes torrentueuses couleur chocolat : notre précieux sol est en train de quitter nos terres et de se jeter dans la mer. Ils ont évacué la commune d'Edgecumbe, sur la côte est de l'Ile du Nord de la Nouvelle-Zélande, après que les digues ont cédé et que toute la ville a été submergée. Et ce, après avoir reçu, en trois jours seulement, trois fois les précipitations moyennes de tout le mois d'avril.

Vous vous dites qu'il s'agit là d'événements naturels et qu'avec l'augmentation des phénomènes climatiques extrêmes, il n'y a rien que nous puissions faire ? Ce n'est pas vrai. Notre capacité naturelle à absorber l'eau a considérablement diminué. Des sols sains peuvent absorber plus de 250 mm de pluie en une heure. C'est près de 10 fois le taux d'infiltration que j'ai mesuré dans la région d'Auckland. La mauvaise gestion des sols a un impact massif sur la société, mais la plupart des gens, y compris les hommes politiques, n'y pensent pas. Compte tenu des coûts énormes et croissants pour la société [de ces événements climatiques], il est grand temps de mettre l›accent sur la régénération des sols.

Les taux d'infiltration sont mesurés en mm/minute. Le calcul est simple. Il suffit de diviser la profondeur de l'eau par le temps qu'elle met à s'infiltrer.

Il est essentiel que l'eau s'infiltre à un rythme plus rapide que 2 mm/minute, soit 120 mm/heure ; s'il est plus lent, vous perdrez de l'eau à cause du ruissellement pendant les orages et, en cas de pluie plus faible, l'eau qui tombe s'évaporera.

Prenons l'exemple d'un ancien élève de l'école "Ranching for Profit". Agee Smith gère avec sa famille le Cottonwood Ranch, situé à 2 heures 30 au nord d'Elko, dans le Nevada, et au sud de Twin Falls, dans l'Idaho. Parvenir jusqu'au au ranch fut une aventure en soi, car je devais tirer une caravane tout en évitant le bétail sur les routes, les cerfs kamikazes et des nids-de-poule si profonds que je suis sûr qu'ils ont décollé mes plombages. Cottonwood propose d'ailleurs un service de réparation de pneus, ce qui en dit long sur la qualité de la route. Cette partie du pays est un désert froid d'altitude, avec des prairies à 1800 mètres d'altitude.

La partie orientale du ranch s'élève abruptement à plus de 3000 mètres, ce sont les montagnes accidentées de Jarbidge, l'une des régions sauvages les moins explorées d'Amérique. Cette montagne est le dernier vestige d'une intense activité volcanique, elle fut autrefois le méga-volcan de Yellowstone. Le mouvement des plaques continentales poursuivi 15 millions d'années durant a déplacé le point chaud de Yellowstone à l'endroit où il se trouve actuellement, à 480 km au nord-est. Les éruptions y ont projeté d'épaisses couches de cendres, annihilant des troupeaux préhistoriques de chameaux, de chevaux et de rhinocéros et les enterrant sous 2 mètres de cendres. L'histoire géologique est présente aujourd'hui, à chaque pas : des cailloux noirs et brillants attirent le regard : le ranch est jonché de paillettes et d'éclats d'obsidienne volcanique. Un géologue de passage a fait remarquer à M. Agee que chaque éclat trouvé dans le ranch avait été manipulé par un autochtone des Premières Nations. Ils se rendaient dans le secteur pour s'approvisionner en obsidienne de haute qualité pour la fabrication des silex et, en descendant de la montagne ils éliminaient les débris qui devaient être découverts des milliers d'années plus tard par une Néo-Zélandaise curieuse.

S'il prenait l'idée à quelqu'un de savoir où va le Père Noël pendant son temps libre, je suis sûr de l'avoir trouvé terré dans le Nevada. Les joues roses de M. Agee, son sourire éclatant et son clin d'œil malicieux démentent les nombreuses années d'épreuves que lui et sa femme Vicki ont endurées dans leur ranch. Dans les années 1880, alors qu'il était adolescent, l'arrière-grand-père de M. Agee, Horace Agee, prit la direction de l'Ouest. Horace se fit d'abord engager pour superviser des transports ferroviaires de minerai, avant de rencontrer sa femme, Etta Steele, la fille du chef de la gare routière d'Ely. Les Steele ayant besoin d'aide dans leur ranch, Horace se lança dans l'élevage de moutons. Au fur et à mesure de leur succès dans l'élevage, ils commencèrent à s'enfoncer dans le bassin O'Neil. La famille O'Neil, qui a donné son nom au bassin, était connue pour ses vols de moutons revendus aux mineurs. Le père O'Neil et l'un de ses fils furent pris en flagrant délit de vol et jetés en prison, avant que ses trois autres fils ne les fassent évader. Au cours de la fusillade qui s'ensuivit, leur père fut tué et leur frère blessé. Les O'Neil s'installèrent alors sur ce territoire, loin de leurs clients mineurs. Ils durent donc se montrer plus intelligents dans la façon dont ils se procuraient leur bétail, en volant de préférence des veaux non marqués, avant de finir par mettre en place un commerce de bétail plus honorable. Alors qu'Horace commençait à faire paître son bétail plus avant dans le bassin, les O'Neil opposés à son choix d'élever des moutons dans la région engagèrent un homme armé chargé de les faire partir de leurs terres. Horace l'affronta et le tireur quitta les lieux. En 1921, la querelle se résolut de manière plus honorable, Horace ayant persuadé O'Neil de partir, ce qui permit à la famille de s'installer tranquillement dans le bassin.

L'histoire tumultueuse de cette famille ne s'arrête pas là. Dans les années 1980, avec les dettes, les taux d'intérêt élevés et une maladie qui anéantit les veaux nouveaux-nés, le ranch fit faillite. Heureusement, d'autres personnes saisirent la beauté et le potentiel de cette vaste région sauvage. La famille Smith s'engagea dans un partenariat avec une vision grandiose, construisant une impressionnante maison d'hôtes et transformant le ranch en un haut lieu de chasse. Aujourd'hui, le ranch offre des services dédiés aux amateurs de pêche, de chasse, d'équitation et de conversations agréables le soir.

La fille d'Agee, McKenzie, et son mari, Jason, forment un couple compétent, le genre de couple issu d'une ferme familiale qui a repoussé sans difficulté des intrus malintentionnés. Jason offre également des services de guide et fournit l'équipement nécessaire aux chasseurs. A l'automne, McKenzie propose un service de découpe et d'emballage du gibier des chasseurs, avec sa partenaire Jessica Mesina. McKenzie est une blonde à la beauté saisissante. Elle me rappelle un peu les mères antilopes sur leur territoire, avec leurs traits fauves délicats qui cachent une force et une détermination intraitables. Lorsque les chasseurs viennent au pavillon de chasse et demandent de l'aide pour rapporter et dépecer leurs prises, ils la regardent souvent à deux fois, comme pour dire : "Vraiment ? Votre mari va vous aider ?", comme si elle n'était pas à la hauteur de la tâche. Sur ma liste de choses à faire, figure le projet de monter chez elle un automne, pour lui donner un coup de main (moins expert). Pour avoir été témoin de son agilité impressionnante lorsqu'elle découpe un élan qui va quitter ces montagnes intimidantes, ou peut-être simplement pour voir le regard de ces chasseurs. Inestimable !

En 1995, le ranch a créé un partenariat communautaire pour répondre aux inquiétudes concernant l'impact du bétail sur les terres appartenant au secteur public, en particulier sur la préservation des écosystèmes bordant les cours d'eau (ripisylves). Cottonwood Ranch gère près de 20 000 hectares. 600 hectares appartiennent à des propriétaires privés, le reste est loué au BLM (Office de gestion des terres publiques) et à l'USFS (Office des forêts des États-Unis). Au début du XXe siècle, une population de bovins et d'ovins en surnombre a entraîné un surpâturage. Plus récemment, avec l'arrivée des barbelés, ce surpâturage s'est poursuivi, les animaux demeurant trop longtemps sur les mêmes parcelles. En conséquence, les deux tiers des cours d'eau, qui s'étendent sur 30 km à travers le ranch, sont en très mauvais état, du fait des sédiments, de berges instables et d'une perte de diversité. M. Agee explique : "Les choses se sont toujours passées ainsi : nous faisions sortir le bétail au printemps, nous passions l'été à faire du foin, puis nous rassemblions le bétail à l'automne. Il en résultait un pâturage tout au long de la saison, ce qui entraînait un surpâturage à certains endroits, comme les zones ripariennes et une jachère trop longue sur d'autres secteurs du domaine." Dans les années 1990, les problèmes de gestion ont abouti à une impasse qui menaçait la viabilité économique du ranch et constituait un désastre en termes de relations publiques pour les agences concernées. Selon Agee : « Nous avions l'impression d'être dos au mur. »

L'expérience de Cottonwood est un exemple de problème "pervers", cumulant de multiples facteurs d'impact, notamment le climat, la gestion du ranch, les directives du BLM et de multiples actionnaires, familles, chasseurs et pêcheurs, ainsi que les demandes de la communauté pour préserver un environnement intact. Inspirée par un cours Stratégie Holistique (SH), la Cottonwood Ranch Holistic Management Team est née d'un accord visant à explorer les avantages potentiels d'une réorientation de la gestion. Le groupe fédérait 40 personnes, dont 7 fonctionnaires d'agences gouvernementales, des propriétaires privés, des voisins et des citoyens concernés du Nevada. La Stratégie Holistique été introduite aux États-Unis en 1979 par Allan Savory et Stan Parsons, deux éducateurs et éleveurs zimbabwéens de renommée mondiale (admirés ou décriés, selon le courant auquel vous appartenez). Parsons a été élevé dans la plus grande exploitation laitière et porcine du Zimbabwe, avec un père qui lui a inculqué que l'agriculture devait être rentable. Savory était à l'origine un garde-chasse qui a défendu la décision brutale d'abattre 40 000 éléphants, en partant du principe que leur grand nombre était à l'origine du surpâturage. L'abattage n'a pas permis d'inverser la dégradation des terres et, plus tard, Savory a qualifié cette décision de "plus triste et plus grande erreur de ma vie". Sa prise de conscience que c'est la gestion, et non le nombre d'animaux, qui est à l'origine du surpâturage et de la désertification, a marqué un tournant dans son parcours.

La méthode de gestion holistique incite les producteurs à intégrer les préoccupations écologiques, sociales et économiques, en gérant les terres selon des méthodes systémiques globales qui équilibrent les flux d'énergie ainsi que les cycles des minéraux et de l'eau. Toutefois, cette approche est probablement plus connue pour sa méthode de pâturage, qui préconise l'effet de troupeau, comparable à l'impact des gnous et des zèbres en Afrique. Cette méthode de pâturage, également dénommée GIP (Gestion intensive du pâturage) ou PMA (Parcs multiples adaptatifs), se concentre sur de fortes densités de bétail, un pâturage de courte durée, avec de longues périodes de repos du fourrage pour maximiser la croissance de l'herbe. Ce système nécessite des gardiens de la terre observateurs et adaptatifs, car il n'est pas prescriptif ; au contraire, les animaux sont déplacés en réaction aux interactions entre le climat, la terre et la vie.

Savory a été critiqué pour ne pas avoir étayé scientifiquement ses affirmations. Le Dr Richard Teague, de l'université du Texas A&M, et d'autres, collectent actuellement des données fiables sur les fermes, afin de montrer le potentiel de cette démarche pour la restauration des terres. Comme pour toute action impliquant des humains, les résultats sont aussi variés que les personnalités qui gèrent les terres et il y a eu de grands succès et des échecs cuisants pour ceux qui en suivent les lignes directrices. Heureusement, les membres de l'équipe de Cottonwood sont des gens tenaces. La pression d'une source de revenus menacée et d'une communauté qui les observait attentivement les a incités à montrer que ces méthodes pouvaient être bénéfiques pour les terres, les institutions concernées et leur avenir.

Le ranch abrite une étonnante diversité d'espèces végétales et animales, depuis les prairies privées de basse altitude jusqu'aux contreforts couverts d'armoise, en passant par les arbustes de montagne, le tremble, le saule, l'aulne, avant de passer à l'acajou et aux conifères à plus haute altitude. Cette diversité offre nourriture et abri au cerf mulet, à l'antilope, à l'élan, à la truite, à la grenouille tachetée, au castor, ainsi qu'à une multitude d'oiseaux chanteurs et au tétras des armoises, une espèce menacée.

Cette diversité est l'une des raisons pour lesquelles le ranch a bénéficié d'un tel soutien de la part de différentes agences. L'équipe de gestion holistique établit chaque année des plans biologiques qui précisent l'utilisation et les modes de pâturages pour l'année à venir. Les grands pâturages ont été divisés en sous-unités plus faciles à gérer, afin d'assurer une bonne synchronisation de la régénération des plantes et de tester et contrôler l'efficacité des différentes stratégies de pâturage. Au début du projet, le nombre de bovins a été doublé avec un pâturage intensif et de courte durée. Ils pâturent les champs à différentes périodes de l'année afin de réduire le surpâturage des différentes espèces de plantes. Le choix du moment est essentiel, car certaines espèces peuvent fleurir à différents moments de la saison. L'accent mis sur la gestion et le calendrier de pâturage a été le principal facteur de changement. Historiquement, selon les conditions de leur bail pour les hautes terres, celles-ci devaient être pâturées avec des taux de chargement inférieurs. En retardant le pâturage, en permettant aux plantes de se régénérer plus longtemps, puis en pâturant plus tard dans la saison avec une densité de bétail plus élevée, les graminées ont été stimulées et ont pu germer, ce qui a permis d'éviter un surpâturage. Ils ont également mis en œuvre des techniques de manipulation à faible stress du bétail (Low Stress Stockmanship) et une technique connue sous le nom de "range riding".

Cette dernière est une technique de conduite des troupeaux qui encourage le bétail à se rassembler et à rester groupé. Compte tenu de leur terrain et des réalités liées à l'éducation d'une jeune famille, McKenzie et Jason ont découvert qu'une version modifiée de range riding leur convenait mieux. La plupart du temps, ils accompagnent leur bétail à cheval, s'assurant que le bétail n'approche pas des cours d'eau et veillant à l'empêcher de stationner dans ses zones préférées. Les déplacements de troupeaux compacts entrainent un piétinement uniforme de l'herbe, dispersent le fumier et l'urine et réduisent le risque de surpâturage. Ce changement de gestion a entraîné une augmentation spectaculaire de la diversité végétale et de la santé des cours d'eau.

Les travaux menés dans le Montana par le Western Sustainability Exchange (WSE) ont démontré que la pratique intensive du range riding dans les pâturages améliore la santé des prairies, et réduit de manière significative le risque de prédation par des animaux tels que les loups et, dans une moindre mesure, les ours, qui ne se sont pas manifestés à Cottonwood. Dans les communautés d'éleveurs, certains pensent que cette pratique n'est ni rentable ni réaliste pour une entreprise familiale. Faut-il commencer par trouver les fonds nécessaires pour payer un cavalier avant d'augmenter le nombre de têtes de bétail, ou l'inverse ?

Les recherches du Dr Richard Teague montrent que dans les grands paddocks le bétail occupe généralement moins de la moitié des grands pâturages. L'utilisation d'un cavalier peut augmenter la productivité des pâturages et permet d'accroitre le nombre de têtes de bétail. Une technologie comme la "clôture virtuelle", offre de nouvelles options de gestion aux grandes exploitations et aux ranchs confrontés à des défis logistiques en matière de clôtures. La clôture virtuelle consiste à dresser le bétail à l'aide de colliers électriques, ce qui permet aux gestionnaires des terres de le concentrer et de le déplacer à distance sans qu'il soit nécessaire d'installer des clôtures. Comparé au coût de l'installation de clôtures supplémentaires, compte tenu de la réduction des pertes de bétail et de l'amélioration de la couverture herbacée et du sol, ainsi que du doublement voire du triplement du nombre de bovins, le montant de cet investissement est tout à fait justifié.

Avant l'arrivée des trappeurs dans la région, les cours d'eau qui entourent Cottonwood Ranch étaient très fréquentés par les castors et leurs barrages. La vie n'a pas été tendre avec les castors au cours des 150 dernières années ; en raison du piégeage, le nombre de castors a chuté de façon spectaculaire pour ne plus compter que quelques individus. Sous la pression combinée des dommages causés aux berges par le bétail et des crues soudaines du printemps, leurs barrages soigneusement construits explosaient sur leurs bords, parties les plus vulnérables. La mise en œuvre d'une gestion holistique du pâturage a donné un répit aux zones riveraines, permettant le rétablissement des carex, des graminées et des espèces ligneuses comme les aulnes et les saules -- les matériaux de construction préférés des castors. L'évolution du pâturage a permis d'adoucir les berges des cours d'eau, à l'opposé des bords abrupts d'autrefois, instables et érosifs. Aux endroits où les chaînes de montagnes rencontrent les prairies inférieures de Cottonwood, des changements spectaculaires sont désormais évidents. Grâce à ces berges plus douces et à une végétation plus boisée, les castors ont prospéré et leurs barrages peuvent maintenant résister à presque tous les types d'inondation. L'année 2017 a été catastrophique, en raison d'un enneigement record et d'un réchauffement rapide. Le réchauffement a provoqué une crue soudaine et massive qui a détruit des voies ferrées en aval. Les barrages de castors ont explosé en leur centre, un phénomène jamais vu auparavant sur le ranch.

Dans des conditions moins extrêmes, l'eau se déplace doucement à travers le ranch, formant des méandres et s'accumulant derrière les barrages. La nappe phréatique s'est élevée et la dynamique des espèces végétales s'est modifiée. L'armoise dentelée dépérit maintenant à cause de racines trop humides et les herbes indigènes reviennent, tel le seigle sauvage de bassin, une herbe si haute que les premiers explorateurs furent étonnés de constater qu'"ils pouvaient les attacher par-dessus leurs selles".

Les urbanistes sont programmés pour anticiper d'éventuels débordements ou inondations ; ils s'efforcent de faire en sorte que l'eau soit évacuée des terres le plus rapidement possible.

Les canaux qu'ils préconisent, torrentueux, rectilignes, bordés de hauts murs, sont une imitation fausse et superficielle de la façon dont l'eau se déplace naturellement. L'objectif d'un régénérateur est contraire ; comment pouvons-nous favoriser les voies d'eau qui serpentent lentement et deviennent tumultueuses pendant les pics de débit ? Pour ceux qui vivent dans des environnements dépourvus de castors, la construction de déversoirs non étanches ou l'adoption de "l'agriculture en séquence naturelle" (Natural Sequence Farming) que promeut l'agriculteur australien Peter Andrews, contribuent à ralentir l'écoulement de l'eau. J'ai visité des propriétés où l'on avait trouvé des moyens novateurs d'imiter le castor, en entassant des rondins, de vieux matériaux de clôture, des balles de foin, des pierres et même un évier de cuisine en ciment dans les rigoles d'évacuation et les lits des cours d'eau desséchés. Les résultats peuvent être remarquables. Au lieu de se précipiter, l'eau refoule lentement, s'infiltre et recharge les aquifères, comme le veut la nature.

La visite chez le régénérateur Martin Royds à Jillamatong, en Nouvelle-Galles du Sud, a été pour moi une bouffée d'air frais et de joie après des mois de tristesse et d'horreur face à l'état du bétail et des terres dans l'est de l'Australie. Chaque centimètre d'eau qui tombe sur le terrain de Martin est collecté et stocké, avant d'être filtré et lentement restitué au fil des ans. L'eau qui ruisselle à la surface des terres de ses voisins disparaît en quelques mètres lorsqu'elle atteint sa clôture. Martin considère sa ferme comme un écosystème interconnecté et les avantages sont tangibles. Sa ravine autrefois éphémère, s'est transformé en un ruisseau à écoulement permanent.

En apprenant à décrypter son paysage et son bétail, il est à l'avant-garde des méthodes qui permettent une production rentable dans cet environnement australien paralysé. Son approche combine le pâturage holistique, l'agriculture en séquence naturelle et la planification adaptative, qui comprend le déstockage de bétail avant les pics critiques. Il a construit des petits barrages perméables et des fossés de contour pour ralentir l'écoulement de l'eau, la dirigeant vers les zones sèches. En 2019, il a offert sa précieuse eau à sa ville locale, Jillamatong, frappée par la sécheresse, car les rivières et barrages environnants étaient complètement à sec.

Lors de ma visite, nous avons dénombré 12 fructifications fongiques différentes, dont une forêt parsemée de têtes noires de cordyceps gunnii. La famille des cordyceps comprend plus de 400 champignons parasites différents (entomopathogènes) qui infectent les insectes hôtes, se développant sur leurs corps riches en protéines, avant de faire germer des structures phalliques massives sur le cadavre de l'hôte.

L'humble cordyceps a été à l'origine de l'exclusion controversée de 27 athlètes chinois des Jeux olympiques de Sydney en 2000. Largement utilisées en phytothérapie chinoise, certaines variétés sont employées pour la résistance et l'endurance, les cancers, l'immunité et... la libido. Les habitants de la région de Braidwood se sont portés cobayes volontaires pour tester l'efficacité des teintures de cordyceps. Non seulement les cycles de l'eau sont rétablis dans la région de Braidwood, mais les relations conjugales le sont aussi !

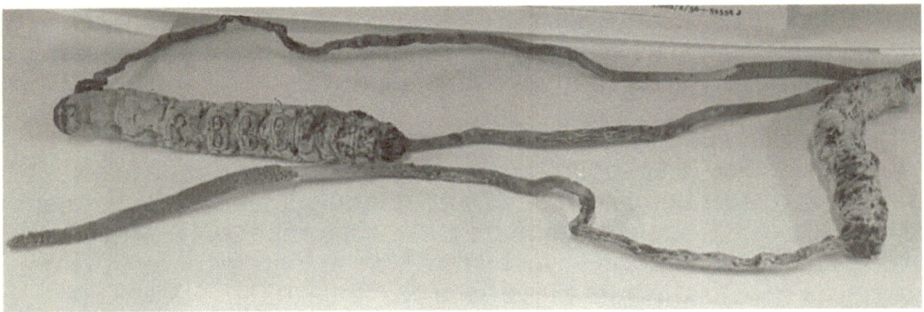

Image : champignon cordyceps poussant à partir de chenilles originaires de Nouvelle-Zélande.

En descendant vers Cottonwood Ranch, l'eau traverse une série de fossés d'irrigation et de digues. Le système d'irrigation a été construit dans les années 1890, à la sueur du front des locaux - un rude labeur ! En raison de son ancienneté et du défi que représente l'entretien de plus de 24 km de fossés, certaines zones reçoivent aujourd'hui un excès d'eau, tandis que d'autres n'en reçoivent pas du tout. Depuis 1890, les prairies irriguées de la plaine ont été utilisées de manière intensive, fauchées chaque année pour le foin et, à certains moments, plus de 270 chevaux y pâturaient. L'arrière-grand-père d'Agee, Horace Agee, était fier de son troupeau. Ils ont été élevés à l'origine dans le cadre du programme Remount, qui fournissait des chevaux à l'armée américaine, jusqu'à la fin des années 1930. Ces chevaux de qualité étaient un mélange de Percheron, d'Arabe et de Pur-sang, sélectionnés pour leur force, leur vitesse et leur endurance. Au fil du temps, des lignées de Quarter Horse sont venues s'ajouter au mélange, pour créer un cheval de montagne parfaitement adapté à sa fonction (dont je suis ravie de posséder un spécimen).

Ajoutez les chevaux à la pression exercée par la récolte de foin à long terme, l'absence d'intrants, la grande taille des pâturages et un système d'irrigation en déclin, et vous obtenez un exemple parfait tiré d'un manuel sur « La destruction de la santé des sols ». En conséquence, le secteur sud des prairies, qui forment le cœur du Cottonwood Ranch, est en piteux état. À quoi ressemble-t-il ? Ces champs sont devenus hydrophobes (ils redoutent littéralement l'eau) et une grande partie de la couverture végétale est dominée par un jonc connu sous le nom de "Poverty Grass" (Juncus tenuis). Ces champs du côté sud sont si dégradés que nous les avons rebaptisés "le Bronx". Pour faire pousser de l'herbe, la famille doit irriguer en permanence et les zones où l'irrigation fait défaut s'assèchent et deviennent croûteuses sous les pieds. Ces zones ont attiré une invasion massive de sauterelles ; la terre ici foisonne de bestioles indésirables. Grâce aux connaissances acquises dans le cadre des programmes de Stratégie Holistique et Ranching for Profit, la famille a compris que la culture du foin n'était pas durable et a donc mis un terme à cette pratique en 2012. À cette époque, il y avait à peine assez d'herbe pour la couper ou faire pâturer les bêtes.

Malgré son isolement, la famille a une vision globale de la vie. Le ranch accueille régulièrement certains des plus grands experts mondiaux, qui donnent des cours sur le pâturage, la gestion holistique, le traitement du bétail et la biodiversité. On voit souvent certains d'entre eux déambuler dans le « Bronx » en discutant des stratégies de gestion à adopter pour résoudre les problèmes rencontrés. Bizarrement, pendant tout le temps qu'ils ont passé à lutter contre les problèmes du Bronx, personne n'a pensé à creuser un trou, personne. Je ne dis pas cela pour insinuer que les autres ont tort, mais parce que la solution à tant de problèmes se trouve sous nos pieds et sous notre nez, et pourtant peu de gens empoignent leur bêche pour découvrir les problèmes sous-jacents. Selon mes estimations, moins de 5 % des propriétaires fonciers pensent à donner un coup de bêche avant de faire une offre sur un terrain. L'achat d'un terrain est l'un des plus coûteux que nous fassions, et nous ne creusons pas pour voir dans quoi nous nous engageons ?

De l'autre côté du ruisseau, à Cottonwood, se trouvent les pâturages du "North Side". Depuis le défrichement de l'armoise il y a 30 ans, ces champs ont été gérés selon les principes de la gestion holistique des pâturages : courte durée, impact élevé des animaux suivi d'une phase de repousse adéquate des plantes. Ici, le système d'irrigation est plus récent et fonctionne de manière optimale, ce qui signifie qu'on peut contrôler l'approvisionnement en eau, en inondant un champ à la fois et en le laissant s'assécher. Grâce à des pâturages de taille réduite et plus faciles à gérer, et à l'irrigation, la gestion des pâturages est presque optimale. Il s'agit là d'ingrédients éprouvés de notre "livre de recettes pour la santé des sols".

En 2017, nous avons organisé un cours avec les voisins intéressés, le personnel de l'office de gestion des terres et du ministère de l'agriculture. Nous avons creusé deux tranchées dans le sol à 100 m d'intervalle, l'une dans le Bronx et l'autre sur le côté nord du ruisseau. Ce que nous avons découvert était littéralement et métaphoriquement révolutionnaire. Lorsque M. Agee a creusé la tranchée dans le Bronx, la couche supérieure de gazon s'est détachée comme une moquette. Sous cette couche, il y avait un sol jaune pâle (ou plutôt une couche de poussière dénuée de vie), sec comme un os. Étonnamment, à 60 cm sous la surface, nous avons trouvé une rivière, que seuls les systèmes racinaires rampants des roseaux pouvaient atteindre. Les roseaux et les joncs sont très intelligents ; ils peuvent survivre dans un sol compact ou gorgé d'eau en transférant de l'oxygène à leurs racines. Chaque fois que l'on se trouve en situation d'engorgement, les champignons bénéfiques meurent, c'est pourquoi dans un tel contexte on trouve souvent des espèces de plantes non mycorhiziennes. Plus de 80 % des familles de plantes que nous avons vu prospérer dans le Bronx étaient des carex et des roseaux, des lupins et quelques amarantes à racine rouge (Amaranthus) ; ces mauvaises herbes nous indiquent que le cycle de l'eau est en panne et que l'activité fongique bénéfique est entravée.

L'eau est un élément clé de la production et le deuxième point crucial à surveiller. En comparant les deux sols, nous avons évalué l'efficacité de l'infiltration de l'eau dans le sol à l'aide d'un test d'infiltration (voir annexe). J'adore ces tests ; ils sont bon marché, super simples et incroyablement révélateurs - et si votre sol est en bon état, ils sont également rapides ! C'est un outil formidable pour comparer différentes zones de votre terrain et suivre efficacement les effets de différents choix de gestion. Ou, ce que j'aime appeler le "test de la suffisance", comparer les résultats de vos voisins aux vôtres à mesure que vous améliorez vos pratiques.

Imaginez le sol comme un immeuble d'habitation comprenant des entrées, des cages d'escalier, des couloirs et des salles de séjour. Ce sont ces espaces qui permettent au sol d'absorber toutes les précipitations. Un sol mal structuré s'effondrera, bloquant les pores du sol et engendrera des mares et le ruissellement de l'eau. Dans le pire des cas, celui d'un sol hydrophobe, l'eau reste à la surface et n'est pas absorbée du tout.

Lorsque nous avons effectué le test sur le Bronx, il a duré plus de 24 minutes et l'eau n'a pénétré que d'un centimètre. Lorsque nous avons remonté les testeurs, l'eau n'est restée que sur le premier centimètre. Agee me dit que son ranch reçoit 25 cm d'eau par an. "Non", lui ai-je répondu. "Hélas, Agee, dans ces champs, vous ne recevez même pas la moitié de cette quantité. Ces sols ne fonctionnent pas comme un immeuble d'habitation, mais comme un macadam ».

La tranchée du côté nord formait un contraste absolu avec celle du Bronx. C'est l'un des sols les plus beaux que j'aie jamais vus. Croyez-moi, il m'a fallu beaucoup de sang-froid pour ne pas me rouler dedans ! Il était d'un splendide brun foncé, avec une belle structure de gâteau au chocolat. La plupart des espèces de graminées étaient des sétaires rampantes de Garrison (Alopecurus arundinaceus Poir), une graminée vivace de saison fraîche importée, que l'on trouve souvent dans les zones humides. Cette graminée appétente atteignait plus d'un mètre de haut. Ses systèmes racinaires profonds et denses consistaient en énormes dreadlocks qui s'enfonçaient dans le sol. C'est dans la rhizosphère que tout se passe :

on y trouve des milliards de microbes, de bactéries, de champignons, de nématodes et de protistes, qui travaillent tous à la santé des plantes. Ce sont eux qui construisent l'immeuble résidentiel. Ces microbes sont également responsables de l'apport de nutriments, d'eau, de métabolites et vitamines essentiels à la plante -- nos bâtisseurs de ponts microbiens. Nous avons envoyé des tests de biologie du sol pour comparer les deux zones et, comme on pouvait s'y attendre, les champignons mycorhiziens étaient à zéro pour les prairies du Bronx et à un niveau optimal pour le North Side. Le Bronx présentait également une biomasse et une diversité faibles de tous les autres organismes du sol, essentiels à la santé et à la croissance des plantes.

Il existe des bactéries et des matières organiques spécifiques qui engendrent des sols répulsifs à l'eau ou hydrophobes. Lorsque ces bactéries se déshydratent, elles se protègent avec un enduit cireux. Il s'agit d'un problème majeur dans les sols sablonneux semi-arides du sud et de l'ouest de l'Australie. Plus de 5 millions d'hectares présentent des sols très peu absorbants, ce qui coûte une fortune à la ceinture de blé en pertes de production. À Cottonwood, un aspect important de notre programme fut l'application de 2 kg/ha de lombricompost, sous forme d'extrait liquide. Il existe une multitude de raisons d'ajouter du lombricompost : hormones de croissance des plantes, substances humiques, bactéries et champignons solubilisant les nutriments, bactéries mangeuses de givre, etc. Plus précisément, les divers microbes présents dans les turricules de vers comprennent des organismes qui décomposent ces enduits cireux, notamment des bactéries des genres Pseudomonas, Micrococcus, Nocardia, Corynebacteria, Bacillus, Arthrobacter et Proteus. Quel élixir de vie plus salvateur que les déjections d'un ver de terre ?

La rupture du cycle de l'eau à Cottonwood n'est pas seulement une question d'imperméabilité, mais aussi de stockage de l'eau. Nous avons besoin d'un sol qui fonctionne comme une éponge. Comme nous l'avons vu dans les chapitres précédents, la capacité du sol à retenir l'eau dépend en grande partie de sa teneur en humus. Il y avait une différence visible entre les niveaux d'humus des deux sols qu'a confirmé un test de sol. Les niveaux d'humus du North Side étaient sept fois plus élevés que dans le Bronx. Pour faire un rapide calcul, l'humus peut retenir sept fois son propre poids, ce qui signifie que le North Side peut effectivement absorber et retenir cinquante fois plus d'eau ! Le Bronx a de sérieux problèmes.

Trop peu de gestionnaires de terres effectuent des analyses de sol pour évaluer leur compte en banque minéral. La réalisation d'une analyse de sol de référence est utile pour déterminer si vous améliorez ou, à l'inverse, si vous dégradez vos ressources. En tant que gardiens de la terre, nous devons consigner ces informations, pour nous-mêmes et pour les générations futures, afin de pouvoir dire : "Oui, j'ai fait un bon travail de gardien". Si les analyses révèlent un déclin au fil du temps, elles peuvent constituer une alerte précoce permettant d'agir avant que les terres ne se retrouvent dans une situation comparable à celle du Bronx.

À Cottonwood, nous avons effectué des analyses de sol sur les champs de North Side et du Bronx. Lors d'une démonstration devant un groupe de scientifiques, ceux-ci ont contesté les conclusions tirées. Pour eux, il était évident que les différences frappantes entre les tests et les profils n›étaient pas dues à la gestion, mais à des sols différents. Selon eux, le Bronx était «naturel», en raison de son type de sol. Voilà une réponse souvent entendue, selon laquelle les sols et les paysages dégradés «ont toujours été ainsi». De nombreux paysages se sont détériorés rapidement après la colonisation d›une région et, en l'absence de photographies et d'études de sol, il est difficile d'affirmer que les choses ont, autrefois, été différentes. Dans son brillant ouvrage «Dark Emu» [L'émeu dans la nuit], Bruce Pascoe affirme qu'il n'a fallu que 2 à 3 ans pour que l'écosystème australien, très fragile, s'effondre. Pour nous en convaincre, Agee et moi avons enfourché la pelleteuse pour examiner les sols en aval des côtés nord et sud, juste à l'extérieur des clôtures des prairies de fauche. Nous avons constaté que ces sols étaient en bon état. Nous avons ensuite prélevé des échantillons dans le parcours sur le même type de sol, au-dessus des fossés d›irrigation et séparés seulement par une clôture de la zone d'échantillonnage du Bronx. Ce test réalisé dans le South Upper donne une assez bonne vision de ce à quoi le Bronx devait ressembler avant d›être fauché pour le foin et irrigué. La plupart des gens ont appris à considérer les sols perturbés, pauvres et malsains comme «normaux», mais ce n›est tout simplement pas le cas. Je doute qu'il existe un écosystème agricole en parfaite santé, et la plupart sont loin de toute forme de perfection.

La structure optimale du sol résulte d'une danse entre les microbes, les minéraux et le type de sol. Un sol sablonneux aura un comportement différent d'un sol argileux lourd, par exemple, en partie à cause de la taille des particules et en partie à cause de la charge électrique. La taille des particules influence la capacité d'un sol à retenir l'humidité et les nutriments.

Imaginez que vous ayez une cuillère à café de terre et le plus petit mètre ruban du monde. Avec ce ruban, imaginez que vous mesurez la surface autour de chaque grain de sable et vous obtiendrez un chiffre. Procédez de même avec une cuillère à café d'argile, en mesurant avec votre minuscule ruban l'intervalle entre chaque plaquette d'argile. Si vous pouviez aplanir tous les grains de sable, vous pourriez couvrir la superficie d'une petite table à manger. En comparaison, avec une seule cuillère à café (selon le type d'argile) en aplanissant toutes les plaquettes d'argile, la superficie égalerait au moins un terrain de football. C'est ahurissant !

Lorsque vous effectuez une analyse de sol, la plupart des résultats indiquent un chiffre pour la CEC, c'est-à-dire la capacité d'échange cationique. La CEC est une mesure de la taille des particules - que vous avez obtenue avec votre minuscule ruban à mesurer - et de leurs charges négatives ou de leur capacité à attirer des ions chargés positivement. Ces éléments positifs sont appelés cations. Les cations basiques sont le calcium (Ca+2), le potassium (K+), le magnésium (Mg+2) et le sodium (Na+). Les cations acides sont l'hydrogène (H+), l'aluminium (Al+2), le manganèse (Mn+2) et certains oligo-éléments. Les cations acides sont ainsi nommés parce qu'ils abaissent le pH du sol et le rendent plus acide, tandis que les cations basiques augmentent le pH et rendent le sol plus alcalin. Il est important de le noter, car de nombreuses personnes ne considèrent l'augmentation du pH ou un pH élevé qu'en relation avec le Ca ; cependant, cela peut être dû aux autres cations basiques, ou même aux exsudats des microbes du sol (excréments, vomissures, sueur et salive).

D'un point de vue conceptuel, le test CEC (capacité d'échange cationique) est une mesure de la taille de votre compte en banque. Imaginez une CEC faible (inférieure à 5) sous la forme d'une tirelire : ce sont les sols sablonneux, pauvres en matière organique, en humus et en argile. Alors qu'un sol à CEC élevée (plus de 25) est souvent riche en argile et/ou en matière organique. Un peu comme une chambre forte, ces sols à CEC élevée ont une grande capacité à stocker les nutriments et l'eau (ainsi que les pesticides) et sont généralement plus fertiles que les sols à CEC faible. Les sols à faible CEC sont plus susceptibles de libérer nutriments, insecticides et pesticides dans les cours d'eau.

La surface de ces particules et de la matière organique du sol porte une charge négative. Cette différence de charge explique pourquoi le sable ne retient que difficilement l'eau et les nutriments et pourquoi les sols argileux peuvent devenir détrempés et collants. Imaginez que vous marchez sur le sol argileux d'un chantier de construction - lorsque vous le traversez, vos bottes sont surélevées, comme sur des plates-formes. Cela est dû à la charge électrique négative ; le sol est chargé d'énergie ! C'est la raison pour laquelle vous souhaitez un bon mélange de particules de différentes tailles dans votre sol, ce que les jardiniers appellent la "terre franche". (À moins que vous ne vous trouviez en Australie, où l'on appelle le sable blanc "terreau argenté").

Considérez la taille de votre compte en banque comme une caractéristique native de votre sol. En vous concentrant sur l'élaboration d'humus et de matière organique, vous pouvez avoir une influence positive sur votre CEC et sur le fonctionnement de votre sol. Dans certains sols, la CEC peut diminuer avec le temps, en raison de l'acidification due aux engrais, des pertes de matière organique et des processus naturels tels l'engorgement et le lessivage.

Il est également important de tenir compte du fait que les laboratoires utilisent des méthodes différentes pour mesurer la CEC. Ce qui signifie que vous pouvez obtenir des résultats différents d'un laboratoire à l'autre. Pour tous les tests, nous vous recommandons de choisir un bon laboratoire et d'y être fidèle afin de pouvoir suivre les évolutions au fil du temps.

Les analyses des minéraux du sol à Cottonwood ont confirmé que les pratiques de culture et d'irrigation avaient effectivement lessivé une grande partie des minéraux du sol. Ces graphiques montrent les mesures de la capacité d'échange cationique (CEC) et de la saturation alcaline. Les niveaux de CEC sont faibles dans le Bronx (7,4) et plus élevés dans le North Side (11,8) et le South Side Upper (12,9). Le South Side a érodé ou lessivé une grande partie des particules les plus fines et de l'humus au fil du temps, ce qui réduit la CEC.

La décomposition finale de la matière organique, l'humus, a une structure encore plus fine que l'argile. Pensez-y lorsque vous voyez quelqu'un cultiver un champ ; toute cette fine poussière que vous voyez s'envoler est la ressource la plus précieuse : l'humus.

C'est très bien de savoir si votre compte en banque est bien garni ou non. Mais le plus important c'est de savoir de quelle somme vous disposez exactement. La saturation en bases (SB) révèle à quel point votre compte bancaire est rempli de cations basiques : Ca, Mg, K et Na. Notre objectif est d'avoir une saturation en bases de 70 à 85 %, l'espace restant étant réservé à H et Al. L'utilisation de la saturation en bases dans le cadre d'un diagnostic ou de recommandations a fait l'objet de controverses. Cependant, nous constatons régulièrement que certains aspects de la SB pèsent sur une propriété, en particulier lorsque le Ca est faible et/ou que le Mg, le K et le Na sont élevés. Les saturations en bases ne sont pas des valeurs "parfaites" à rechercher, elles donnent des informations sur la structure et le potentiel et, au fil du temps, lorsque l'intégrité biologique est rétablie, nous constatons que nombre de ces valeurs changent.

Ces graphiques circulaires (page suivante) montrent les résultats de la CEC pour les champs de Cottonwood. Remarquez que le South Side Upper a un compte en banque rempli de cations basiques. C'est ce qu'on appelle une saturation en bases à 100 %. Ce phénomène est courant dans de nombreux sols de prairies semi-arides et de déserts que nous avons testés. Si vous avez une saturation en bases de 100 %, ne laissez pas le vendeur vous vendre plus de cations (il essaiera toujours), car il n'y a aucun endroit où les minéraux peuvent s'accrocher ! Le South Side Upper et le North Side ont tous deux d'excellentes saturations en Ca et Mg, sont pauvres en Na et ont un excès de K. Les saturations en bases dans le South Side sont toutes très basses. Le déséquilibre de ces éléments a de graves conséquences sur la structure du sol et sur les performances des plantes et des animaux.

La partie supérieure du South Side et le North Side présentent tous deux un excès de K. Cela est dû aux matériaux de base de la région. L'excès de K peut créer des sols collants et serrés, ce qui a des conséquences sur le compactage du sol. Cependant, lorsqu'il est bien géré, ce K fournit largement assez de nutriments pour la croissance des plantes.

Si l'on compare les graphiques de South Upper à ceux du Bronx, on peut voir clairement à quel point les minéraux ont été exportés ou lessivés, laissant 57 % du compte bancaire du sol vide et rempli d'hydrogène à la place. Près de 50 % de tous les cations ont quitté la résidence ! Cette perte a ramené les niveaux de Mg et de K dans une plage plus gérable. C'est une bonne chose, car cela peut aider à accélérer la structuration du sol, une fois corrigé le déficit en calcium.

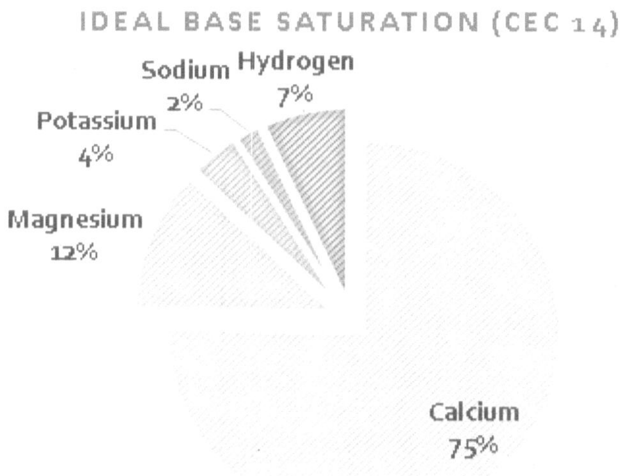

NORTH SIDE- SECTEUR NORD (CEC 16.5)

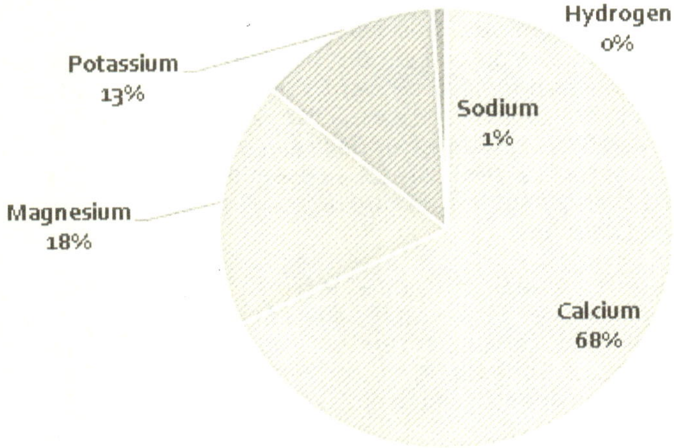

SOUTH SIDE BRONX - CÔTÉ SUD DÉFAVORISÉ (CEC 7.4)

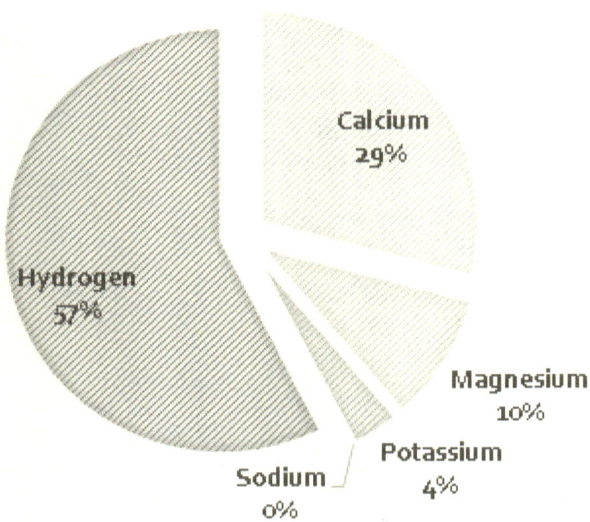

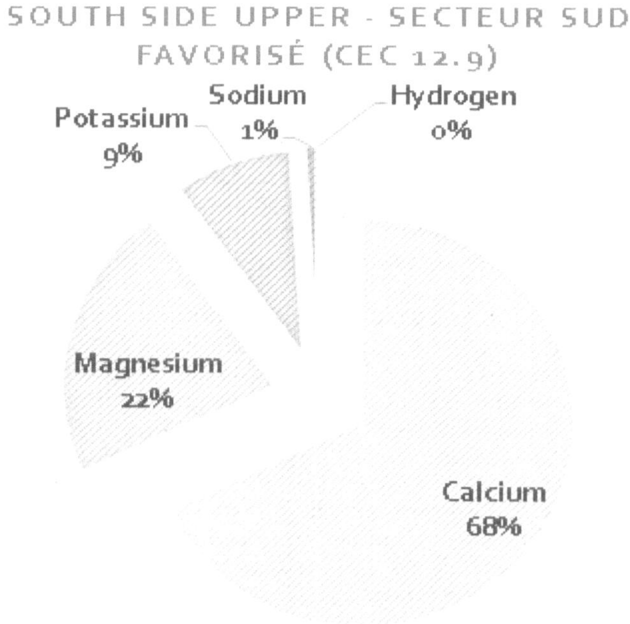

Le calcium (Ca) est un élément fondamental des programmes de régénération des sols. Pourquoi avons-nous besoin de calcium ? Pensez à son rôle dans votre corps : il est présent dans toutes les parois cellulaires, les dents et les os. Il coagule le sang, soutient les muscles et les nerfs et contribue à votre santé générale. Le calcium est fondamental pour la santé humaine et animale, tout comme il l'est pour le sol. Gary Zimmer, agronome biologique de renommée mondiale, appelle le calcium "le transporteur de tous les nutriments", en raison de son rôle dans les végétaux. Tout compromis sur le calcium affecte la structure du sol, l'activité biologique, la performance et la santé des plantes. Dans les sols sains et productifs, le calcium joue un rôle clé dans la structure des parois cellulaires, les membranes cellulaires, la résistance à la sécheresse[73], la croissance et l'équilibre du pH.

L'augmentation de la disponibilité du calcium dans le sol contribue à améliorer la santé des plantes, des cultures et des animaux grâce à la production de pectates de calcium. Les pectines forment la « colle » qui agrège les parois cellulaires des plantes. Elles augmentent le Brix, l'énergie métabolisable, la qualité des fruits ainsi que la production de lait et de viande. Le pectate de calcium permet également aux fourrages de rester verts plus longtemps, ce qui aide à surmonter la baisse de la vitamine A, qui survient lorsque les plantes brunissent et deviennent « rances ». Grâce à un apport adéquat en calcium, nous pouvons allonger la période de végétation pour produire un fourrage de qualité. Pour les producteurs de fruits, c'est une démarche synonyme de qualité et de conservation.

Les microbes et les vers adorent le calcium et leurs populations prospèrent après l'application. Ceux d'entre vous qui ont des sols pauvres en calcium, découvriront que les stimulants biologiques sont inefficaces. Il ne sert à rien de répandre des thés et des extraits de compost sur un sol dépourvu d'une bonne base de calcium. Regardez les exemples de réussite des apports d'extraits dans le monde entier. Ces exploitations ont toutes des niveaux raisonnables ou élevés de calcium. Ce dernier est essentiel pour le succès d'un programme de régénération du sol.

Lorsque le taux de saturation en calcium est faible (inférieur à 50 %), des mesures doivent être prises pour remédier à la situation. Ces sols pauvres en calcium sont courants dans de nombreux environnements à forte pluviométrie, avec une longue histoire de mauvaise gestion. Les sols néo-zélandais et californiens montrent souvent l'impact négatif d'une faible teneur en calcium, avec pour résultat des sols acides et compacts.

Nous avons travaillé sur des propriétés où le taux de saturation en calcium était extrêmement bas (<15%). Sur ces sols, il n'était pas rentable ou pas faisable de résoudre le problème par des apports de chaux. Grâce à des épandages aériens d'oligo-éléments et en nourrissant les microbes, le taux de calcium de ces terres a augmenté d'au moins 10 % ! Et ce, en l'espace d'un an seulement ! Prendre la mesure de tels changements nous donne la certitude que nos sols vont dans la bonne direction. C'est ainsi que doivent être structurés les sols, avec des vers, des racines et des microbes qui amènent les minéraux des profondeurs à la surface. Si vous n'êtes pas sûr de pouvoir tabler sur ce processus, testez votre sous-sol pour voir s'il s'y trouve du calcium plus profondément enfoui. Si ce n'est pas le cas, des apports de calcium seront bénéfiques pour votre transition.

La saturation en calcium nous donne un indicateur, mais le fait d'avoir un Ca adéquat ne signifie pas toujours qu'il est fonctionnel. Dans les systèmes à faible activité biologique, le calcium a tendance à s'enfoncer dans le profil du sol. La disponibilité du calcium est limitée par l'humidité, la faible teneur en bore, le compactage et l'activité biologique, en particulier les champignons. C'est pourquoi l'ajout d'aliments fongiques carbonés (paille, copeaux de bois, humates et huiles de poisson) est si efficace pour augmenter la disponibilité du calcium. À Cottonwood, nous savions d'après nos observations visuelles, confirmées par des tests biologiques, que l'activité fongique était proche de zéro. Les champignons bénéfiques sont essentiels pour retenir et libérer l'oxalate de calcium pour les plantes[74]. Une médiocre activité fongique implique une faible mobilité du calcium vers la plante.

Attention, si vous appliquez du calcium, nourrissez toujours, toujours, toujours les champignons lorsque vous le faites. De nombreuses exploitations agricoles dans le monde tentent de corriger les problèmes de pH et de déficit en calcium en ajoutant des camions de chaux, mais avec des résultats seulement temporaires. Dans les zones d'agriculture extensive, je préfère "titiller le système" avec des chaux à particules fines ou liquides. Les chaux fines agissent comme un catalyseur et peuvent stimuler la biologie, en favorisant la remontée du calcium plus profondément enfoui dans le profil du sol. Lorsque vous utilisez ces produits fins, une petite quantité suffit. En général, nous en épandons entre 10 et 20 kg/Ha. Il n'est pas nécessaire d'utiliser des centaines de kilos de produits fins, vous ne feriez que perturber le système. Considérez ces catalyseurs comme l'allume-feu dans un barbecue, il n'est pas nécessaire d'en abuser - vous n'avez pas besoin de vous griller les sourcils ! Ces chaux liquides peuvent être préparées en suivant la vieille recette du lait de chaux. Vous aurez besoin d'un agitateur dans votre pulvérisateur ou de la possibilité d'émulsionner.

Une mise en garde s'impose avec le calcium : comme avec tous les minéraux, il peut y avoir des antagonismes à court terme qui retiennent ou libèrent d'autres éléments. Comme le calcium flocule et ouvre le sol, une quantité adéquate améliorera l'infiltration de l'eau, réduira le compactage et accroîtra la production. Au cours du processus de floculation, des minéraux ou même des pesticides piégés dans les plaques d'argile ou les zones compactées sont libérés. Un indice visuel de ce phénomène est l'apparition d'un plus grand nombre de dicotylédones à larges feuille au cours des premières années de votre programme de sol. Ne vous affolez pas. Il s'agit souvent d'une augmentation de la disponibilité du potassium. Il se stabilisera de nouveau. Un groupe de producteurs laitiers néo-zélandais a retenu la leçon, une leçon coûteuse, après avoir épandu de la chaux solide ajoutée à plusieurs applications de chaux liquide au cours de l'année. A la suite de quoi, le niveau de potassium dans les végétaux a explosé. Ce déséquilibre a entraîné des problèmes métaboliques et la mort de plus de 160 vaches. Quel est le contrepoids à l'excès de potassium dans les aliments pour animaux ? Le sodium. L'apport de sel à ces bovins aurait pu leur sauver la vie. Le calcium est essentiel, mais comme si souvent, la modération est essentielle.

Il y a une autre bonne raison d'épandre du calcium à Cottonwood : une étude sur des sols australiens hydrophobes a montré que l'application de calcaire entraînait une multiplication par 10 des bactéries dégradant la cire[75]. Il est essentiel de se concentrer sur l'augmentation du calcium dans ces terres irriguées pour atteindre les objectifs des éleveurs : augmenter la résilience et les espèces d'herbe appétentes, optimiser l'irrigation et améliorer la rentabilité. Heureusement, une carrière de calcaire se trouve à proximité du ranch ; sinon il ne serait pas rentable d'appliquer de la chaux solide. Dans ce cas, la chaux liquide serait plus abordable, mais elle devrait être épandue en plusieurs fois.

En ce qui concerne les prairies de fauche de Cottonwood, le pâturage seul ne suffira pas à traiter un sol dans cet état. La production des pâturages n'est tout simplement pas suffisante pour obtenir l'impact et le piétinement nécessaires, et comme les pâturages sont de très mauvaise qualité, ils affectent négativement la santé et les performances des animaux. Sur les sols pauvres en matière organique, des techniques comme le pâturage en balles ou "bale grazing" (pratique consistant à apporter de grosses balles rondes pour nourrir le bétail et ajouter de la matière organique au sol) peuvent s'avérer très utiles. Cependant, cette méthode peut encore exiger de nombreuses années, et une multitude de balles, pour traiter les causes sous-jacentes, en particulier lorsqu'un faible taux de calcium et d'imperméabilité à l'eau créent un frein massif pour le système.

La recommandation de réhabiliter le Bronx visait à relancer le système. Une culture de couverture diversifiée a été semée, on a épandu du lombricompost séché et des algues marines avec l'épandeur à engrais. L'action mécanique du semoir ouvre efficacement les premiers centimètres de la couche hydrophobe, ce qui augmente immédiatement l'efficacité de l'eau.

Cottonwood Ranch est un exemple unique de la manière dont la gestion peut soit dégrader, soit régénérer des terres. Les prairies de fauche formaient une zone qu'on ne pensait pas voir revenir un jour à la santé. La dégradation des paysages s'étale souvent sur des décennies, voire des siècles. La régénération des sols n'est pas instantanée, comme la cuisson d'un œuf, mais il existe des mesures que nous pouvons prendre pour réamorcer certains sols. Le sol du Bronx nécessitait un plan d'action différent, tout d'abord en rétablissant les cycles de l'eau, en s'attaquant à l'imperméabilité, en stimulant les activités biologiques et en remédiant à la faiblesse des minéraux essentiels, en particulier le calcium. Ces points de départ pratiques avaient déjà été identifiés par la famille Smith : remédier au mauvais fonctionnement des systèmes d'irrigation et réduire la taille des pâturages. L'avenir de ces champs s'annonce désormais beaucoup plus prometteur, grâce à des actions de régénération à grande échelle et à la modernisation des systèmes d'irrigation prévue pour 2020.

8

Décomposition

"Le déclin est aussi une forme de volupté, tout comme la croissance. L'automne est aussi sensuel que le printemps. Il y a autant de grandeur dans la mort que dans la naissance."

-Iwan Goll

Dans un monde dépourvu de son armée de décomposeurs, nous serions rapidement submergés par les débris et le désespoir. Des bactéries microscopiques, des champignons, des protistes et des insectes de toutes tailles composent l'équipe de nettoyage primordiale, digérant les matières organiques et permettant à notre monde de continuer à tourner. Ils ont une capacité extraordinaire à décomposer les matériaux les plus résistants, radioactifs et toxiques, et à les transformer en aliments bio, bénéfiques pour d'autres organismes. Il est essentiel que les cycles de décomposition de votre terre se passent bien. Sans une bonne décomposition, les cycles de nutriments et la rentabilité vont s'arrêter de manière désagréable et stressante. C'est le quatrième point de notre triage. La décomposition est au cœur de la fonction digestive de votre sol. Votre sol souffre-t-il d'indigestion, de gaz, de constipation ou de diarrhée ?

Partout dans le monde, les exploitations agricoles croupissent sous le poids des chaumes qui ne se décomposent pas, souvent sous l'effet des correctifs chimiques prescrits à la nouvelle génération d'exploitants qui a opté pour le semis direct. Il est de plus en plus courant de constater que les chaumes subsistent trois, voire quatre ans après la récolte. Dans de nombreuses régions de culture, les producteurs ont eu recours à l'incinération de cette matière oxydée, car même un mouton affamé ne l'avalerait pas. Un éleveur m'a montré un jour des photos de son transect de surveillance ; sur chaque photo, pendant quatre années consécutives, la même bouse de vache figurait au centre de la photo. Voilà un tableau-type de constipation.

J'adore la phrase : "Je parie que vous ne pourrez pas résoudre ce problème." Non seulement elle stimule mon esprit de compétition, mais elle signifie aussi que je suis peut-être sur le point d'apprendre quelque chose de nouveau ou de faire la différence pour une ferme ou un ranch. Il y a quelques années, alors que je me trouvais dans un ranch du nord du Montana, cette question m'a été posée. Leurs champs irrigués étaient pleins de bosses et de creux. Lorsqu'ils étaient inondés, les points bas s'asséchaient et devenaient bruns, tandis que les zones plus élevées étaient luxuriantes et vertes. Les zones qui auraient dû être humides et vertes étaient mortes. Un sondage rapide a révélé la présence de plus de 15 cm de chaume dans les parties basses.

Le chaume est le résultat d'une accumulation de débris organiques autour de la base des plantes vivantes. Cette couche se forme lorsque les matières végétales s'accumulent plus rapidement que les microbes ne peuvent les décomposer. Certaines espèces végétales forment naturellement du chaume, comme le brome inerme (Bromus ineris Leyss) et le pâturin des prés (Poa pratenis). Le chaume est distinct des sols de tourbe ou de muskeg (tourbière de graminées) qui se forment naturellement lorsque des matières organiques s'accumulent dans des environnements anaérobies, marécageux, humides et acides. Les facteurs de formation du chaume sont multiples : une faible activité microbienne, un pH bas ou des sols alcalins, certains facteurs environnementaux et une mauvaise gestion. Des pratiques telles que les épandages massifs d'azote, les pesticides, le compactage et/ou l'arrosage excessif peuvent contribuer à la formation du chaume. Au lieu de pousser en profondeur dans le sol, les nouvelles racines commencent à pousser dans la couche de chaume. Lorsque le climat devient chaud et sec, ces plantes à racines superficielles luttent pour survivre.

Les pratiques de pâturage multi-paddocks adaptatif ainsi que d'autres pratiques de pâturage holistique attachent une grande importance à l'accumulation d'une litière de feuilles. Dans les climats tempérés à saison longue, lorsque ces techniques de pâturage sont utilisées, la litière ne s'accumule pas ; les vers, les insectes et l'activité microbiologique décomposent activement les matières herbacées avant la rotation suivante. Ce concept de litière a été développé dans des environnements friables où le sol est à nu. Dans ce cas, il est essentiel de construire une litière ou une sorte de couverture végétale pour protéger la surface du sol du vent, du soleil et des gouttes de pluie destructrices. Dans les environnements moins friables, ce service est assuré par des plantes vertes vivantes.

Six ingrédients principaux sont nécessaires à la digestion microbienne : l'air, l'eau, le sucre, le calcium et un peu de phosphore et d'azote pour l'énergie. En cas de compaction, de Brix trop bas, de manque de calcium et de faible activité biologique, le système digestif du sol cesse de fonctionner. En élaborant notre programme de santé de « l'intestin » du sol, nous pouvons rétablir une bonne digestion. Pour la grande culture et l'horticulture, on peut stimuler la digestion en utilisant des intrants, et sur les pâturages et les élevages extensifs, on peut optimiser la décomposition par la gestion du bétail.

Une bonne circulation de l'air permet d'éviter la digestion anaérobie. Sans oxygène, les bactéries anaérobies prolifèrent et libèrent des composés organiques volatils (COV) en se nourrissant. Comme un repaire de drogués sordide dans un quartier mal famé, ces bactéries commencent à diffuser leurs sous-produits fermentés et saumurés notamment des alcools, du méthane, des acides carboxyliques, des esters, des cétones, des sulfures, des terpènes et d'autres acides organiques. Votre nez vous indiquera quand bon nombre de ces microbes sont à l'œuvre, car ils dégagent une odeur d'œuf pourri (soufre) et d'ammoniaque (azote), ainsi que du dioxyde de carbone et du méthane (encore plus carboné)[76]. Ces odeurs sont un bon indicateur de la perte de nutriments précieux, de carbone et de microbes bénéfiques. L'odeur nauséabonde du sulfure d'hydrogène produit dans des conditions de saturation en eau entraîne une série de réactions chimiques qui engendrent des sulfures métalliques. Il s'agit notamment du manganèse insoluble, qui laisse des mouchetures noires dans le sol, et des sulfures ferreux responsables du noir foncé des boues brunes dans les zones humides. Lorsque les eaux se retirent, les métaux, tels que les sulfures de fer, réagissent et se transforment en oxydes de fer, littéralement en rouille, ce qui strie le sol de marbrures orange rouille typiques. Si les sols sont anaérobies pendant de longues périodes, on voit apparaître des sols gleyés, avec leurs marbrures bleues et grises. Certains composés organiques volatils (COV) sont visibles à l'œil nu. Autrefois, les sépultures peu profondes suscitaient des rumeurs de fantômes circulant dans les cimetières en raison de la libération d'un gaz bioluminescent, la phosphine (PH_3). Ce qui nous appris à enterrer nos morts plus profondément.

Les signes visuels de ces COV sont des racines peu profondes et qui se développent sur un axe horizontal. Les racines ne peuvent pas vivre et respirer dans ces couches fermentées. Dans ce type de sols, la croissance sera de moindre qualité, le stress accru et la résistance réduite en cas de sécheresse et de grosse chaleur.

Si le chaume et les couches non décomposées atteignent plus de deux cm d'épaisseur, les problèmes commencent à surgir, car la circulation de l'air est altérée. Dès lors les conditions propices à la survenue de maladies sont réunies, avec les insectes nuisibles, l'imperméabilité à l'eau et la dégradation des nutriments. Cela crée un cercle vicieux qu'il peut être difficile d'interrompre. Avec vingt cm de chaume, les champs étaient en mauvaise posture ! Ce chaume présente une dynamique similaire à celle du Bronx au Ranch Cottonwood. Les bactéries présentes sur les racines lignifiées et les herbes forment des cires résistantes à l'eau, qui repoussent l'eau d'irrigation. Dans les sols compacts ou avec des couches de chaume profondes, c'est le moment où une intervention mécanique peut être formidablement bénéfique. Aérez ou sous-solez à une profondeur d'un centimètre au-dessous de la couche de chaume pour relancer le système en introduisant de l'air. Aérez ou décompactez 3 cm plus profond que la couche de chaume pour relancer le système en introduisant de l'air. Le long de ces lignes de décompactage, vous pouvez utiliser le même processus que le haras de Lindsay Farms en y incorporant de l'acide humique et du sucre. En horticulture, la gestion de la digestion post-récolte est essentielle pour éviter que les maladies ne se développent entre les périodes de croissance. L'arrosage du sol et des feuilles par des pulvérisations à base de calcium permet un nettoyage hygiénique. Il existe de nombreux produits de digestion dans le commerce, mais vous pouvez également les fabriquer vous-même à l'aide d'un sérum de lactobacilles.

Tous ceux qui travaillent la terre connaissent l'importance vitale de l'eau pour la croissance des plantes. Votre main-d'œuvre souterraine a également un besoin essentiel d'humidité pour assurer sa survie. Tirer le meilleur parti de chaque goutte d'eau est essentiel pour résoudre les problèmes d'hydrophobie, d'infiltration, de rétention de la rosée et de couverture du sol.

Dans les climats froids, où la fonte printanière permet une irrigation précoce, ces champs restent froids et humides pendant de longues périodes, ce qui ralentit les processus biologiques. Des sols bien aérés, avec des activités biologiques accrues, peuvent élever la température du sol et favoriser la croissance plus tôt dans la saison. Dans les environnements chauds et arides, les sols peuvent rester dormants pendant des années, jusqu'à ce que des pluies salutaires arrivent et que la biologie reprenne vie. Dans ces climats secs, où l'eau est limitée, les bio-stimulants peuvent être appliqués pendant les fortes rosées, en fin de soirée. Si vous n'utilisez pas de bio-stimulants dans les zones arides, l'apport de probiotiques au bétail permettra au fumier de se décomposer plus rapidement. Il est indiqué d'ajouter ces probiotiques, ou des humates bruts à volonté, dans les auges ou dans les compléments alimentaires. Les microbes bénéfiques peuvent être apportés directement dans les auges par des plantes vivantes, des probiotiques commerciaux, du compost de qualité. Certains producteurs laissent du compost dans les auges en permanence, ce qui peut créer des conditions anaérobies. Si c'est le cas, laissez un sac de bon compost dans une auge pendant 3 jours maximum.

Pour ceux qui bénéficient d'une irrigation, que ce soit par inondation ou par aspersion, il est possible de raccourcir les processus d'application en épandant des stimulants biologiques directement par fertirrigation. Les producteurs ajoutent une variété d'intrants tels que sous-produits de poisson, mélasse, sucre, algues, humates, lombricompost ou produits de digestion directement dans les fossés avec des résultats mitigés. Si l'on utilise des fossés, l'efficacité peut être améliorée en faisant couler les produits goutte à goutte au niveau de la prise d'eau. Appliquer lors de la première irrigation de la saison, en particulier pour les produits huileux comme le poisson, pour obtenir une répartition plus uniforme.

Un système régénérateur encourage les travailleurs souterrains à faire justement cela : travailler pour vous. L'un des membres les plus importants et les plus visibles de votre faune souterraine est le ver de terre. Ce sont les ingénieurs écologiques qui forent des tunnels et mélangent la terre dans la métropole du sol. Ce faisant, ils neutralisent le pH du sol, laissant des tunnels chargés de calcium, de nitrates, de mucus, de microbes et de signaux de quorum. Ces canaux créent des voies de passage pour les racines des plantes, l'oxygène et l'eau. Les vers de terre sont les grands alchimistes de la planète, ils ingèrent les ingrédients bruts, combinent les minéraux avec les enzymes et les métabolites afin de produire des aliments riches et assimilables par les plantes. À mon avis, personne ne construit mieux le sol que ces professionnels sous-estimés. Ils travaillent sans relâche depuis 600 millions d'années, façonnant le sol exactement comme le faisaient déjà leurs ancêtres. Dans la magie du monde naturel, les turricules de vers sont parfaitement conçus pour favoriser la santé optimale du sol et des plantes. Le lombricompost est très bénéfiques pour la santé du sol, car il optimise la capacité de rétention d'eau, la texture du sol ainsi que la rétention et la disponibilité des éléments nutritifs. Pour les plantes, le lombricompost stimule la germination des graines, la santé des plantes et la production, au-delà des rêves les plus fous du NPK synthétique, le tout à un coût bien moindre pour les agriculteurs et l'environnement.

Les turricules qu'ils excrètent contiennent une communauté diversifiée de microbes, essentiels à la santé et au rendement des plantes. Ces microbes apportent une multitude de contributions au sol. Pour ne citer que quelques exemples de leurs nombreux avantages, les microbes contenus dans les turricules de vers préviennent les maladies, réduisent les chocs subis par les plantes, avalent les bactéries qui favorisent le gel, stimulent les mycorhizes, décomposent les enrobages cireux et digèrent les éléments difficiles à décomposer. Ils travaillent main dans la main (ou plutôt crotte à racine) en symbiose avec les plantes. Sur le terrain, des apports de turricules de vers solides peuvent apporter des avantages mesurables pendant des années.

Bien qu'il puisse sembler que les vers préfèrent vivre dans des sols fertiles, ce sont en fait les vers eux-mêmes qui rendent le sol fertile. Ils peuvent être présents en grand nombre, attirés par les vibrations et la chaleur créées par l'activité des bactéries, l'un de leurs aliments préférés. Par conséquent, un nombre élevé de vers de terre n'est pas toujours indicatif d'un sol sain et équilibré sur le plan microbien. En règle générale, toutefois, un faible nombre de vers de terre dans un site tempéré est le signe d'une mauvaise gestion du sol. Les produits chimiques tels que le lindane et le 2,4-D tuent les vers de terre. Un sol de qualité moyenne doit contenir au moins 25 vers par bêche, ce qui équivaut à 2,5 millions/ha[77]. Il n'est pas rare de trouver moins de 10 vers par coup de bêche dans les champs cultivés et gérés chimiquement, alors que les paysages bien gérés peuvent en contenir plus de 70. Leur nombre dépend de la température, de l'humidité et du type de sol. Les vers sont étonnamment résistants et sont utilisés pour assainir les sites miniers contaminés[78]. Ce sont des outils puissants pour la biotransformation des métaux lourds, des colorants synthétiques, des toxines et des nanoparticules.

Malgré leur capacité à neutraliser ces toxines, lorsqu'il s'agit du plastique, notre autre cadeau moderne aux futurs paléontologues, les vers sont à court d'idées. Des recherches récemment publiées révèlent que les sols contenant des microplastiques ont un impact sur le rendement des plantes, la structure du sol et freinent la croissance de notre ami le ver de terre[79].

Creuser un trou révèle des indices plus tangibles d'une panne de la digestion, comme la présence de chaume, de "mauvaises" odeurs, de couches grises oxydées à la surface ou de changements brusques de couleur entre les couches de terre arable.

L'analyse de la MO mesure toutes les matières vivantes du sol, pas seulement l'humus et le carbone. L'échantillon peut également contenir du chaume, des racines de plantes et des organismes morts d'une taille inférieure à 2 mm. Si vos sols contiennent des niveaux élevés de matières organiques non décomposées, vous risquez d'obtenir un résultat faussement élevé. Les tests d'humus et de glomaline donnent une meilleure idée de la conversion microbienne des matières organiques brutes en formes d'humus plus stables. Toutefois, ces tests sont moins courants et plus coûteux.

Vous pouvez également demander une analyse du rapport carbone/azote (C/N) pour déterminer si votre carbone est fonctionnel. Dans les sols sains, avec un bon cycle de décomposition, ce test indiquera un ratio C/N compris entre 10:1 et 12:1. Si ce rapport est inférieur à 10:1, cela signifie qu'il y a un excès d'azote dans le système qui brûle le carbone. Un ratio C/N bas peut correspondre à un excès d'azote, à un renouvellement rapide des matières organiques et à une combustion du carbone.

Si le rapport est supérieur à 12:1, le cycle de décomposition de votre sol est bloqué. Cela peut entraîner une accumulation de chaume et à une décomposition plus lente du fumier et des matières végétales. En s'efforçant de décomposer le carbone, les microbes privent les plantes de l'azote dont elles ont besoin. Les rapports C/N élevés sont liés aux combinaisons suivantes : déséquilibres minéraux, pH faible, activités biologiques faibles ou déséquilibrées. Ce sont les sols « constipés ».

Ce test C : N est un indicateur brut de la transformation des matières organiques en humus dans le sol.

Ma première aventure avec les vers composteurs a commencé autrefois à Dunedin, la ville étudiante du sud de la Nouvelle-Zélande. Un ami a gentiment échangé une poignée de vers tigrés (Eisenia foetida) contre un paquet de tomates et de brocolis. Les vers ont élu domicile dans une boîte en plastique et ont été nourris avec les déchets alimentaires de ma studette d'étudiante (ou ce que les Américains appelleraient un appartement, un terme qui ne reflète pas la réalité de ce taudis humide et sans soleil). Malheureusement, le froid et les intempéries ont entraîné une mort misérable pour des milliers d'entre eux et j'ai oublié les vers de compost pendant quelques années. Jusqu'à ce que mon père tombe par hasard sur une annonce concernant la "succession d'une ferme à vers pour cause de décès". Grâce aux contacts noués avec de nombreux éleveurs de vers brillants, dont Thelma et John Williams de Pottsbury Farms (NZ), j'ai créé un lombricompost riche en diversité fongique. Au cours de la décennie suivante, je suis devenue la "dame aux vers" locale, un titre que j'ai accepté à contrecœur, et j'ai mis en place un programme de réduction des déchets ménagers et un programme "Vers à l'école".

Je nourrissais mes vers d'un mélange de fumier de porc et de cheval, de pulpe d'avocat, de carton et de copeaux de bois blancs saupoudrés de chaux fine et d'ajouts légers occasionnels de phosphate naturel et d'algues. Les vers eux-mêmes se nourrissent volontiers de sources alimentaires riches et il est possible de produire un lombricompost uniquement composé de déchets végétaux. Le fumier de bovins est une excellente source de nourriture pour les vers, mais s'il est utilisé seul, le produit final est dominé par les bactéries. En incorporant des copeaux de bois, les champignons entrent en jeu et l'on peut obtenir un produit merveilleusement équilibré. La plupart des lombricomposts disponibles dans le commerce sont dominés par les bactéries. Visuellement, ce lombricompost a une texture fine et si vous le laissez dans un bac à semis dans votre jardin, il fera germer des espèces adventices annuelles primitives. Demandez à un fournisseur de vous communiquer ses tests biologiques. Les élevages de vers à dominante bactérienne rejettent également plus de liquide, ou lixiviat, au fond du bac.

Un élevage de vers parfait ne produit aucun liquide. Cette information est toujours un choc pour les jardiniers amateurs qui collectent avec diligence et fierté ce lixiviat depuis des années. Ce liquide est une combinaison des déchets alimentaires non décomposés qui s'écoulent à travers les turricules des vers. Il peut contenir des maladies et des nitrates. La production de liquide vous indique que votre lit de vers est dominé par des bactéries et que vous avez besoin de matériaux plus riches en carbone, tels que le carton et les copeaux de bois. Des extraits de thé de lombricompost de bonne qualité disponibles dans le commerce (vermiliquid) sont extraits en faisant passer de l'eau à travers le lombricompost fini. Bourrés de signaux de quorum concentrés et de microbiologie dormante, les liquides commerciaux sont d'une belle couleur chocolatée ou dorée. La couleur chocolat des lombricomposts est due aux substances humiques et la couleur dorée aux acides fulviques, deux biostimulants essentiels et promoteurs de la santé des plantes. Ces produits sont stables jusqu'à un an et ne dégagent aucune odeur.

Tout comme pour nos programmes relatifs aux sols, nous souhaitons favoriser autant que possible la diversité dans nos composts et nos lombricomposts. La diversité des intrants, y compris la litière de forêts natives, les poussières de roche, le phosphate naturel et les algues, permettent de nourrir divers microbes bénéfiques, tels que les bactéries solubilisant le phosphate, les bactéries photosynthétiques violettes non soufrées ou les champignons amateurs de calcium. Vous pouvez modifier les sources d'alimentation de vos vers pour produire un inoculant spécifique à vos sols.

J'ai commencé à créer différents lits de vermicompost, en fonction des différents utilisateurs finaux : un produit riche en champignons et en copeaux de bois pour les vergers et un produit équilibré pour les pâturages. Une première expérience m'a fait prendre conscience du potentiel du lombricompost. J'ai planté une seule passiflore dans un sac de 10 kg de lombricompost, sous mon escalier, dans une alcôve en béton. Au cours des trois années suivantes, une vigne trifide a grimpé sur les rampes et a produit des fruits en abondance. Tout cela à partir d'un petit sac de lombricompost ! Par rapport aux engrais synthétiques, les avantages du lombricompost sont beaucoup plus étendus et durables, sans conséquences négatives inattendues.

Les premiers résultats obtenus avec les avocats, les espèces des zones humides et les pâturages rivalisent avec n'importe quel produit fertilisant emballé, et je ne suis pas la seule à le penser. Le professeur Clive Edwards de l'université de l'Ohio a déclaré en 1995 : "le lombricompost surpasse tous les engrais commerciaux que je connais". Les travaux du Dr David Johnson démontrent cet effet sur les rendements grâce au bioréacteur BEAM. Cette méthode incorpore des vers pour compléter le cycle de compostage et, comme il l'a montré, une petite quantité suffit.

Bon nombre de mes programmes de régénération incluent le vermicompost comme stimulant pour tous les bénéfices susmentionnés. Sous forme d'extrait, nous l'utilisons à des doses minuscules de ½ à 2 kg/ha et nous constatons en surface des retours importants quant à la densité, la diversité et la qualité des plantes. Ce que j'ai trouvé fascinant, c'est la façon dont les paysages semi-arides réagissent à des épandages minimes. Dans les environnements biologiquement actifs, qui ont déjà une bonne teneur en matière organique et une bonne pluviométrie, des doses plus élevées d'extraits de vers peuvent s'avérer nécessaires. En Nouvelle-Zélande, nous utilisions 700 kg de vermicompost solide dans l'horticulture (600 kg/ha) et 20 kg sous forme de lisier dans les élevages de moutons et de bovins.

L'organisation d'ateliers sur les bienfaits de la santé des sols m'a amenée à aller plus loin. En conséquence, j'ai cessé de passer du temps dans mon propre jardin. Un jour, alors que je m'engageais dans mon allée, j'ai aperçu la silhouette bien reconnaissable du grand Joel Salatin de la ferme Polyface, avec ses bretelles et son chapeau de cow-boy. Il se tenait au milieu des restes pathétiques d'un potager raté, le mien. Ce fut un moment d'horreur et une formidable motivation pour agir ! J'avais stocké 20 mètres cubes de lombricompost destinés à la ferme. Le lendemain, j'ai loué une houe rotative pour préparer le sol et épandre le lombricompost directement sur le sol, sur une épaisseur de 30 cm.

Mue par une motivation encore intacte, je me suis mise à planter frénétiquement ; Heureusement, le lombricompost prêt à l'emploi ne brûle pas les plantes, même les plus délicates. Le lombricompost contient des hormones, des enzymes, des vitamines et des antibiotiques qui réduisent le stress et les chocs subis par les plantes, ainsi que des organismes qui s'attaquent à de nombreuses maladies courantes des racines et des plantes[80].

Au cours des années suivantes, ce jardin a produit de délicieux aliments à forte teneur en nutriments et à indice Brix élevé. Aujourd'hui, je vis en permanence sur la route avec mon cheval et mon van, ce que j'adore, mais le jardinage est devenu un rêve reporté au moment où j'aurai à nouveau des murs, des portes et un toit.

Un aspect fascinant de l'application du vermicompost est qu'il incite les vers de terre à venir s'y nourrir et s'y reproduire. Les vers de compost et les vers de terre ne vivent pas dans les mêmes environnements. Il existe une grande diversité d'espèces de vers de terre qui travaillent à différentes profondeurs du sol, vaguement regroupées selon leur mode de fonctionnement dans le sol : épigés, anéciques et endogés. Vous trouverez des vers de compost dans le fumier et la litière profonde, qui ne sont pas officiellement des "vers de terre". Ils peuvent cependant se déplacer dans la couche supérieure du sol, à la recherche de riches ressources alimentaires ; ce sont les vers épigés (en grec, "sur la terre").

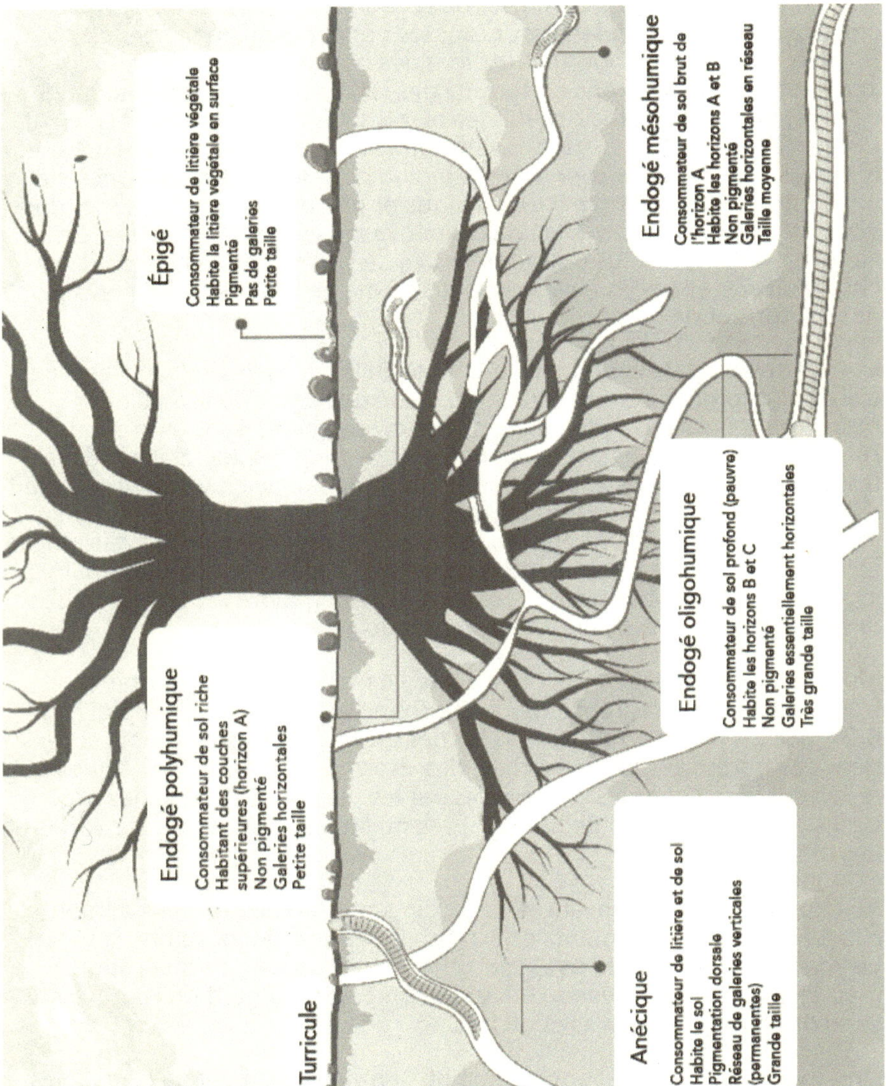

Image : Différents groupes de vers et l'endroit où ils vivent dans le sol. Adapté de "How do earthworms affect microfloral and faunal community diversity ?" (Comment les vers de terre affectent-ils la diversité de la microflore et de la microfaune ?[81])

Les vers anéciques ("ascendants") travaillent en profondeur dans le profil du sol, créant souvent des galeries qui descendent directement sur plus de 1,80 m, remontant les dépôts riches en minéraux et charriant les matières organiques vers le bas. Ils sont reconnaissables à leur grande taille et à leur tête foncée ; ce sont généralement les espèces préférées des pêcheurs. Les endogés ("à l'intérieur de la terre") remontent rarement à la surface. Ils travaillent horizontalement, ingèrent de la terre et laissent leurs turricules dans les terriers derrière eux. Ces espèces sont généralement petites et peu colorées. Comme pour tout ce qui participe à la régénération, la diversité est toujours bonne.

On ne trouve pas de vers de terre dans les déserts ou sous les calottes glaciaires, mais je ne cesse de m'étonner des endroits où on les trouve - dans les environnements secs et dans la glace. En creusant des trous dans une ferme couverte de buissons près de Wellington, en Nouvelle-Zélande, nous sommes tombés sur des dizaines de vers blancs de la longueur d'une règle avec des steaks violets brillants..

En sectionnant accidentellement l'un d'entre eux avec une bêche, j'ai vu qu'ils émettaient un liquide jaune bioluminescent. J'ai cru que nous avions découvert une nouvelle espèce extraterrestre punk ! En faisant quelques recherches, j'ai découvert que les peuples autochtones connaissaient bien sûr son existence depuis des siècles et qu'elles l'utilisaient comme appât pour attirer les poissons qui se nourrissent la nuit. En creusant des tranchées au Texas avec John Locke, éleveur de taureaux Brahman sur des pâturages régénératifs, la pelleteuse a révélé des scènes apocalyptiques en déterrant et en exposant des centaines de vers se tortillant, qui mesuraient jusqu'à 60 cm de long ! Ces vers étaient impressionnants, mais pas tout à fait à l'échelle des vers de terre géants du Gippsland australien. Je n'ai jamais eu l'honneur de voir, ou même d'entendre ces géants se frayer un chemin dans le sol. Mesurant jusqu'à 3,50 m, ils sont encore plus grands que la variété texane.

De nombreux vers pastoraux importants sont européens, adaptés à une longue histoire agricole. Beaucoup de ces espèces ont été introduites accidentellement dans de nouvelles contrées à partir du ballast de terre des navires. Certaines régions du monde sont naturellement pauvres en grands vers de terre anéciques vivant en profondeur, tels que les vers de nuit ou vers de rosée (Lumbricus terrestris) et mon préféré, le ver à tête noire (Aporrectodea longa). Ces grands ingénieurs du sol ont été transportés à travers les continents pour servir d'appâts de pêche. D'autres ont été volontairement introduits dans des mottes de terre pour augmenter la production des pâturages en Tasmanie et en Nouvelle-Zélande.

Dans certains endroits, les vers de terre peuvent être considérés comme des nuisibles, en particulier chez les producteurs de gazon, avec leur substrat de sable coûteux et soigneusement entretenu, et dans les greens de golf, où les turricules de vers perturbent un score de putting parfait. Certains des produits chimiques résiduels les plus nocifs comme le chlordane et l'endosulfan ont été utilisés sur les pelouses et les cours d'école pour lutter contre les vers de terre ; heureusement, la sensibilisation du public aux risques de ces produits chimiques toxiques pour l'environnement et la santé humaine a conduit à leur interdiction. Aux États-Unis, le chlordane est toujours fabriqué, mais il ne peut être vendu qu'à des pays dont la législation environnementale est plus laxiste. Si vous aimez tuer des vers de terre, vous n'êtes peut-être pas le public visé par ce livre. En revanche, vous connaissez peut-être quelqu'un qui n'aime pas l'activité des vers de terre et les conseils qui suivent pourraient vous être utiles. L'une des raisons pour lesquelles les gens tuent les vers de terre dans les pelouses, c'est qu'ils déposent des turricules grumeleux. Souvent, ces dépôts sont concentrés en argile et en magnésium, ce qui les rend durs. Dans ce cas, le gypse et le calcaire fin sont d'excellents outils. En ce qui me concerne, je préfère supprimer la pelouse de concours "parfaite" plutôt que d'empoisonner mes vers de terre... et ma communauté. Dans les forêts du nord de l'Amérique du Nord qui, jusqu'à il y a 11 700 ans, étaient recouvertes de glaciers, les vers de terre ont gelé ou ont migré vers le sud. Depuis que les glaciers se sont retirés trop vite pour que les vers reviennent, les forêts ont évolué et se sont adaptées sans les vers de terre. Il leur a fallu du temps et quelques interventions humaines, mais les vers de terre remontent maintenant vers le nord. À leur retour, ils nettoient les feuilles mortes, mangent et répandent les graines, perturbant ainsi les écosystèmes forestiers modernes. Les vers de terre sont les principaux moteurs de la germination des plantes, ce qui modifie la dynamique des forêts. Les partisans de la restauration naturelle s'insurgent contre l'invasion des vers de terre. Personnellement, je pense que la "restauration naturelle" n'existe pas : il n'y a pas de retour en arrière possible. Nous autres humains avons perturbé tous les écosystèmes de la planète, et ces systèmes sont en train d'établir de nouvelles relations dynamiques avec ce que le professeur Fred Provenza appelle les "nouveaux indigènes".

Dans les environnements plus chauds et plus secs, ce sont les fourmis et les termites qui jouent le rôle des vers de terre. Ce sont les collecteurs de déchets de la nature qui rapportent les matières organiques dans leur maison, aèrent le sol et favorisent le cycle de l'eau. En augmentant l'infiltration de l'eau et en réduisant l'érosion, ces insectes aident les producteurs à accroître leur résilience. La plupart des gens négligent ces avantages essentiels, ignorant la course fébrile des insectes qui circulent dans leur maison. Prenez un peu de recul et vous verrez qu'autour des nids d'insectes les plantes poussent plus densément et arborent un vert plus intense.

Les termites pourraient jouer un rôle clé dans la lutte contre la désertification, en créant des "points chauds" pour la biodiversité, l'humidité et les nutriments[82]. Lorsqu'ils construisent leurs systèmes de galeries complexes, les termites stabilisent les parois avec leur mucus et leurs excréments. Ce matériau est riche en matière organique et en microbes, y compris les fixateurs d'azote. À l'intérieur du ventre d'un termite on trouve l'une des plus fortes concentrations microbiennes de la nature. Ces ruminants miniatures contiennent des bactéries et des protozoaires qui aident les termites à décomposer ce que d'autres ne peuvent pas faire : le bois, la cellulose, le lichen et la poussière. Contrairement aux vaches, qui rejettent du méthane, les termites pètent plus que n'importe quel autre organisme sur la planète, fournissant ainsi une riche source de nourriture aux bactéries qui raffolent du méthane (méthanotrophes).

Plus il y a d'espèces de fourmis et de termites, mieux c'est, car chaque espèce joue un rôle différent dans un écosystème. Des études comparant divers sites dans des champs de blé, avec et sans fourmis, ont montré une augmentation de 36 % du rendement là où les fourmis étaient présentes, en raison de l'augmentation de l'azote, de l'activité microbienne et d'une meilleure infiltration de l'eau[83]. De nombreuses espèces luttent efficacement contre les parasites en mangeant d'autres insectes et leurs œufs.

A l'époque où les Égyptiens ont commencé à construire les pyramides de Gizeh, un groupe de termites du nord-est du Brésil se mettait au travail. Leurs constructions sont visibles depuis l'espace et des calculs effectués en 2018 montrent que la superficie couverte par leurs monticules interconnectés est à peu près équivalente à celle de la Grande-Bretagne ! Le volume de terre excavé par ces minuscules insectes pourrait permettre à la construction de 4 000 pyramides ! À ce jour, la reine de cette ville impressionnante n'a pas encore été découverte.

Bienfaits des vers de terre

- Améliorent l'absorption de l'eau et préviennent l'érosion.

- Réduisent les risques de glissements de terrain - augmentent la stabilité hydrique du sol. Les turricules de vers de terre peuvent être touchés directement par une goutte de pluie et conserver leur forme. Une particularité qui réduit l'érosion et le ruissellement, et aide donc le sol à absorber l'eau.

- La présence de vers de terre dans le sol augmente considérablement ses capacités d'infiltration et de rétention de l'eau. Une étude menée dans des champs de maïs du Minnesota a démontré que les vers de terre multipliaient l'absorption de l'eau par 35 en comparaison des champs-témoins dépourvus de vers de terre. La présence de 100 lombrics par mètre carré, permet au sol d'absorber 50 mm d'eau en 12 minutes, contre 12 heures sans vers de terre.

- Si le premier mètre de sol contient plus de 25 % de macropores (galeries de vers de terre), ce sol devrait être capable d'absorber au moins 220 mm de pluie avant de ruisseler ou de former des mares.

- Les études portant sur les effets de l'introduction de vers de terre dans les sols des pâturages montrent une augmentation immédiate de la productivité, généralement de l'ordre de 70 %.

Les régénérateurs aiment exhiber leurs vers de terre et leurs bousiers comme des distinctions honorifiques. Les anciens Égyptiens vénéraient le bousier comme le Dieu de la création et de la renaissance. Cet amour des bousiers est justifié ; ces bulldozers machos du sol ont un impact direct sur la quantité et la qualité de l'herbe, ce qui est bénéfique pour la santé des animaux, leurs performances et bien plus encore.

Creuser des trous autour et en dessous d'une bouse de vache peut être extrêmement révélateur du nombre et des types de bousiers à l'œuvre. Il existe environ 6 000 espèces de bousiers, regroupées en fonction de leurs activités comme foreurs de galeries, habitants ou rouleurs. Les premiers signes visuels de l'arrivée des bousiers sont les séries de trous creusés dans le fumier ; c'est là que l'on trouvera les habitants en train de travailler avec leurs petits.

Globalement, le type le plus commun est le scarabée creuseur de galeries, dont le travail se manifeste par la formation de monticules de terre de différentes couleurs encerclant un tas de fumier. Ces tunneliers creusent dans le profil du sol et transportent leurs précieuses boules de bouse à 20 cm de profondeur, afin de pondre un œuf dans chacune d'elle. La séquence en accéléré de la frénésie alimentaire des bousiers et de la bouse qui semble bouillir sous leurs pattes peut être un captivant spectacle.

Les rouleurs, quant à eux, font rouler leur délicieux casse-croûte loin du tas principal, pour l'enterrer avec un œuf ou pour le manger plus tard. Ils peuvent déplacer une masse pesant plus de mille fois leur poids -- un effort comparable à celui d'un humain traînant une baleine bleue. Enfant, je me souviens avoir vu David Attenborough s'extasier devant deux rouleurs géants, la tête en bas et la queue en haut, se disputant des excréments d'éléphants. Revoir ces rouleurs me remplit encore de nostalgie.

Les bousiers adultes diffèrent des larves dans leurs habitudes alimentaires et leurs pièces buccales. Les adultes ont des appareils buccaux filtrants, plus adaptés à l'aspiration de liquides et à la consommation de microbes, tandis que leurs larves sont des mâcheurs, avec des mandibules qui peuvent broyer les fibres les plus dures de la masse d'excréments. Les bousiers adultes sont de bons parents, nourrissant souvent leurs bébés jusqu'à ce qu'ils atteignent la maturité et quittent le terrier. De nombreuses femelles ne pondent que 15 à 30 œufs au cours de leur vie, ce qui présente l'avantage de favoriser le succès de la génération suivante, mais cela signifie également que les populations de bousiers peuvent mettre des années à se rétablir quand elles ont été perturbées.

Dans tout environnement où vivent des animaux qui font des crottes, il existe un compagnon ramasseur de crottes, à l'exception de la Nouvelle-Zélande. Lorsque les premiers Polynésiens sont arrivés, il n'y avait pas de mammifères, à l'exception de quelques chauves-souris. Au lieu de cela, l'environnement insulaire abritait une grande variété d'oiseaux occupant toutes les niches écologiques, des petits troglodytes de la taille d'une souris aux troupeaux de Moa (3 mètres de haut) ressemblant à des élans, sans oublier un prédateur géant appelé Pouakaia ou aigle de Haast. Lorsque les Européens sont arrivés, les Māori racontaient l'histoire d'un oiseau géant qui plongeait du ciel et enlevait les enfants. Bien entendu, ces histoires étaient considérées comme des fables, jusqu'à ce qu'en 1871, on découvre les ossements d'un aigle mesurant 3 m d'envergure. Pouvant peser jusqu'à 15 kg, le Pouakai était jusqu'à deux fois et demie plus lourd qu'un pygargue à tête blanche, avec des griffes aussi larges que celles d'un tigre. Son attaque en piqué a été comparée à l'impact d'un bloc de béton lancé d'un immeuble de 8 étages[84]. Leurs proies, les moas, pouvaient peser jusqu'à 230 kg, ce qui nécessitait une puissante collision pour les faire tomber. Après la suppression de sa principale source de nourriture par les Māori dans les années 1400, ce prédateur géant n'a survécu que dans les histoires d'horreur racontées à l'heure du coucher.

Ce n'est qu'à la fin du XVIIIe siècle que les ongulés (animaux à sabots) ont débarqué pour la première fois en Nouvelle-Zélande. Personne n'avait songé à inviter leurs partenaires de traitement des excréments. Les petits bousiers indigènes adaptés au guano des oiseaux ont été littéralement submergés par les 100 millions de tonnes de fumier qui se déversent sur les paysages néo-zélandais chaque année. Le pays dispose de l'un des systèmes de sécurité frontalière les plus stricts au monde, ayant appris à ses dépens les incursions dévastatrices - accidentelles ou intentionnelles - de rats, lapins, opossums, wallabies, fourmis et araignées. Par conséquent, le processus de réunification des ongulés néo-zélandais avec leurs compagnons bousiers a été long. En 1956, un lâcher d'une seule espèce de bousier mexicain a connu un certain succès. Cependant, les bousiers n'ont pas été très loin. L'approbation de 11 espèces en 2011 a suscité un engouement national, les agriculteurs dépensant des milliers d'euros pour acheter des boîtes de crème glacée contenant des coléoptères.

Une fois les boîtes de coléoptères achetées, il faut s'assurer de leur survie. Il n'est pas toujours facile de trouver de la documentation sur les produits chimiques qui sont sans danger pour les bousiers. Certains pesticides tuent les adultes, d'autres n'annihilent que les jeunes, d'autres encore réduisent la ponte, tandis que la plupart créent un environnement que les bousiers éviteront. Ce n'est pas parce qu'un vermifuge est "bio" qu'il sera toujours sans danger pour ces insectes. Les pyrèthres naturels[85] et l'ail, par exemple, peuvent être liés à des réductions de la diversité des bousiers.

Certains anthelminthiques (vermifuges) sont éliminés dans l'urine, comme l'albendazole et le lévamisole, avec un impact réduit sur les bousiers. Toutefois, le bien-être du réseau trophique du sol reste potentiellement menacé. Il est préférable d'éviter les organophosphorés en pulvérisations ou en bolus de longue durée, ainsi que les produits tels que l'Abamectine, qui tue 100 % des larves de bousiers. Il faut également tenir compte du fait que l'ivermectine, lorsqu'elle est administrée en bolus, peut empoisonner mortellement les bousiers durant les quatre mois qui suivent le traitement[86]. De nombreux intrants chimiques ont un impact direct et indirect sur des espèces non ciblées, telles que les oiseaux, les chauves-souris et les mouches prédatrices super-bénéfiques des bouses. Comme pour de nombreux produits chimiques, il peut y avoir des réactions différées et des effets non létaux difficiles à évaluer. En Nouvelle-Zélande, la propagation des bousiers à partir de leurs sites d'origine se concentre principalement sur les fermes qui ont banni les intrants chimiques.

Dans le monde entier, la résistance aux anthelminthiques est en augmentation, en raison de l'utilisation excessive et abusive des médicaments antiparasitaires. Selon Nick Sangster, responsable de programme pour Meat & Livestock Australia, "presque tous les anthelminthiques standard ont cessé d'agir contre les parasites du mouton"[87]. Les nouveaux médicaments, les associations de molécules et l'augmentation de l'administration des vermifuges sont autant de mesures de court terme.

Jules Matthews, un membre-clé de l'équipe de coaching d'Integrity Soils, utilise plusieurs stratégies efficaces pour sevrer les entreprises agricoles de l'engrenage des traitements chimiques. Jules a passé des décennies à pratiquer l'élevage et l'agriculture en Amérique et en Nouvelle-Zélande. Elle a suivi une formation en Stratégie Holistique en 1980. Elle est l'une des gestionnaires de prairie les mieux informées que j'ai rencontrées. Sa capacité à accroître les performances des agneaux et la capacité de charge dans des systèmes de pâturage diversifiés et à rotation plus longue est une compétence dont rêvent de nombreux producteurs. L'une des stratégies recommandées par Jules pour réduire les besoins en anthelminthiques consiste à traiter différemment les jeunes animaux et les animaux adultes. Il n'est pas nécessaire de surtraiter les animaux les plus âgés. À mesure que le bétail vieillit, "il développe une capacité naturelle de résistance aux parasites". Il est en revanche important de surveiller les jeunes animaux après le sevrage. Sans l'immunité fournie par le lait maternel, ils peuvent être plus sensibles aux parasites jusqu'à ce qu'ils développent leur propre résistance. Il arrive que les animaux soient plus stressés, en particulier à la fin de la grossesse et au début du vêlage, et c'est alors qu'ils sont les plus vulnérables aux parasites. Soutenez ces animaux en veillant à ce qu'ils aient accès à des minéraux et réduisez le stress autant que possible au moment du sevrage.

En général, les pertes de production dues aux parasites trahissent des problèmes nutritionnels, du stress ou des animaux ayant une faible résistance naturelle. Certains animaux peuvent avoir été élevés pour être performants dans des systèmes à forte consommation d'intrants ou dans des parcs d'engraissement. Cependant, si le bétail continue à être infesté dans un système à faible consommation d'intrants, il doit être retiré de vos programmes d'élevage ou de finition.

Jules préconise un suivi régulier et le recours au traitement vermifuge uniquement en cas de besoin, afin d'éviter tout problème de santé majeur pour le bétail. Il est important de procéder à une numération fécale des œufs. "Si vous traitez un animal sur la base de symptômes visuels, vous avez largement dépassé le stade où vous auriez dû traiter le problème", explique M. Jules. Si des anthelminthiques doivent être utilisés, une stratégie de régénération consiste à laisser un refuge aux bousiers. Pour ce faire, il suffit de ne pas traiter au moins 20 % du troupeau à un moment donné, afin que les populations de bousiers puissent se maintenir. Pendant la période de rétention, sacrifiez une zone pour y parquer les animaux pendant que les traitements sont les plus actifs. Cela permettra de réduire l'impact sur l'ensemble du paysage. Ces zones sacrifiées peuvent ensuite faire l'objet d'un programme de réhabilitation, afin de neutraliser les effets toxiques de long terme sur votre cheptel microbien.

À Prospect Farms, en Australie occidentale, les Haggerty n'utilisent plus d'anthelminthiques depuis près de 20 ans. Leurs moutons mérinos font partie intégrante de la ferme, car ils luttent contre les mauvaises herbes et répandent de précieux microbes sur leurs terres. La race mérinos est un mouton à laine fine originaire de l'Espagne semi-aride. Lorsque les mérinos ont été introduits pour la première fois en Australie, ils ont immédiatement prospéré dans le climat sec des pâturages nomades. Ils sont devenus grands et costauds (un peu comme Ian Haggerty !) et ont produit presque deux fois plus de laine que leurs homologues néo-zélandais.

Ian appelle les mérinos de Nouvelle-Zélande des "nains", en raison de leur morphologie plus compacte, bien mieux adaptée à la vie plus fraîche des montagnes. Des siècles de sélection génétique chez les mérinos ont donné les meilleurs producteurs de laine, mais certains traits génétiques ont été sélectionné ou écartés, comme la qualité des sabots et les capacités maternelles. Sous la poigne ferme de Di, leurs moutons ont été naturellement sélectionnés pour éviter la plupart de ces inconvénients. Les Haggerty ne soumettent pas leurs moutons au mulesing. Cette pratique consiste en l'ablation chirurgicale de bandes de peau autour dans la zone périanale d'un mouton, une pratique courante dans les élevages de mérinos. Les mérinos ont une peau et une laine douces et plissées autour des fesses qui peuvent retenir les matières fécales et l'urine, attirant ainsi les mouches. Comme le savent tous ceux qui ont eu à faire face à une attaque de mouches, il s'agit d'une affaire compliquée pour tous. Les consommateurs étant de mieux en mieux informés des pratiques agricoles, le mulesing est aujourd'hui sous le feu des critiques.

Di est-elle cruelle de ne pas pratiquer le mulesing ? Au contraire, son couple n'a pas les problèmes de mouches qui affectent de nombreux autres producteurs locaux. Avez-vous déjà remarqué que certaines bêtes d'un troupeau attirent plus de mouches que d'autres, ou qu'un de vos moutons court autour d'un champ, pourchassé par un essaim ? Les mouches sont attirées par l'odeur de la mort et de la décomposition. Leur présence révèle des problèmes nutritionnels associés à des acides aminés libres, à une faible teneur en soufre et au stress (qui ressemblent étrangement aux signaux émis par des plantes malsaines, attirant les parasites des plantes). Grâce à une alimentation plus équilibrée et à une gestion biologique du sol, ces acides aminés libres peuvent être transformés en protéines de qualité.

Image : Les béliers mérinos de Prospect Farms. Crédit : Di Haggerty

Le bétail est porteur d'une grande variété de microbes dans ses intestins. Lorsqu'on utilise des produits chimiques et que l'on donne aux bêtes des aliments de mauvaise qualité, ces communautés microbiennes sont impactées négativement. Les Haggerty ont constaté qu'en évitant les traitements chimiques et en utilisant des animaux élevés sur leurs propres terres, le retour à la santé des sols sur les terres nouvellement louées est plus rapide. Les animaux élevés chez eux inoculent les terres avec des champignons, des bactéries et des protozoaires bénéfiques issus des traitements du sol. Comme ils ont amélioré la qualité des cultures, l'accumulation de chaume n'est plus un problème. Regarder de l'autre côté des clôtures est toujours instructif : les parcelles voisines ont des chaumes gris et secs, et les moutons s'y promènent sans enthousiasme, dans l'espoir de trouver une mauvaise herbe à manger. Chez les Haggerty, les tiges sont d'un jaune éclatant et le pâturage doit être géré avec soin afin de laisser une couverture végétale pour protéger les sols de la chaleur estivale et du vent. C'est l'inconvénient d'un système où les résidus se décomposent trop rapidement. Heureusement, les herbes indigènes qui ont dormi longtemps reprennent vie ; si les pluies d'été arrivent, la ferme aura des racines vertes vivantes toute l'année.

En 2017, Jono Frew, un agriculteur de grandes cultures de 30 ans, a quitté une entreprise familiale d'épandage de produits chimiques pour travailler à la ferme de Harts Creek, près de Christchurch. Harts Creek a été l'une des premières exploitations néo-zélandaises certifiées bio (1986) et, aujourd'hui, elle est l'un des principaux producteurs de semences potagères, de légumes frais, de cultures spécialisées et de moutons. Jeté dans le grand bain, Jono s'est passionné pour les systèmes régénératifs. Il a pris conscience que la diversité n'est pas synonyme de concurrence entre les plantes. On lui avait fait croire que la multiplication des espèces végétales augmentait la concurrence et réduisait le potentiel de croissance des cultures. Ce qu'il a vu à Harts Creek, c'est le contraire : le sous-semis d'orge au stade deux feuilles, avec des mélanges multi-espèces à dix composantes, a surpassé les monocultures d'orge. Cette prise de conscience choquante l'a incité à multiplier les expériences et à remettre profondément en question les méthodes traditionnelles.

Lors d'une expérience avec des agneaux, l'équipe a augmenté la diversité des pâturages et nourri les agneaux avec des humates à volonté. Elle a suivi cette rotation des pâturages avec des bovins. Comme c'est le cas pour notre propre alimentation, la diversification du fourrage produit une diversité de microbes intestinaux, ce qui améliore la santé et les performances de l'animal. De nombreuses espèces végétales ont une forte teneur en tanins, en lactones sesquiterpéniques, en glycosides phénoliques et d'autres propriétés anthelminthiques naturelles. Jono a toujours adapté les traitements vermifuges aux besoins. Harts Farm effectue des comptages d'œufs dans les fèces pour apprécier la nécessité d'une intervention. La première année, aucun agneau n'a eu besoin de traitement. Ce n'était pas un objectif que Jono s'était fixé, mais plutôt un effet secondaire bénéfique de l'apport d'espèces végétales dotées de capacités vermifuges naturelles et de riches sources de minéraux.

Pour accélérer votre programme de régénération, les anthelminthiques chimiques doivent être utilisés avec parcimonie ou, idéalement, évités. Pendant la période de transition, il est préférable de soutenir le bétail à l'aide de minéraux et de solutions vermifuges biologiques afin de favoriser le bien-être des animaux. Personnellement, je préconise l'utilisation du mélange Pat Coleby[88] associé à des humates à volonté qui renforcent les populations de bousiers au lieu de les détruire.

Plantes anthelminthiques naturelles

Les plantes ayant des propriétés parasitaires naturelles comprennent des plantes fourragères telles que : *Erysimum cheiranthoides, Spigelia marilandica, Portulaca oleracea, Cichorium intybus et Plantago lanceolata* ; des légumineuses telles que le lotier corniculé (*Lotus corniculatus*), le sainfoin (*Onobrychus viciifolia*), le sulla (*Hedysarum coronarium*) et le lotier des fanges (*Lotus pedunculatus*) ; ainsi que des espèces arbustives fourragères telles que le saule (*Salix spp*), le noyer noir (*Juglans nigra*), le chêne (*Quercus spp*) et le trèfle des Canaries (*Dorycnium rectum*).

Dans le ranch 2 lazy 2 de Steve Charter dans le Montana, quelques semaines après la première application de vermicompost, de poisson et de mélasse, les bousiers sont arrivés en grande pompe. De mémoire de Steve, on n'avait jamais vu de bousiers dans son ranch. Dans les secteurs éloignés de la parcelle d'essai et avant 2014, la décomposition du fumier pouvait prendre jusqu'à quatre ans. Cinq ans plus tard, un contrôle a révélé la présence de 9 espèces différentes et de 700 insectes coprophages dans une seule bouse ! En fonction du niveau d'humidité, le fumier du ranch se décompose désormais en quelques jours, voire quelques semaines. Quelques minutes après que la bouse ait touché le sol, l'équipe de nettoyage arrive en masse. Dans cet environnement semi-aride à teneur limitée en carbone, où la décomposition est lente, les bousiers constituent un outil précieux pour le ranch et pour la planète. Leur action joue un rôle essentiel dans la réduction des émissions de gaz à effet de serre, en augmentant le stockage en profondeur du carbone dans le sol et en réduisant les émissions de méthane de 12 %. En engloutissant et en enfouissant les ressources alimentaires, les bousiers réduisent la prolifération des mouches nuisibles et des parasites. Ce qui présente l'avantage supplémentaire d'augmenter l'efficacité du pâturage, puisque les zones souillées sont de moins en moins évitées, ce qui permet aux éleveurs de réduire leurs coûts et d'augmenter le nombre de têtes de bétail.

Soutenez votre cheptel de surface et votre cheptel souterrain

Pour accélérer vos progrès, arrêtez de tuer votre équipe de nettoyage !

La culture, les anthelminthiques, les insecticides à base de carbamate et les fongicides sont tous nuisibles. Évitez d'utiliser des produits chimiques à longue durée de vie.

Si les résidus de culture sont lents à se décomposer, pulvérisez un accélérateur de digestion.

Prenez en compte les six principaux ingrédients nécessaires à la digestion microbienne : l'air, l'eau, le sucre, le Ca et un peu de N et de P.

Optimisez la couverture végétale, introduisez des matériaux organiques. Les bio-stimulants tels les vermifuges liquides, les algues liquides et le poisson nourriront les bactéries et les champignons dont les vers de terre et les insectes raffolent.

Si vous utilisez des anthelminthiques, créez un refuge pour les bousiers et autres insectes en vous abstenant de traiter au moins 20 % de votre bétail. Réservez-leur des zones sacrifiées pendant les périodes de rétention des produits chimiques.

Réduisez le stress des animaux pendant les manipulations, la sécheresse, le sevrage et le vêlage. Fournissez-leur des abris. Adoptez de bonnes pratiques de rotation des pâturages, en évitant le surpâturage ou la stabulation fixe.

Elevez un cheptel diversifié.

Le fourrage doit être varié ; de nombreuses herbes et arbustes fourragers ont des propriétés anthelminthiques naturelles.

Soutenez les animaux sur le plan nutritionnel, en leur fournissant des minéraux et des humates, des suppléments et des probiotiques.

9

Transitions à haut niveau d'intrants

"Si vous souhaitez obtenir de petits changements dans votre vie, travaillez sur votre attitude. Mais si vous voulez des changements importants et majeurs, travaillez sur votre paradigme."

- Stephen Covey

On nous assure que les engrais sont simples. Lorsqu'une plante pousse, elle puise des nutriments dans le sol, nutriments qui sont éliminés lorsque vous la récoltez, vendez le lait de votre chèvre ou emmenez des bœufs à l'abattoir. C'est du moins ce que l'on dit aux producteurs et aux agronomes depuis que Liebig a réalisé son premier test NPK (azote, phosphore, potassium) sur les plantes. Il est vrai qu'il existe de nombreuses preuves de cette affirmation sur le terrain. Sans engrais, de nombreux producteurs de foin constatent une baisse des rendements et une augmentation des sols nus chaque année. Les producteurs laitiers produisent moins de lait et les éleveurs voient leurs capacités de chargement réduites. Tout cela est logique. Au fait est-ce vraiment si logique ?

Des calculs clairs nous donnent un sentiment de sécurité, de maîtrise et une certaine tranquillité d'esprit. Et ces calculs se vérifient dans l'agriculture conventionnelle. 40 kg de Phosphore ont été prélevés par les cultures, il faut donc remplacer ces 40 kg. Un agronome peut prédire un rendement sur la base de l'ajout de 200 kg d'azote, pour autant qu'il ne soit pas perturbé par la sécheresse ou la grêle, les insectes ou les maladies. Nombreux sont ceux qui attribuent aux engrais NPK les progrès spectaculaires de la révolution verte du siècle dernier, mais ils n'expliquent pas tout. Ces augmentations de rendement sont dues à plusieurs facteurs, notamment l'irrigation de nouvelles terres, la création de nouveaux cultivars, l'utilisation de machines et l'accès au crédit. Plus de 70 % des cultures de riz et de blé, principales cultures céréalières, sont composées de variétés à haut rendement, un facteur qui, à lui seul, a permis de doubler la production[89].

Les bénéfices pour les producteurs sont mitigés, car ces méthodes de culture exigent davantage d'investissements dans les infrastructures, les machines et les terres. Au fil du temps, les prix des intrants ont augmenté et le rendement des cultures céréalières, qui inondent désormais les marchés, a chuté. Les agriculteurs canadiens ne sont pas plus rentables qu'ils l'étaient en 1970 (voir le graphique de la page suivante) et le Canada n'est pas le seul dans ce cas. En raison de la baisse des marges bénéficiaires, de nombreux agriculteurs ont été confrontés au dilemme "s'agrandir ou abandonner", et leurs enfants ont fui vers les villes. Aux États-Unis, plus de 73 % des petites communautés rurales se réduisent, car les départs sont plus nombreux que les arrivées, un phénomène que l'on retrouve dans l'ensemble des pays développés. Ce qui a augmenté pour les agriculteurs, c'est l'endettement. En Nouvelle-Zélande, la dette rurale a atteint l'équivalent de 35 milliards d'euros. C'est beaucoup pour un pays qui compte environ 53 000 entreprises agricoles. L'endettement, les longues heures de travail et le stress sont le lot quotidien de nombreux travailleurs agricoles. Cela me brise le cœur de penser que ceux qui ont les mains dans la boue et la poussière, dans le froid extrême, la chaleur et l'humidité, reçoivent moins sur leurs produits que l'épicier, le boulanger ou l'empaqueteur. Lorsque vous achetez une baguette de pain, la quasi-totalité de ce que vous payez va aux intermédiaires. Aux États-Unis, cette saison, un éleveur va perdre de l'argent sur un bœuf qu'il a élevé et fini pendant deux ans, alors que l'abattoir-transformateur gagne 450 à 500 dollars par animal. Les agriculteurs et les éleveurs ne peuvent plus accepter de se voir ainsi imposer leurs prix ; cela sonnerait le glas de ceux qui nourrissent la société.

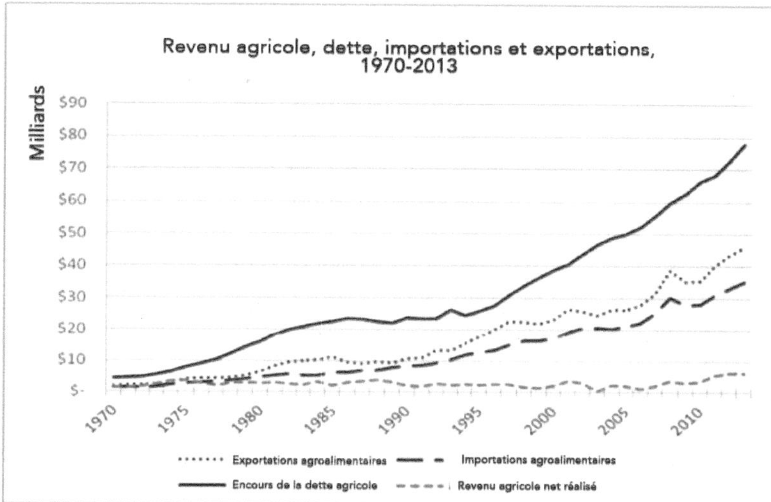

Graphique du revenu agricole canadien, de la dette, des importations et des exportations 1970-2013. Source : Statistique Canada.

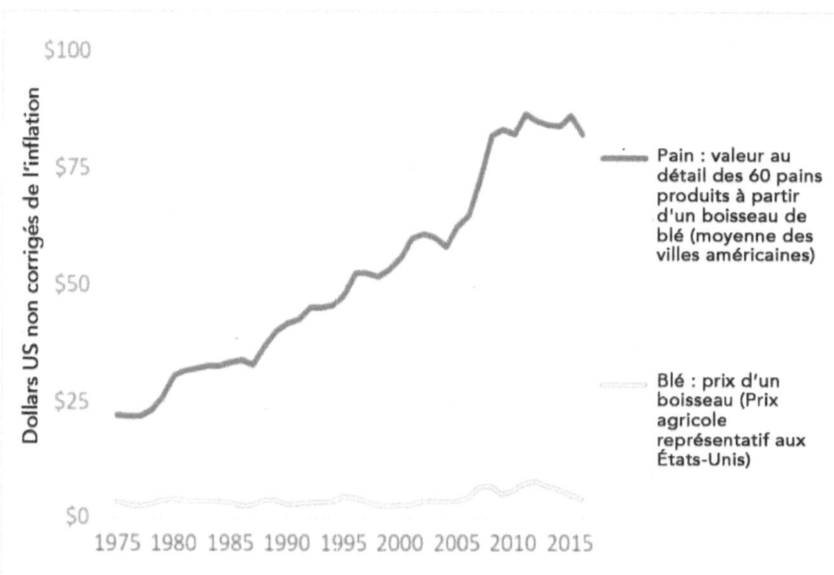

Graphique - Prix du pain dans les magasins de détail aux États-Unis et prix du blé à la production, 1975-2016. Source : Darrin Qualman[90]

Si l'on additionne tous les facteurs nécessaires à la production de denrées alimentaires, la révolution agro-industrielle n'a pas tenu ses promesses à l'égard des producteurs. Au lieu de cela, elle a fait prospérer les intermédiaires, les banques, les divers fournisseurs et les industries chimiques. L'Organisation des Nations Unies pour l'alimentation et l'agriculture (FAO) est claire à ce sujet : Les pratiques agricoles modernes ont augmenté les risques pour les producteurs de denrées alimentaires, du fait de la volatilité des marchés et de l'imprévisibilité croissante du climat. L'agriculture est un métier à risque, ce qui est paradoxal pour un groupe de personnes qui sont généralement considérées comme ayant une aversion au risque[91]. La nature elle-même est un maître capricieux et imprévisible, comme le savent tous ceux qui travaillent la terre. Le plus grand défi des producteurs d'aujourd'hui est de savoir comment atténuer les risques.

Il m'arrive de donner des cours sur les sols à des producteurs conventionnels. La préparation de ces cours me plonge dans un tourbillon d'émotions, qui va de l'excitation de pouvoir changer l'avenir de quelqu'un à la terreur pure et simple. Lors d'un de ces cours dans une zone isolée de grande culture, le sujet a été abordé : "Qui aimerait que ses enfants veuillent reprendre l'exploitation ?" Réponse retentissante des 30 agriculteurs : le silence. Dans ce vide, un agriculteur aux larges épaules s'est lentement levé et, sous sa casquette de baseball rabattue, a pris la parole : "Nos intrants ne cessent d'augmenter. Je ne sais pas ce qui se passe avec la météo. Nous avons tellement de dettes... Je vis dans un stress permanent. Pourquoi voudrais-je transmettre cela à mes enfants ?" Ce sont des moments comme ceux-là qui me font prendre la juste mesure des choses et de la différence que l'agriculture régénérative peut amener dans le quotidien des gens. Nous ne parlons pas seulement de sol ; nous parlons d'une révolution qui touche tous les aspects de la vie rurale. Et c'est maintenant qu'il faut agir.

Un jour, j'ai eu le privilège d'entendre une présentation très convaincante du Dr Daniel Hillel, expert en sciences du sol. En 2012, il a reçu le World Food Prize pour avoir mis au point une méthode appelée "agriculture de micro-irrigation" qui optimise la consommation d'eau dans les climats arides. Il a raconté son expérience de campement avec des Bédouins dans le désert moyen-oriental, où il a entendu un ancien demander à des enfants combien faisait 1+1. Leurs réponses étaient plus variées que la réponse standard "2", que les enfants occidentaux sont habitués à donner. L'un d'eux a répondu d'un air pensif : "Eh bien, s'il y a une chèvre et un bouc, alors 1 plus 1 pourrait faire 3 ou 4". Lorsque l'on travaille avec des systèmes biologiques, 1+1 est rarement égal à 2. Nous obtenons souvent des résultats surprenants, lorsque les interactions d'un sol se remettent à fonctionner. En floculant, les racines pénètrent plus profondément dans le sol, les cycles de l'eau et des nutriments se réactivent et le tampon de carbone se reconstitue.

Divers facteurs interviennent dans la constitution de la couche arable, l'un d'eux se produisant du haut vers le bas, avec l'activité biologique, et l'autre du bas vers le haut, du fait de la minéralisation chimique et microbienne. Comme je l'ai montré, ces processus de construction du sol peuvent s'accélérer de façon spectaculaire, libérant pour les cultures des matières minérales brutes qui n'étaient pas disponibles auparavant car elles étaient "emprisonnées". Une ferme d'altitude néo-zélandaise avec laquelle j'ai travaillé a constaté des augmentations de 1500 kg/ha de calcium en un an seulement, dans les zones traitées de la ferme. Et ce, sans aucun ajout de calcium. Le Dr David Johnson (NMSU), Colin Seis, les Haggerty, Gabe Brown (et bien d'autres) évaluent les hausses de nutriments disponibles pour les plantes, qui vont de 200 à plus de 1000 %, obtenus par une simple stimulation des processus de minéralisation microbienne. C'est ainsi que les sols sont censés fonctionner, sans nul besoin d'apports extérieurs. Un camion d'engrais a-t-il suivi les bisons pour créer les terres arables les plus profondes de la planète ?

Chaque minute sur la planète, une superficie équivalente à 30 terrains de football de sol est perdue, ce qui équivaut à environ 4 tonnes de terre arable pour chaque être humain, chaque année ! Les sols continuent d'être le principal « produit d'exportation » dans toutes les zones de production alimentaire. Et la plupart des pays n'en tiennent pas compte. Vous êtes inquiets ? Nous devrions tous l'être, car les Nations unies ont prévenu qu'il ne nous restait peut-être qu'une soixantaine d'années de récoltes avant que les sols ne soient trop dégradés pour être cultivés ; des mesures doivent être prises dès aujourd'hui.

Pour tenter d'enrayer le glissement insidieux des sols vers la mer, les experts du monde entier préconisent de planter des arbres. Cette érosion superficielle n'est pourtant pas due au fait que nous manquons d'arbres. (Il ne s'agit pas de critiquer les arbres et les racines qui sont très utiles.) Toutefois, ce ne sont pas les arbres qui maintiennent les sols en place, mais bien les champignons. Lorsque vous marchez dans une forêt en bonne santé, il se peut que vous marchiez sur des réseaux fongiques s'étendant sur 500 km. Ces réseaux d'hyphes s'entrelacent et forment une toile collante qui rassemble les précieuses grumeaux de terre, ou agrégats. Les champignons jouent un rôle essentiel dans la formation des plus grosses particules de sol et dans l'augmentation de la stabilité des agrégats. Cette stabilité, la capacité d'un sol à résister à l'érosion par l'air et par l'eau, est un élément clé de la réussite des systèmes de sols régénératifs. Dans les terres agricoles gérées de manière intensive, les tests microbiens révèlent que ces exploitations sont pauvres en champignons actifs, en mycorhizes et en glomaline. Sur les collines érodables et les sols dégradés, nous pouvons stopper immédiatement les pertes de sol en augmentant la production de champignons actifs et de glomaline.

La formation de sols bien agrégés est le moteur de la fixation de l'azote et du piégeage du carbone. L'échange de gaz est ici crucial. À l'intérieur de ces agrégats se trouvent des poches anaérobies. Un environnement exempt d'oxygène est essentiel pour protéger le carbone et pour le processus enzymatique qui permet aux fixateurs d'azote libres de faire leur travail. Ces agrégats ressemblent aux nodules d'une légumineuse et remplissent la même fonction. C'est pourquoi la création d'une mince couche de terre par le travail du sol est si destructeur : elle sape la fonction du sol, détruit l'habitat des microbes et réduit à la fois les cycles de l'azote et du carbone. Le labour peut détruire près de 100 % des macropores du sol (les espaces de respiration de plus de 2 mm). Cette action dévaste les communautés biologiques et perturbe le stockage de l'eau entre les pores, tout en brûlant le précieux carbone du sol[92]. Après une culture intensive, il faut parfois plus de trois ans pour que les systèmes structurels du sol se reconstituent.

Pour les grandes cultures, stimuler les champignons mycorhiziens peut aider à éviter les d'apports d'engrais phosphatés de démarrage. Dans les systèmes de culture sans labour, les réseaux mycorhiziens intacts ne nécessitent pas d'apports importants d'engrais phosphatés. Il est prouvé que la présence de plantes adventices mycorhiziennes maintient une population diversifiée de champignons mycorhiziens et favorise une symbiose très efficace avec la plante cultivée. Pour le rendement du maïs, les avantages des champignons mycorhiziens, grâce au maintien d'une culture de couverture diversifiée, l'emportent sur les pertes de rendement due à la concurrence[93]. Une étude canadienne a montré qu'en encourageant la colonisation mycorhizienne on peut augmenter l'absorption précoce du phosphore, ce qui améliore le potentiel de rendement des cultures, sans recours à des engrais de démarrage[94].

Je ne prétends pas que les cycles naturels soient isolés, car ce n'est pas le cas. Nous vivons dans un monde interconnecté. Le cycle global du phosphore est alimenté par les apports organiques d'animaux tels que les oiseaux, les ours ou les bisons, sans oublier le rôle du vent. Des découvertes récentes ont révélé que la combustion de la biomasse en Afrique australe[95] et les sables du Sahara apportaient du phosphate à l'Amazonie. Le phosphate est apporté par le vent à peu près au même rythme qu'il est éliminé par l'érosion -- soit environ 22 000 tonnes par an.

Dans de nombreuses régions, l'effondrement de la biodiversité entraîne un déclin catastrophique de la santé des écosystèmes. Les forêts néo-zélandaises, par exemple, qui dépendaient autrefois de l'apport régulier du guano des oiseaux de mer, sont aujourd'hui avides de phosphore et diverses maladies y sévissent. Les ours d'Amérique du Nord ont été d'importants fournisseurs de nutriments, notamment d'azote et de phosphore, grâce à leur riche régime alimentaire à base de saumon, et de toute évidence ils font leurs besoins dans les bois[96].

Encourager la biodiversité, c'est augmenter la quantité d'éléments nutritifs provenant de l'extérieur de la ferme. Les insectes sont une source importante d'azote pour les plantes (dans un système sain). Une étude récente publiée dans Nature a conclu que les oiseaux de mer sont pleins de m... (c'est du moins ainsi que j'ai interprété le titre de l'article), leurs excréments apportant, à l'échelle mondiale, plus de 590 000 tonnes d'azote et 100 000 tonnes de phosphore[97]. Les oiseaux et les insectes étant en déclin rapide, leur disparition a un impact significatif sur le cycle des nutriments, ce qui n'est pas pris en compte. Ce fait semble absent des discours que l'on entend sur l'agriculture.

Les pratiques modernes qui créent des déserts de monoculture en reportent le coût sur les agriculteurs, la société et l'environnement au sens large. L'agriculture régénérative postmoderne nous donne l'opportunité de rétablir ces cycles et de renflouer tout le monde.

Si vous roulez vers le nord de l'Alberta, au Canada, après la latitude 58, vous voyez, à un certain point, les terres agricoles céder la place à des forêts denses et des cours d'eau peuplés d'élans, de castors et d'ours. Dans cette région, où au milieu de l'hiver la nuit semble ne jamais finir et où, en été, le soleil ne se couche jamais, vous découvrirez une communauté surprenante de producteurs innovants. Nichés entre des fourrés de trembles indigènes, plus de 15 000 ha de cultures et de terres d'élevage bien gérées sont en train d'être ressuscités.

Jack Stahl, le PDG de la ferme, et ses frères, sont arrivés en Alberta en 1999 où ils ont fondé Twin Rivers, une nouvelle colonie familiale. Ils sont huttérites, une communauté dont les croyances sont similaires à celles des mennonites et des amish. Les huttérites sont arrivés sur le continent américain dans les années 1870, fuyant les persécutions russes pour leurs convictions pacifistes. Pendant la Première Guerre mondiale, quatre huttérites ont été emprisonnés et ont subi des mauvais traitements après avoir refusé de s'enrôler dans l'armée américaine. Deux des quatre hommes, les frères Joseph et Michael Hofer, sont morts à la prison militaire de Leavenworth. Il semble que l'intolérance ait toujours poursuivi ces gens pacifiques mais déterminés.

Déterminés, ils le sont, avec de fortes croyances spirituelles et un système patriarcal avec des responsabilités bien définies. Pour ceux qui ont grandi dans la communauté, le cadre social fournit une base, avec des attentes sociales claires qui, la plupart du temps, apportent davantage de sécurité, de clarté et de paix que notre structure sociale moderne. Chaque colonie huttérite recèle une dynamique interne spécifique, qui dépend de l'orientation et de l'état d'esprit des hommes et des femmes les plus âgés. Twin Rivers étant une colonie récente, la main-d'œuvre familiale peu coûteuse n'est pas aussi facilement disponible que dans les colonies plus importantes et plus établies. Garçons et filles sont tous censés prendre part à la gestion des entreprises familiales. Les garçons sont aux champs ou dans les hangars et les filles s'occupent des tâches ménagères, comme la cuisine, la couture et l'entretien impeccable de leurs belles maisons. J'ai observé, perplexe, un garçon agile de 12 ans débloquer une trémie à grains, tandis que Jack lui donnait des conseils depuis la cabine de notre pick-up.

Pour moi, séjourner avec cette famille de Twin Rivers est un privilège absolu. C'est une colonie moderne d'esprit, tournée vers l'extérieur, qui accepte les autres, y compris une consultante Néo-Zélandaise. C'est avec Jack, assis sous son porche, que j'ai eu certaines de mes meilleures conversations sur la foi et l'évolution du monde. Il a un regard d'enfant perpétuellement émerveillé sur les systèmes naturels et le biomimétisme. Il pense que les siens commencent à peine à voir le potentiel de la ferme, à mesure qu'ils éliminent les intrants synthétiques de manière réfléchie. Son mot préféré, qu'il prononce avec une grande délectation, est "incroyaaaable" !

J'ai rencontré Jack lors de mon premier voyage au Canada en 2016, après m'être vu refuser l'entrée aux États-Unis. (En tant que conférencière invitée recevant des honoraires de conférencière, je ne me trouvais nullement dans une « zone grise », comme certains fonctionnaires me l'ont alors assuré. Un fonctionnaire de la sécurité intérieure à tête de rat jubilait de m'interroger, s'efforçant de me coincer sur les moindres détails. « Il s'agit d'un travail et vous n'avez pas de visa de travail ! ») Passer deux mois imprévus en Alberta, au Canada, avec le passionné Graham Finn et sa famille, m'a permis de faire de nombreuses rencontres inattendues. Graham, avec son entreprise Union Forage, est un exemple de la façon dont nous sommes tous connectés au niveau planétaire. Cet Australien vend des semences néo-zélandaises et européennes à des Canadiens. C'est une mine d'informations sur les couverts végétaux. Le monde est vraiment petit ! Un résultat inattendu de mon intermède canadien a été de revenir fièrement aux États-Unis avec un visa tout neuf d'« étrangère aux capacités extraordinaires » ! L'autre résultat positif a été la rencontre avec Jack et Josh.

J'étais au Canada pour donner un cours à la Foothills Forage and Grazing Association, un groupe de vulgarisation remarquable dirigé par des agriculteurs. Son objectif est de proposer des formations et des démonstrations sur les méthodes de production rentables et régénératives. Jack et son frère Josh, le patron de la ferme, sont venus assister au cours sur les sols. Josh était assis au premier rang, les bras croisés, avec ses bretelles traditionnelles, visiblement bien décidé à résister aux efforts de Jack pour le convaincre. Josh avait fait ses devoirs et apporté une liste de questions exigeantes, préparées à l'avance.

Dire qu'il était sceptique est un euphémisme. Dans l'ensemble, la famille est un groupe méfiant et réfléchi. Ils n'ouvrent pas leurs portes à grand monde. Jack m'a dit qu'il avait fait quatre ans de recherches avant que le groupe décide que je pouvais être invitée à la ferme en toute sécurité. Le premier jour passé avec eux, j'ai eu l'impression d'être de retour au lycée, d'être entraînée aux examens de fin d'année, d'abord par le PDG, puis par le chef de la ferme, le chef du bétail, le chef du jardin, et enfin tous les fils et les neveux. Jack a annoncé qu'il allait "surpasser Gabe" et nous a exposé son rêve d'emmagasiner du carbone dans le sol plus vite que le légendaire agriculteur du Dakota du Nord, Gabe Brown.

Lorsque nous nous sommes rencontrés, Twin Rivers faisait déjà partie des 1 % de cultivateurs les plus performants de la région. Ils sortaient de deux des meilleures années de production que la ferme ait jamais connues, ce qui rend d'autant plus remarquable le fait qu'ils aient choisi de faire un demi-tour complet sur un domaine qui, conventionnellement parlant, fonctionnait parfaitement. "Nous commencions à nous heurter à des murs de béton dans ce système empoisonné", explique Jack. Comme beaucoup d'autres dans ce livre, il a vu les marges bénéficiaires se réduire, avec des besoins accrus en actifs et en intrants. Il ne mâche pas ses mots : "De nombreux agriculteurs blanchissent de l'argent pour les vendeurs de produits chimiques et d'équipements. Ils vivent pauvres et meurent riches".

Image : Récolte à Twin Rivers 2017

Jack est un visionnaire qui s'enorgueillit de son aptitude à semer des graines dans l'esprit des gens, graines qu'il aime arroser. Lors de ma toute première rencontre avec l'équipe de Twin Rivers, Jack m'a fait entrer dans la cafétéria, le poste de commandement des opérations huttérites. Une équipe intimidante d'une trentaine d'hommes d'âges différents, tous assis avec leurs chemises à carreaux et leurs chapeaux, arboraient un air distant. Jack ouvre la réunion en disant : "Dis-leur ce que tu m'as dit". Pas de pression, Jack ! J'ai donc partagé avec eux des expériences de transition et d'évolutions possibles, ainsi que les observations d'autres spécialistes à travers le monde. Voilà comment notre aventure collective a commencé.

Les Stahl savent qu'ils peuvent améliorer des résultats déjà honorables. L'observation minutieuse de leurs terres les ont amenés à conclure que leur réussite actuelle n'était pas viable à long terme - le test ultime pour une entreprise familiale qui accorde de l'importance au savoir-faire traditionnel dans sa prise de décision. Ils ont observé le déclin progressif de leurs sols, avec une couche arable de plus en plus mince, les pluies précieuses formant des mares à la surface... Creuser des trous était un travail laborieux qui révélait des racines rabougries et poussant à l'horizontale. Depuis 2016, ils cultivent environ 500 hectares de cultures de couverture chaque année, lorsque les pluies germinatives ne sont pas limitantes. Ces couverts comprennent un mélange varié de tournesols, de vesce, de triticale, d'avoine, de chou frisé, de colza et de radis. Même les puissants systèmes racinaires des tournesols et des brassicacées ont peiné à pénétrer les sols argileux gris et durs.

Les forêts de trembles, le couvert végétal indigène, ont créé ces sols argileux noirs et gris, avec de faibles niveaux de carbone naturel. Ces sols sont riches en cations majeurs, Ca, Mg, K, mais le sodium (Na) est inexistant. Par conséquent, en raison du compactage et d'une faible activité biologique, la mobilité des oligo-éléments était médiocre. Introduire de l'air dans le système, tel était le premier facteur limitant que nous devions résoudre.

En collaboration avec une entreprise locale de production d'humates, nous avons mis au point une recette unique de prill contenant du gypse, des humates, du sodium et des oligo-éléments. Le prill est un produit granulaire ; avec l'humate, il crée un engrais puissant, efficace et à libération lente. Dans le monde entier, des entreprises utilisent cette technologie depuis des décennies pour tamponner les engrais avec des substances carbonées tels que le lignosulfonate, le compost et les humates. En intégrant des oligo-éléments et d'autres nutriments dans l'acide humique, on permet aux processus biologiques de libérer efficacement les nutriments lorsque les plantes en ont besoin et à des taux corrects.

Jack ne croit pas aux essais. Il m'a dit : "Je vous fais confiance" et a immédiatement mis 11 000 hectares au programme prill. « Si vous avez les deux pieds dans le feu, aime-t-il à dire, vous n'en retirez pas un pour voir si les choses s'améliorent ! » Il choisit ses conseils auprès de personnes qui, selon lui, ont déjà accompli le travail difficile avant lui, comme Ray Archuleta, Walt Davis, le Dr Kris Nichols et Gabe Brown.

À l'époque, je n›avais jamais travaillé au Canada et je ne connaissais pas les produits locaux. Mais Josh avait confiance en moi et dans les principes de la santé des sols, alors nous nous sommes lancés sans plan B. Après trois jours de tarières à engrais et de machines bloquées, Josh a commencé à mettre en question mon raisonnement. Le prill, sorti trop pâteux, freinait l'épandage, il a donc ajouté un peu d›huile de colza pour le rendre plus fluide et la saison 2017 a commencé. Ils ont planté une gamme de cultures commerciales, notamment du colza, du blé, de l›orge et des pois, sur plusieurs types de sols, sur une distance de 40 km.

Il est toujours préférable de commencer un programme biologique avec un peu d'humidité, afin de stimuler les microbes et de donner un coup de fouet au cycle du carbone. Après la fonte des neiges et un assèchement suffisant des sols pour pouvoir sortir le semoir, les pluies ont cessé. Pendant toute la saison, la ferme n'a reçu que 127 à 180 mm de pluie. Les cultures de couverture semées plus tard et ayant à peine germé, ne parvenaient pas à couvrir le sol. Quelques semaines plus tard, Josh commençait à s'inquiéter. Les cultures de ses voisins avaient levé, mais aucune trace des siennes. En éclaireur vigilant, cette situation l'a poussé à creuser un trou pour voir ce qui se passait. Il a été surpris de trouver des systèmes racinaires bien structurés profondément enfoncés dans le sol, déjà plus profonds que ceux des cultures à la fin de la saison précédente. Ce phénomène n'est pas rare dans les programmes de régénération. Le fait d'avoir des plantes dotées d'un bon système racinaire dès le départ est un gage de réussite pour les cultures. Même si les cultures mettent plus de temps à développer leurs parties aériennes, elles rattrapent rapidement leur retard.

Notre programme de première année a immédiatement réduit les apports d'azote de 75 %, passant de 120 à 30 unités d'azote. Josh était nerveux comme il se doit face à une baisse aussi considérable. La plupart du temps, j'étais tranquillement convaincue que nous pouvions y arriver ; nos analyses de tissus foliaires ont montré que l'azote n'était pas un facteur restrictif et qu'il était même excessif par endroits.

L'absorption d'azote par la plante est affectée par le compactage et l'excès de magnésium. Il existe des groupes de bactéries essentiels au bon fonctionnement du cycle de l'azote dans le sol. Ces groupes bactériens travaillent en chaîne, chaque groupe fabriquant un "produit" azoté et le transmettant au suivant de la chaîne pour une transformation ultérieure, finalement en nitrate. Si l'un des maillons de cette chaîne est affaibli, l'ensemble du cycle de l'azote peut s'arrêter, réduisant alors la quantité d'azote disponible pour les cultures. Ces bactéries retiennent l'azote dans leur corps. Plus de 80 % de l'azote qui pénètre dans la plante est libéré par les protistes et les nématodes qui paissent, les mycorhizes et les virus. Il existe également des fixateurs d'azote libres dans et sur les racines des plantes. L'application de doses élevées d'azote (qui dépendent des types de sol, mais il faut tenter de faire mieux avec moins) interrompt les processus naturels de fixation de ce dernier. Cette rupture du cycle de l'azote peut être due à une faible masse biologique, à des sols hydrophobes, à l'engorgement, à l'azote soluble, au compactage ou à un problème de sous- ou surpâturage. Avant de vous précipiter sur un sac d'urée, réfléchissez bien : le problème n'est peut-être pas l'azote, mais plutôt le fait que les micro-prédateurs sont absents.

Idéalement, pour la structure du sol dans un sol argileux lourd, nous aimons voir un taux de saturation du magnésium autour de 12 % (contre 20 % dans les sols plus légers et plus sablonneux). À Twin Rivers, le taux de Mg se situait entre 30 et 41 %, il était donc plus qu'excessif. Ce taux élevé de Mg a un effet de compactage, créant des sols durs et peu infiltrants. En épandant du gypse et des humates, nous avons floculé et évacué l'excès de Mg autour de la zone racinaire de la plante, réduisant ainsi le besoin d'apports d'azote. Le gypse ($CaSO_4$) réagit sur le colloïde en produisant du $MgSO_4$ soluble (sels d'Epsom), échangeant l'excès de Mg avec le Ca. Cette réaction ne modifie pas le pH du sol. Nous avons également ajouté des humates à notre azote, ce qui augmente automatiquement l'efficacité de l'azote de 30 % et nourrit nos champignons bénéfiques. Une meilleure efficacité de l'utilisation de l'azote signifie que l'apport réel d'azote à la plante n'est pas aussi réduit que les chiffres le laissent penser. Si vous utilisez actuellement beaucoup d'azote, l'ajout d'humates est indispensable. Ce seul outil peut vous aider à réduire vos coûts de 30 %, sans aucun risque.

Lorsque l'on parle d'apports d'éléments nutritifs, cela soulève toujours la question du phosphate. "On ne peut pas continuer à produire des cultures sans engrais phosphaté", c'est le cri de ralliement des agronomes de la chimie conventionnelle. Le phosphore est le moteur du système énergétique de toutes les cellules. C'est le "P" de l'adénosine triphosphate (ATP). L'ATP est l'"unité monétaire moléculaire" qui fait fonctionner le moteur photosynthétique de votre entreprise ou de votre élevage. Sans une quantité suffisante de phosphore, vous n'obtiendrez pas une densité de nutriments ou un Brix optimal. Le phosphore est nécessaire à une bonne germination, à la pénétration des racines et au transfert des fluides à l'intérieur de la plante. Les plantes dont la mobilité du P est faible sont rabougries. Si vous les voyez avec une légère teinte pourpre/rouge, le taux de P est déjà très bas. La couleur violette provient des anthocyanes, que les plantes utilisent pour se protéger des coups de soleil. C'est ce qui donne sa couleur au vin rouge. Les anthocyanes sont des antioxydants, ce qui ne veut pas dire qu'il faille stresser les plantes pour obtenir une réponse. Il existe de vastes zones en Amérique du Nord, où l'on peut observer cette teinte violette dans toutes ses nuances. Chez le bétail, les carences en phosphate se manifestent par une faible production laitière, une croissance et un cycle de reproduction médiocres, des vaches incapables de se lever, des articulations raides et des boiteries.

Les systèmes agricoles modernes peinent à fournir efficacement du phosphore aux plantes, près de 90 % du phosphore étant "verrouillé" ou perdu du fait des mouvements du sol. Le phosphore est tristement célèbre pour sa tendance à se lier étroitement aux cations Al, Ca et Fe. Tous les sols ayant fait l'objet d'épandages d'engrais contiennent de grandes quantités de phosphore insoluble qui est séquestré ou "fixé" dans le sol. Le recours aux méthodes agricoles chimiques le rend relativement indisponible. Une autre conséquence involontaire de la fertilisation en surface, réside dans le développement accrue des racines superficielles, qui rend à leur tour les plantes plus vulnérables au stress climatique. L'excès de phosphore est depuis longtemps reconnu comme l'une des principales causes de pollution des cours d'eau, mais nombreux sont ceux qui ne se rendent pas compte de ses effets négatifs sur la qualité des aliments. Il existe également des théories selon lesquelles l'excès de phosphore favoriserait l'apparition de cancers. Des études menées sur des rats révèlent des taux élevés de cancers de la peau et du poumon. La Nouvelle-Zélande a les taux de cancer les plus élevés au monde, malgré son environnement naturel et son air pur. La Nouvelle-Zélande est également le pays qui utilise le plus d'engrais P et dont les aliments présentent les taux de P les plus élevés. À quoi sert le phosphore, déjà ? Ah oui, à la réplication cellulaire...

Dans de nombreuses zones rurales, on trouve des exploitations qui épandent depuis longtemps du fumier brut provenant de parcs d'engraissement, ce qui entraîne un excès de nombreux sels et minéraux, dont le P. J'ai visité une fois une exploitation laitière "biologique" qui épandait du fumier pendant trois mois chaque année, à l'aide de trois camions qui se déplaçaient dans les champs toute la journée. Ils adoraient leur fumier ! Au lieu d'avoir des niveaux de P de 170 ppm sur un test Morgan disponible pour les plantes, ils avaient des niveaux de 1700 ! Leur test de Bray P était de 294 ppm, alors que le niveau idéal est de 24 ppm ! Une teneur élevée en P peut également entraîner une baisse de la production laitière, un manque d'élasticité et des diarrhées chez les veaux. Leur herbe était terriblement déséquilibrée sur le plan nutritif, mais leurs vaches avaient l'air en pleine forme. Il m'a fallu toute la journée pour comprendre. "Oh oui", m'a dit l'agriculteur, "nous leur donnons des algues à volonté. Elles en mangent pour environ 100 000 dollars par an !

Si vous souhaitez réduire vos apports en phosphore, il est important de comprendre un peu sa dynamique dans les plantes et le sol. La quasi-totalité de la disponibilité du phosphore est régie par les matières organiques, les racines des plantes et la biologie. Comme le phosphore est rendu disponible principalement par les micro-organismes (75 % et plus), les analyses minérales du sol ne sont pas nécessairement le meilleur indicateur pour évaluer la disponibilité du phosphore. L'optimisation du développement des racines, l'utilisation de diverses cultures de couverture et la stimulation de la solubilisation du phosphore par les bactéries et les champignons sont essentielles pour mobiliser le P. Il existe des espèces spécifiques qui solubilisent le phosphore, notamment Azotobacter, Pantoea, Microbacterium, Pseudomonas et Baccilus. Les mycorhizes jouent un rôle essentiel dans la nutrition des plantes, comme le montrent leurs effets bénéfiques sur la croissance de l'herbe, l'absorption/assimilation du phosphore et les relations hydriques.

En règle générale, nous pouvons suivre cette mobilisation à l'aide d'analyses de tissus végétaux et constater que même avec des volumes réduits d'apports de phosphore dans un programme biologique, les niveaux de P dans les feuilles continuent de croître. À Twin Rivers, nous effectuons des analyses de tissus végétaux tout au long de la période de croissance afin de suivre la santé des plantes et de détecter tout signe d'alerte précoce. Les analyses de 2017/18 ont révélé des niveaux de phosphore idéaux. Un total de 1,1 kg de P/ha a été appliqué tout au long de la saison. Au moment du semis, un enrobage des semences a été utilisé qui comprenait trois bactéries spécialisées, Rhizobia, Azotobacter et Bacillus subtilis, et des mycorhizes endo-arbusculaires ont été utilisés. Lors de l'utilisation d'inoculums, l'application de divers mélanges de microbes présente des avantages synergiques[98]. Ces bactéries accélèrent la libération du phosphore naturel et améliorent la disponibilité du phosphore pour les cultures, tout au long de la période de croissance. Elles présentent d'autres avantages pour la résistance des plantes, les hormones d'enracinement (auxines), l'accessibilité à l'eau et la protection des racines.

Le traitement des semences avec des extraits microbiens est un outil puissant pour la santé des plantes. Comme le montrent les travaux du Dr Johnsons sur le bioréacteur, le traitement des semences se traduit par une augmentation du rendement et de la santé des plantes. D'autres recherches ont montré que cette pratique augmente la germination des graines, la nutrition des cultures et la résistance au stress[99] [100]. Les plantes et les microbes entretiennent des relations complexes. La recherche découvre que les plantes emploient une méthode ingénieuse pour nourrir leurs microbes, puis réabsorber leurs corps dans un processus appelé "cycle de rhizophagie". En réabsorbant ces microbes, les plantes peuvent accéder à des nutriments biodisponibles. Les chercheurs estiment que potentiellement 30 % des nutriments absorbés par les semis proviennent des corps de ces microbes aspirés[101]. Le bioprimage des semences avec leurs partenaires microbiens est tout à fait logique en période de transition.

Sur l'ensemble des sites que nous suivons, les oligo-éléments et les éléments minéraux essentiels (à l'exception du bore dans les pois) ont tous atteint les niveaux souhaités dans les analyses de tissus. Josh a régulièrement envoyé des photos de belles récoltes homogènes, de gousses bien remplies et de systèmes racinaires bien développés. Leur récolte était comparable à celle de leurs voisins, mais à un coût nettement inférieur. Malheureusement, les niveaux de protéines du blé de 2017 ont été décevants, comme pour d'autres producteurs de la région. Aussi bien la deuxième que la troisième année de transition, le début de la saison a été lent, avec des périodes de sécheresse prolongées. Au cours des deux premiers mois de croissance en 2019 il n'est tombé que 55 mm de pluie. Du fait d'un climat médiocre, ces trois années de maigre croissance ont été frustrantes. Ce n'est pas la période la plus propice pour essayer de jouer la carte de la microbiologie. Mais du moins, en débutant la transition avec des saisons médiocres, leur réussite ne pourra pas être attribuée à une pluviométrie et à un climat favorables.

Twin Rivers Programme Sol 2017

Produit	Application	Taux/ha	Notes
MEA	Traitement des semences	600ml	Appliqué par tonne de semences
Trichoderma			
Bactéries solubilisant le Phosphore			
	Foliaire		Total kg
10 10 10 NPK		28 litres	=1.2 N, 9,4 P, 6,8 K
Acide fulvique	Uniquement sur les petits pois	600 mls	
Bore (21%)			
		0,1 kg	
Acide humique soluble	Sillon	2 litres	
	Sillon		Il s'agit d'un produit commercial sur mesure.
Gypse		17,5kg	
Humate		12, 5 kg	Au cours de la deuxième année, le gypse a été appliqué séparément.
Minéraux marins		2 kg	
Bore			
Zinc		0,2 kg	Les chiffres indiqués correspondent à la quantité réelle d'oligo-éléments.
Cuivre		0,2 kg	
		0 ,2 kg	
Urée	Entre les rangs	12,5kg	

Tableau des apports de la première année à Twin Rivers. Il ne s'agit pas d'une prescription généralisable, mais d'un programme visant à répondre aux facteurs favorables spécifiques à cette entreprise.

Outre l'évolution de l'état d'esprit, l'un des plus importants changements survenus à ce jour dans la ferme concerne les marges bénéficiaires. La plupart des agronomes conventionnels vous diront qu'il est trop risqué de passer à un système à faible niveau d'intrants. Ils utilisent la peur comme un outil. Avec des marges bénéficiaires étroites et des dettes croissantes, la plupart des producteurs sont paralysés et peu enclins aux expérimentations. La première année, Twin Rivers a économisé plus de 200 $/ha en intrants. En 2018, leur seuil de rentabilité était sept fois plus bas que celui des autres producteurs de la région. Jack pense qu'ils sont gagnants quoi qu'il arrive, "que ce soit sur les prix des céréales, le climat ou le nombre de boisseaux produits, nous sommes devant." Le domaine de Twin Rivers est scrutée par tous les exploitant de la région, malgré le désir de l'équipe de la jouer discrète (désolée, les gars).

Jack, comme beaucoup de mes contacts nord-américains, est diplômé de l'école Ranching for Profit (RFP). Chaque jour, il réfléchit à un aspect différent de ce qu'il a appris à l'école. "Je suis extrêmement reconnaissant à Dave Pratt de RFP. C'est lui qui m'a ouvert la porte des États-Unis et des opportunités incroyables que j'ai eues ici. L'école de Dave est un processus de transformation puissant, d'une durée d'une semaine, qui offre aux participants de nouveaux moyens d'action. Des actions qui n'auraient pas été possibles ni même concevables avant l'école. Jack est clair : "Un changement est en train de se produire et doit se produire, sinon toute l'agriculture sera en grande difficulté". Il s'inquiète pour une communauté agricole pour qui le changement représente un défi.

"Si un ranch ou une ferme n'est pas rentable, ce n'est plus une entreprise, c'est un hobby", explique Dave. "La plupart des ranchs combinent actifs coûteux et emplois mal rémunérés et physiquement éprouvants. Outre le changement de paradigmes, RFP enseigne trois solutions simples pour augmenter les bénéfices : réduire les frais généraux, améliorer la marge brute par unité et augmenter le chiffre d'affaires. La plupart des producteurs que je rencontre ne comprennent pas ce qu'est la marge brute par unité pour leurs opérations ou ce qui freine leur rentabilité. Twin Rivers ne se contente pas de déposer plus d'argent à la banque, l'entreprise verse plus de dividendes à l'avenir, en renforçant son principal compte bancaire - le sol.

L'agriculture régénérative consiste à valoriser la vie, et dans la vie le carbone joue un rôle primordial. Le carbone est la monnaie vivante de la planète, ce que les microbes utilisent pour échanger des nutriments avec les plantes et les éléments constitutifs de toute vie. Les humates sont un excellent outil carboné pour soutenir la transition des exploitations à haut niveau d'intrants. Les humates bruts sont de l'énergie solaire concentrée, provenant de matières végétales, de tourbe, de terre, de composts et de charbons tendres, comme la léonardite et le lignite. La gamme de substances humiques sur le marché est aussi déconcertante que la diversité des affirmations et des informations sur les meilleurs produits. Il existe plus de 200 produits humiques rien qu'en Australie ! Je suis dans le camp de ceux qui veulent un carbone concentré, qui contienne un maximum de molécules de détection de quorum. Les extraits de lombricompost et les charbons bruns tendres entrent dans cette catégorie.

Chaque fois qu'un engrais (ou un herbicide) est nécessaire, nous recommandons l'ajout d'une substance carbonée. L'acide humique ou fulvique est facile à obtenir et à utiliser et, s'ils sont disponibles, les extraits de lombricompost sont idéaux. En règle générale, il faut penser "fulvique pour les applications foliaires" et "humique pour l'humus".

Ce carbone à usages multiples suscite un vif intérêt de la part des scientifiques en raison de ses avantages pour la nutrition des plantes et la chélation des minéraux. La chélation est un processus qui permet à un élément nutritif de "conserver sa propre identité" dans le réservoir du pulvérisateur et empêche les éléments nutritifs de se lier à d'autres éléments nutritifs ou produits chimiques dans la cuve. Des études ont montré que les humates (qui comprennent les extraits fulviques, humiques et de compost) sont très mobiles dans la plante. Ils renforcent l'efficacité des applications foliaires en augmentant la perméabilité des parois cellulaires des feuilles.

Les humates et autres aliments biologiques contribuent également à stimuler les microbes bénéfiques qui vivent à la surface des plantes et dans le sol. Ces organismes sont essentiels au recyclage des nutriments, à l'augmentation de l'efficacité et à la réduction des pertes d'engrais, tout en convertissant les nutriments du sol en formes plus assimilables par les plantes. Des recherches menées en Nouvelle-Zélande dans des élevages de moutons et de bovins par un scientifique indépendant, le Dr Peter Espie, l'ont amené à conclure que "l'amélioration biologique de la croissance des plantes et de la teneur en éléments nutritifs est scientifiquement fondée". D'autres études sur des exploitations laitières gérées biologiquement à Rotorua, en Nouvelle-Zélande, ont montré que ces entreprises présentaient des concentrations de nitrates nettement plus basses que celles des exploitations conventionnelles. Seules de petites quantités de produits humiques sont nécessaires. Les substances humiques sont un filon concentré d'aliments microbiens. Au niveau du sol, les microbes se nourrissent avant les plantes. L'ajout de grandes quantités de produits humiques solubles freinerait les rendements. N'oubliez pas de vous contenter de "titiller le système".

Bien que les engrais chimiques solides puissent contenir des concentrations de nutriments plus élevées que les engrais foliaires, ils sont très peu efficaces et la plante n'en reçoit qu'une faible quantité. L'utilisation des engrais peut être maximisée par une application directe sur les feuilles et les racines, ce qui améliore l'absorption et l'utilisation des nutriments par les plantes. Cette méthode contourne le système biologique intestinal, ce qui permet aux producteurs de surmonter les déséquilibres temporels au cours d'une transition. Avec l'ajout d'un bio-stimulant, vous pouvez maintenir vos objectifs de santé du sol dans la bonne direction.

La nutrition foliaire a pris son essor dans les années 1950, lorsque des scientifiques du Michigan ont découvert que les plantes pouvaient absorber des nutriments par leurs feuilles. Depuis lors, l'utilisation des engrais foliaires a fait l'objet de vifs débats, car les résultats peuvent varier en fonction de différents facteurs. Ces facteurs comprennent le type de sol, la rétention de phosphore, le pH, les niveaux de calcium dans le sol, la diffusion des nutriments et le temps pendant lequel les nutriments dissous restent sur la feuille. Il ne fait guère de doute que lorsqu'il y a fixation par le sol, l'application foliaire de certains éléments nutritifs est la méthode la plus efficace d'application des engrais, en particulier pendant les périodes de croissance où les besoins en éléments nutritifs peuvent dépasser la capacité d'auto-approvisionnement d'une plante. Le phosphate qui reste à la surface du sol est davantage susceptible d'être perdu à cause de l'érosion du sol ce qui va entraîner des problèmes de qualité de l'eau. Les applications fluidifiées d'éléments nutritifs pénètrent la surface du sol jusqu'à des niveaux plus profonds, réduisant ainsi le risque de pollutions des cours d'eau par le ruissellement.

Les engrais foliaires peuvent certainement entraîner une rentabilité nette pour les producteurs, lorsqu'ils sont appliqués au bon moment, en apportant une solution à court terme à de nombreuses carences en éléments nutritifs. Grâce aux progrès des connaissances et de la recherche sur les chélateurs et les inoculants, la nutrition foliaire peut également être mise en œuvre pour stimuler les processus biologiques. Il est désormais techniquement possible d'accroître l'efficacité des engrais. Suivez les conseils des tests de tissus végétaux et répondez en utilisant des quantités minimes, quelques dizaines de grammes de produit. Avec les oligo-éléments et les minéraux, nul besoin de frapper trop fort.

2019 a été une saison extrêmement difficile sur le plan climatique pour Twin Rivers, lorsque les premières pluies ne sont pas arrivées, la décision a été prise de ne pas dépenser d›argent pour l›application foliaire recommandée. Dans les transitions, les foliaires peuvent être des outils d›accélération inestimables pour garantir le maintien des rendements des cultures. Le renoncement à un traitement foliaire a entraîné une baisse des rendements du blé, tandis que les cultures d'orge et de pois ont produit des rendements comparables à ceux des exploitations voisines, heureusement à un coût moindre à l'hectare. L'équipe ne perd pas de vue ses objectifs à long terme, à savoir renforcer la santé des sols tout en équilibrant ses comptes.

Avant d'entamer un programme de régénération, Jack estimait que la propriété n'atteignait que 20 % de son potentiel, avec un faible taux d'humus fonctionnel et une mauvaise pénétration de l'eau. "L'endroit ne cesse de s'améliorer", déclare Jack, qui a désormais pour objectif de multiplier par quatre le nombre de têtes de bétail. S'ils peuvent stocker l'humidité du printemps, ils pourront mettre leur ferme à l'abri de la sécheresse. La saison 2019 a été une véritable révélation pour l'équipe de Twin Rivers. À la fin du mois de juillet, avec une humidité minimale, la germination dans la région était sporadique et les récoltes s'annonçaient mal. A travers l'Alberta, près d'1 million d'hectares étaient en feu, masse de combustible accumulé sec comme de l'amadou. Puis en l'espace de 26 heures, 130 mm de pluie sont tombés, éteignant les derniers incendies et noyant la région de Manning. En parcourant la propriété sur des kilomètres pour prélever des échantillons j'ai observé que les fossés le long de leurs champs étaient vides, alors que les propriétés voisines étaient bordées de ruisseaux débordants et rapides. Avec Josh et Dwayne, un jeune défenseur des sols de la ferme, nous nous sommes enfoncés profondément dans les champs voisins ; 3 cm d'eau recouvraient la surface et il était impossible de creuser les sols, car ils étaient immédiatement inondés. 9 mètres plus loin, dans les champs de Twin Rivers, l'eau avait pénétré des sols gonflés par l'activité biologique qui s'était emballée. Josh, toujours fidèle à lui-même, était submergé d'émotion. Il parcourait ses champs en secouant la tête et en marmonnant "ouaouh !". Les possibilités théoriques qu'avait imaginées Josh sont bel et bien devenues une réalité vivante. Dans ces paysages et, en fait, dans toutes les zones agricoles, si nous pouvons capturer et conserver chaque goutte, la réussite nous sourira. Non seulement l'agriculteur gagne en captant son eau, mais les communes situées en aval sont protégées contre les crues soudaines.

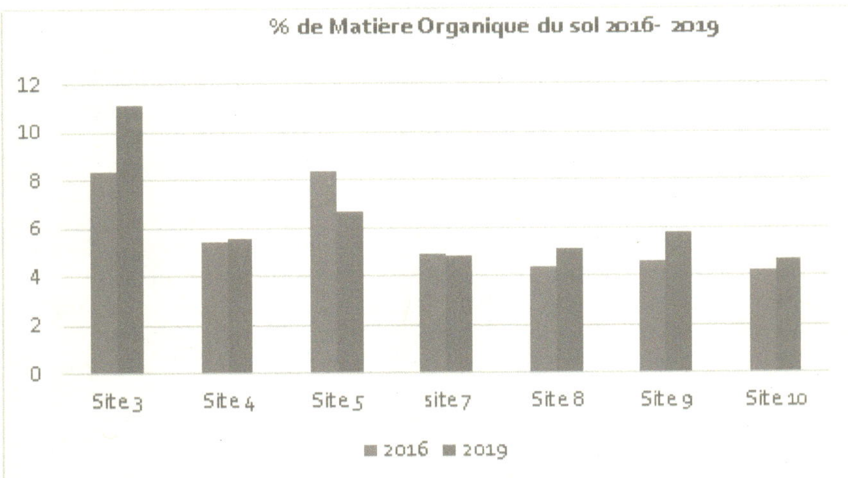

Graphique montrant l'évolution de la matière organique entre 2016 et 2019. Malgré de mauvaises saisons de croissance, sur une période de trois ans, la plupart des sites d'analyse comparative ont enregistré des hausses significatives de MO. Les deux seuls sites présentant une baisse de celle-ci ont été pâturés sur andains à la fonte des neiges, ce qui a considérablement endommagé le sol. Le site 3 a enregistré d'importants changements visibles dans la structure du sol, passant d'un état compact à un sol léger, duveteux et aéré.

Lors de la transition, évitez d'abandonner soudainement un système à forte consommation d'intrants, à moins que vous ne vous attaquiez immédiatement aux facteurs favorisants.

Si vous pouvez vous permettre d'absorber des pertes en répartissant les risques sur l'ensemble de votre exploitation, alors abandonnez l'utilisation des produits chimiques progressivement, zone par zone.

Mettez fin aux actions qui causent tout le mal ! Les pesticides et les fongicides font partie du problème. Concentrez-vous plutôt sur la nutrition et la stimulation de votre main d'œuvre microbienne.

Intégrez les 5 M : Mentalité, Management, Microbes, Minéraux et Matière organique. Il suffit parfois d'une bonne gestion et d'une petite quantité d'oligo-éléments pour donner un coup de fouet à un système léthargique.

Cessez de vous disperser ! Il vous faudra des décennies pour améliorer vos performances si vous tâtonnez ici et là sans le moindre plan. Combien de saisons vous reste-t-il pour bien faire les choses ?

Consultez l'annexe pour d'autres conseils de transition.

Un autre changement notable à la ferme est l'enthousiasme contagieux de la nouvelle génération de Stahl ; désormais les neveux et les fils s'instruisent par eux-mêmes et prennent l'initiative des décisions concernant les intrants biologiques et la gestion des sols. Je m'étais assise avec deux adolescents pour leur enseigner l'utilisation basique d'un microscope, quand j'ai levé les yeux, la salle s'était remplie d'une douzaine de jeunes hommes qui écoutaient avidement et aidaient à écrire des mots au tableau tels que "actinobactérie" et "nématode"... Jusqu'à ce qu'un adulte entre dans la salle et aboie : "Il y a du travail à faire dehors !" et qu'ils se dispersent comme des souris quand on allume la lumière de la cuisine.

En accomplissant leur périple dédié à la santé des sols, Jack et Josh ont tous deux réfléchi à la réduction notable du stress qu'ils ont constatée chez tout le monde. Le Josh que j'ai rencontré pour la première fois en 2016 n'est pas l'homme que je connais aujourd'hui. Il est devenu un passionné des sols vivants et un nouvel enthousiasme le porte, malgré les blocages initiaux de ses machines. C'est maintenant avec joie que Josh l'affirme : " Pas de plan B ! ".

10

Mesurer le succès

"Nous oublions souvent que nous sommes la nature. La nature n'est pas quelque chose de séparé de nous. C'est pourquoi, lorsque nous disons que nous avons perdu notre lien avec la nature, nous avons perdu notre lien avec nous-mêmes."

- Andy Goldsworthy

Fraggle Rock est une série télévisée des années 80 mettant en scène les marionnettes multicolores de Jim Henson et traitant de sujets tels que les déchets, l'environnement, la spiritualité et la gestion des conflits sociaux. C'est une émission loufoque qui me parle. La famille des Fraggle comprend un personnage appelé « Oncle Matt le Voyageur ». Matt porte une moustache grise à la Doc Holliday et, sac au dos, il quitte sa communauté souterraine sécurisée pour consigner ses observations sur le monde des humains (le monde extérieur). Son sac à dos est rempli d'outils de mesure et de carnets où il griffonne ses pensées avec enthousiasme.

En bref, je viens de vous décrire l'un de mes éleveurs préférés, Roger Indreland[102]. Je pense que cet éleveur très instruit et qui s'exprime bien a été choqué d'apprendre qu'il me faisait penser à une marionnette de la télévision des années 80 ! Je souris toujours lorsque nous enfilons nos sacs à dos et que nous partons vérifier nos sites-témoins sous le soleil brûlant du Montana. C'est ce que nous faisons depuis mai 2014.

Roger et Betsy Indreland avaient des doutes lorsque nous nous sommes rencontrés pour la première fois à la conférence d'été de Ranching for Profit (RFP). Roger est d'un caractère insouciant et enfantin, le suspense d'un colis non ouvert ou la recherche de l'assemblage d'un jouet peuvent faire dériver son attention. Ce besoin de comprendre les choses plus en profondeur le tenaillait suffisamment pour qu'il me dise, [après avoir écouté mes suggestions] : "Ça ne peut pas marcher". Avec désinvolture, j'ai répliqué : Ah, et pourquoi pas ?" Ils étaient tous deux déconcertés que je puisse être aussi confiante ("arrogant" est le terme néo-zélandais), et c'est ainsi qu'a commencé une belle amitié. Roger et Betsy ont l'esprit curieux, mais ils ne sont pas du genre à prendre des risques inutiles. Au fil des ans, ils ont appris à observer et à enregistrer les évolutions, avant de généraliser les pratiques à l'ensemble de leurs 3500 hectares. Avec leurs filles Kate et Ann, ils ont créé un élevage d'Angus de race pure homologué, en procédant par tâtonnements- des résultats qu'ils sont heureux de partager avec leurs voisins. Cette famille a gagné le respect et l'admiration de sa communauté grâce à sa contribution au renforcement de la race Angus et par son engagement à améliorer la résilience des familles d'éleveurs. Lorsque Roger parle, les gens écoutent.

Betsy est son parfait contrepoint : "Elle parle plus fort avec son corps", plaisante Roger. Alors que Roger est le visionnaire, Betsy avec son esprit vif s'occupe des détails. Il prononce une phrase, Betsy complète : "C'est la vache 5409 qui a été mordue par un serpent à sonnettes l'an dernier", "non, c'était la 5475". Roger sait qu'elle a raison. Il s'agit d'un tandem puissant et collaboratif, qui accorde une grande importance à la communication.

En se promenant dans les pâturages ondulants, on a une idée de ce qui donne au Montana sa réputation de "Big Sky". Lorsque le soleil commence à poindre, la lumière embrasse les chaines des Absaorkee Beartooth au sud et des Crazy Mountains à l'ouest. À moins de deux heures du parc national de Yellowstone, on pourrait croire qu'on a trouvé le paradis sur terre ; c'était vrai jusqu'au moment où les incendies californiens ont recouvert les montagnes de fumées noirâtres tout en colorant le ciel d'un orangé infernal.

Au début du XIXe siècle, la célèbre expédition Lewis et Clark a été la première à traverser l'ouest des États-Unis. Leur objectif était d'étudier la géographie, les plantes et les animaux, ainsi que d'établir des relations commerciales avec les peuples autochtones. Leur voyage les mena à moins de 20 km du Ranch Indreland, où Clark nota que "l'herbe de buffle devient beaucoup plus abondante"[103]. Cette région était autrefois dominée par des prairies denses, des herbes courtes. Aujourd'hui, la prairie est dominée par l'armoise, avec des sols dénudés, des cryptogames et diverses espèces de fleurs indigènes. En raison du surpâturage précoce des moutons et du bétail, on estime que la teneur en carbone du sol a diminué de 30 à 60 % depuis le passage de Lewis et Clark.

Quiconque vit et travaille sur le terrain constate la puissance des forces de la nature et réalise à quel point nous sommes petits et impuissants. Le climat de Big Timber n'est pas facile, avec des bourrasques violentes et une neige épaisse en hiver, suivis d'un soleil brûlant l'été. Le ranch, qui se trouve à une altitude d'environ 1400 mètres, reçoit des précipitations annuelles de 300 à 350 mm. La période hors-gel n'est que de 90 à 100 jours. L'essentiel du fourrage doit être cultivé dans un laps de temps court et frénétique de 30 à 45 jours, afin de fournir suffisamment d'herbe pour l'année à venir.

Lorsque Roger était enfant, son père était catégorique : les engrais coûtaient cher et rendaient le sol dur. Après avoir étudié l'économie à l'école d'agriculture, Roger a adopté l'opinion surfaite selon laquelle son père était passéiste et que "plus c'est gros, mieux c'est". En raison de l'irrégularité des précipitations, les doses d'engrais appliquées ne donnaient pas vraiment les résultats escomptés. Ils ont donc choisi d'investir dans des équipements agricoles et de fenaison. Une année sèche est survenue très vite et, avec des remboursements à effectuer et pas la moindre récolte, les premières années ont été difficiles pour le nouveau couple.

Pendant ses études, Roger a eu l'occasion de travailler avec l'une des figures emblématiques de l'élevage d'Angus. Au cours d'une conversation privée, l'éleveur lui a révélé une information essentielle, à savoir qu'il pensait que "la race Angus avait dépassé sa taille optimale". Grâce à l'expérience de Betsy dans le domaine du marketing et aux observations attentives de Roger, ils savaient qu'il était risqué, compte tenu de leur budget promotionnel, de s'opposer aux poids lourds de l'élevage et aux riches propriétaires terriens. Les Indreland ont été les premiers à utiliser la génétique de l'Angus devenu depuis l'un des colosses (plus c'est gros mieux c'est) les plus populaires d'Amérique. Cette décision leur a coûté cher : dans les conditions nutritionnelles difficiles de leurs terres balayées par les vents, 75 % des vaches sont devenues infertiles. Roger et Betsy ont toujours apprécié la diversité et ont choisi cette année-là d'utiliser deux taureaux de génétique différente. Heureusement, leur deuxième choix de taureau avait une valeur énergétique bovine ($EN) bien meilleure et ses filles ont prospéré. Le constat final ? (Le concept de valeur énergétique bovine ($EN) est utilisé par les éleveurs pour prédire combien les besoins énergétiques d'une vache peuvent leur faire économiser en coûts d'alimentation. La valeur énergétique de la vache étant exprimée en dollars d'économie par vache, une valeur élevée est donc préférable.) Ces races à gros gabarit et exigeant un haut niveau d'intrants n'avaient pas les caractéristiques nécessaires pour survivre et prospérer dans un système naturel à faible niveau d'intrants.

Ces deux premiers incidents ont incité le duo à étudier des techniques permettant de réduire les intrants et de produire un troupeau adapté aux besoins, capable de prospérer dans des environnements à faible consommation d'énergie. Les Indreland ont développé leur troupeau en mettant l'accent sur des caractéristiques qui leur permettent de bien résister dans des conditions difficiles, nécessitant un minimum de manipulation ou de compléments alimentaires. Par exemple, au cours du rude hiver 2017/18, avant que la neige ne devienne trop épaisse pour qu'elles puissent la creuser, leurs vaches n'ont été nourries que pendant trois semaines. Roger est confiant : "Nous avons un troupeau de bovins à faible niveau d'intrants, extrêmement durable et très sain." Cette lignée de bovins sans problème, qui vit en harmonie avec la nature, a attiré une clientèle fidèle et croissante, intéressée par une progéniture résiliente, peu onéreuse à entretenir et profitable.

Disposer d'un indicateur de la quantité d'intrants dont un animal a besoin pour prendre du poids et produire du lait est un outil de décision précieux pour les producteurs intéressés par la rentabilité, plutôt que par les gros gabarits tape-à-l'oeil. Tous les cultivars et toutes les races de bétail ne sont pas conçus pour des systèmes à faible consommation d'intrants. La possibilité de calculer les charges potentielles serait inestimable dans n'importe quel secteur - pour le blé, les pommes, les légumes... (sauf pour les chevaux !) Dans l'environnement extrême du Montana, un $EN faible ou négatif signifie que des quantités importantes de compléments alimentaires seront nécessaires pendant l'hiver. Si vous regardez les catalogues des éleveurs, la race Angus moyenne a un $EN de moins 4,01. La moyenne des taureaux des Indreland cette année est de +20,57 $. Ça c'est la robustesse made in Montana !

Jusqu'en 2006, le ranch appliquait une approche typique de la région : ils faisaient pâturer jusqu'au dernier brin d'herbe, donnait du foin aux bêtes pendant une grande partie de l'année et faisaient vêler en hiver pour produire des veaux plus gros au sevrage. Le vêlage en hiver est une approche stressante pour quiconque, avec de nombreuses nuits blanches et de longues journées à veiller à la survie des veaux et à ce que les vaches soient bien nourries. Il s'agit d'une pratique courante, souvent dans les environnements les plus inhospitaliers, où les veaux chauds et humides se heurtent à des surfaces gelées à la naissance. Le fait de voir des vaches dépourvues d'oreilles et de queue peut être un indice des conditions climatiques qui régnaient le jour de leur anniversaire.

Après avoir suivi la formation RFP, le couple a pris une décision radicale : ils faisaient vêler à la période exactement opposée aux besoins nutritionnels des vaches. Ils ont déplacé le vêlage de février à mai, pour qu'il corresponde à la croissance printanière, et tous les hommes, femmes et animaux ont poussé un soupir de soulagement. Cette période correspond mieux au moment où les antilopes sauvages et les cerfs mettent bas dans les pâturages. Après ma première visite chez les Indreland, nous avons discuté de l'hypothèse selon laquelle ces terres n'ont peut-être jamais été broutées annuellement par de grands troupeaux. Cette réflexion a été une révélation : dans les paysages friables, le pâturage n'avait peut-être pas lieu pendant trois ans. L'allongement de cette période de repos a été une révélation et un retour à ce que Roger croit avoir été la pratique d'autrefois, les pratiques antérieures, selon Roger, à l'invention des roundballeuses. Pour résister à la sécheresse, "les anciens qui réussissaient savaient qu'ils devaient avoir au moins 18 mois de fourrage devant eux", explique-t-il. Dans le Montana, une sècheresse est toujours possible, mais les souvenirs peuvent être très courts dans toutes les communautés d'agriculteurs et d'éleveurs.

Les périodes de pâturage sont consignés dans un carnet et sur un tableau accroché au mur. L'objectif est de faire paître différentes parcelles à différentes périodes de l'année. Certains des grands pâturages posent des problèmes de gestion difficiles ; ces zones sont divisées par des clôtures électriques. Les espèces végétales de l'aire de répartition montrent une grande diversité. Les terres irriguées et les terres de plaine sont composées de pâturages moins étendus où le bétail peut être déplacé plus régulièrement. Le ranch pratique l'approche "Bud Williams Stockmanship", qui consiste à manipuler les animaux avec peu de stress, créant ainsi un environnement détendu pour les hommes et les bêtes. La plupart du travail avec le bétail se fait à pied et avec les chiens de troupeau Lily et Ace. Posséder des bovins de gabarit réduit a une autre conséquence : les conditions de travail sont plus sûres dans les enclos de la ferme. Betsy se souvient qu'au début, le couple ne pouvait pas voir par-dessus le dos des vaches, ce qui la rendait vulnérable dans les espaces confinés. Le bétail "nous répond", dit Roger, "et c'est une source de grande fierté pour nous aussi, de pouvoir sortir et manœuvrer le bétail et faire à peu près tout ce que nous voulons, sans gros problèmes".

Je me considère comme assez délicate lorsque je déplace du bétail. Cependant, avoir vu Roger, à pied, tirer silencieusement une vache et un veau hors du troupeau et les faire remonter une colline par un portail ouvert, le tout sans transpirer, a fait évoluer mon point de vue sur l'art de déplacer le bétail.

Aucune crise n'a conduit les Indreland à modifier leurs pratiques. Roger a reçu de bonnes bases dès son plus jeune âge, grâce à un père observateur, patient et compétent en matière d'élevage. Il ne se préoccupe pas de ce que pensent les voisins ; en fait, je pense qu'il aime les plonger dans la perplexité. Il est atypique dans sa façon de ne pas avoir peur de poser n'importe quelle question à qui que ce soit. Leur voisine, Gretel Ehrlich, poète et auteur de "The Solace of Open Spaces" [La consolation des grands espaces, éd. 10/18], a une façon éthérée de restituer le caractère « brut » des éleveurs. Elle est stupéfaite par l'esprit de Roger. « Il reste contemporain dans son processus de réflexion, dit-elle. Il est stimulé par l'observation de la terre ». Même lorsque Roger est bien informé sur un sujet, il pose des questions approfondies pour élargir ou remettre en question ses propres connaissances. Gretel et lui posent tous deux les grandes questions que beaucoup craignent de poser. Il s'agit là d'une compétence rare, et, de fait, leur audace-même est inspirante.

"Qu'est-ce que tu fais ici ? C'est parce que ton père t'a dit que tu devais être éleveur ? demande Gretel ; parce que tu aimes ça ? Pour gagner de l'argent ? Pour laisser un héritage ? "La plupart des gens sont terrifiés à l'idée de s'arrêter, commente-t-elle, on pourrait poser les mêmes questions à propos du mariage, des enfants ou de la vie". Gretel est une amie proche d'Allan Savory, elle a voyagé et visité avec lui de nombreux élevages. Elle s'émerveille du processus-même que beaucoup découvrent lorsqu'ils approfondissent leur relation avec le sol." C'est la nouvelle façon de penser qui rend les choses amusantes, ce que personne n'anticipe jamais. Le nouvel apprentissage et les actions créatives dissolvent "le poison de la tradition", dit-elle. Gretel est un génie lyrique que j'admire profondément.

Issue d'une famille d'éleveurs traditionnels, Betsy pense que RFP leur a insufflé une plus grande résolution pour tenter des expériences innovantes. Ils sont en contact avec une communauté internationale par l'intermédiaire de l'"Executive Link" de RFP, qui comprend leur organisation partenaire australienne, "Grazing for Profit" (pâturage rentable). Les membres de l'Executive Link se réunissent trois fois par an, diffusant un compte-rendu chiffré de l'ensemble de leurs activités à de petits groupes de pairs, afin que chacun puisse les éplucher. À l'issue de ces réunions, les éleveurs repartent inspirés avec de nouveaux plans d'action qui couvrent l'ensemble des aspects de la vie du ranch : choix de l'entreprise, finances, organisation, catégories de bétail, dynamique familiale, transmission de l'entreprise et marketing... En tant que groupe ils se tiennent mutuellement responsables. C'est un outil extraordinaire pour réussir et rompre avec les habitudes de toute une vie. Pour les Indreland, cela signifie que leurs essais et expériences n'ont pas créé un sentiment de solitude et d'isolement, mais qu'ils ont au contraire renforcé leurs liens et leur sentiment de contribuer à un vivier mondial de connaissances.

Ils tiennent d'excellents registres et ont suivi l'évolution de leurs sols et de leurs pâturages, en contrôlant le degré Brix, les minéraux du sol, la biologie et les tests de tissus végétaux pour s'assurer qu'ils vont dans la bonne direction. Leurs prairies irriguées sont dominées par les bactéries, avec des sols "endormis", ce qui est assez typique des pâturages du Midwest. Les sols sont saturés à 100 % en bases et présentent des teneurs élevées en calcium et en magnésium. Les premiers tests ont révélé des problèmes de mobilité des oligo-éléments (Mn et B), une faible teneur en sodium et en azote. Leurs prairies irriguées contiennent un mélange diversifié de graminées introduites et de luzerne, avec des rendements médiocres en raison de sols compacts et d'une mauvaise infiltration. Les observations sur le terrain et les analyses des tissus foliaires ont montré que le foin était de qualité moyenne et qu'il attirait beaucoup d'insectes nuisibles, tels le charançon et la puce de la luzerne. Les analyses de tissus d'herbes adventices et les évaluations visuelles du sol ont permis d'identifier les facteurs limitants ou favorables, à savoir une faible activité fongique et un taux de bore et de manganèse bas.

Sur la base de ces analyses, un mélange bio-stimulant a été prescrit, comprenant des oligo-éléments, de l'hydrolysat de poisson et de l'acide humique. Avant le démarrage du programme de régénération, les champs de luzerne étaient moyennement performants, les rendements avaient commencé à décliner lentement. Ce tableau montre les changements mesurés dans la luzerne lors d'une analyse des tissus végétaux. La colonne "Suprême " représente les niveaux de base que nous visons pour vendre et commercialiser cette luzerne comme étant de la plus haute qualité. La luzerne conventionnelle a reçu des engrais NPK solubles standard.

DM Base MS	'Suprême'	Bio Luzerne	Parcelle-témoin Luzerne
Protéines brutes	>22%	29.7	21.9
NDF	<34	28.5	37.5
ADF	<27	26.7	33.9
TDN	>62	70.1	62.4
RFQ	>180	222	155

Graphique montrant la différence dans les tests de fourrage entre les tests optimaux "suprêmes" pour la luzerne, le traitement biologique Indreland et la parcelle témoin ayant reçu de l'engrais NPK.

Ces premiers résultats étaient surprenants : ce traitement unique avait effectivement amélioré de 43 % la qualité des aliments pour animaux ! Les éleveurs peuvent constater ce résultat directement en observant les animaux : ils passent moins de temps à manger et plus de temps couchés (à moins qu'il s'agisse d'un cheval dépourvu de bouton d'arrêt !)

L'amélioration de la qualité perturbera vos budgets d'alimentation, si vous êtes dans un parc d'engraissement. En effet, le bétail reçoit désormais la même quantité d'éléments nutritifs en deux bouchées qu'en trois bouchées auparavant. Cette meilleure qualité nutritive est conservée dans les aliments d'hiver stockés, ce qui augmente les niveaux de protéines et d'énergie. Les niveaux de Brix ont doublé, passant de 10 à 20°, pour un investissement de seulement 40 dollars par hectare. Le rendement de ces champs a également augmenté d'une tonne, passant de 2 à 3 tonnes. Si l'on fait le calcul, le rendement supplémentaire d'une tonne permet de financer l'épandage de 2 à 5 hectares supplémentaires pour la saison suivante. Un foin de qualité comme celui-ci se conserve mieux et, lorsque les marchés seront mieux informés, se vendra plus cher. Un producteur de foin néo-zélandais, qui produisait de la luzerne à haute teneur en Brix et à tige pleine pour les chevaux de course, a constaté qu'une fois que les chevaux avaient goûté à ses produits, ils ne voulaient plus manger d'autre foin. Il pouvait alors dicter les prix du marché. Excellent.

En 2015, Roger a eu toutes les peines du monde avec un pulvérisateur conventionnel, qui bloquait avec toutes les matières trop épaisses. En 2017, il s'est attelé à la conception et à la construction d'un pulvérisateur à lisier, sur les conseils d'un brillant Néo-Zélandais natif de l'Utah, Steve Erickson de la société Chaos Springs. La construction du pulvérisateur a coûté moins de 5 000 USD, main d'œuvre comprise. Il peut pomper d'énormes volumes (1200 litres/min) directement à partir de fossés d'irrigation ou d'abreuvoirs.

La première fois que Roger l'a utilisé, il a été payé de retour et au-delà. Un jour, alors qu'il coupait du foin, un voisin est passé en voiture faisant de grands gestes vers un endroit situé derrière lui. Des flammes commençaient à parcourir le champ, provoquées par la combinaison d'un disque rotatif chaud et d'une herbe sèche comme du papier. Heureusement, le pulvérisateur se trouvait à proximité. Roger a rapidement rempli le réservoir à partir d'un fossé d'irrigation et, en quelques minutes, il a maîtrisé un feu des champs de 5 hectares, qui aurait pu coûter aux Indreland leur récolte annuelle de foin et les réserves de fourrage pour l'hiver, pour un coût bien supérieur à leur investissement initial dans le pulvérisateur.

Un pulvérisateur àlisier est une unité de pulvérisation à grosses buses, entraînée par une pompe à membrane ouverte ou une pompe à déchets. Ces pulvérisateurs sont conçus pour réticuler les liquides et maintenir les solides en suspension. L'un des avantages de cet appareil est qu'il y a peu de points de d'obstruction, en raison de la simplicité des systèmes de verrouillage et de l'absence de mélangeurs ou de points de compression complexes. Je préfère les réservoirs ronds aux réservoirs ovales ou carrés. Ces réservoirs ronds peuvent créer des vortex, ce qui ajoute une autre dimension positive et réduit le ballottement - un élément essentiel sur les terrains accidentés. Une seule buse de 5 mm peut couvrir plus de 16 mètres, de sorte qu'en grande culture, on puisse placer deux buses sur une rampe et couvrir 32 mètres. Elles sont idéales pour pulvériser du compost tamisé, de la biologie vivante et des semences, avec des gouttelettes de grande taille à des pressions étonnamment basses.

Grâce à des pratiques de pâturage adaptatives et à l'abandon du vêlage hivernal, qui n'est plus qu'un lointain souvenir, les stocks de fourrage sur pied pour l'hiver sont désormais largement suffisants. La coupe du foin a cessé d'être une priorité jusqu'en 2017, lorsque les prix du foin étaient tout simplement trop attrayants pour y résister !

Le Ranch Indreland comprend 200 hectares de terres de plaine et de terres vallonnées. Ces zones, dont la couche arable est plus profonde, étaient traditionnellement utilisées pour la culture de l'avoine et de l'orge. Le peu de matière organique restante, après les cycles historiques de pâturage, a été rapidement oxydée ou emportée par le vent. En conséquence, le sol de la ferme s'est dégradé en argiles et limons sans vie et sans structure, dominés par des espèces pionnières telles que l'alysson jaune (Alyssum alyssoides) et des espèces non mycorhiziennes, le tabouret des champs (Thlaspi arvense) et les lupins. Il s'agit d'une zone que Roger et Betsy avaient initialement laissée de côté dans le cadre du programme sur les sols, car elle était très dégradée. Une excellente stratégie. En se concentrant sur les zones les plus performantes, ou sur les zones qui reçoivent de l'humidité, les améliorations subséquentes de la qualité et du rendement peuvent aider à financer le coût de l'amélioration des secteurs plus médiocres. En augmentant la capacité de charge de leurs terres irriguées, ils ont pu augmenter le cheptel de 25 %, un chiffre qu'ils continuent à améliorer.

À l›automne 2017, le sol de la ferme a reçu ses premiers intrants depuis 30 ans. À l'aide d›un semoir direct, Roger a mélangé 1 kg de lombricompost sec et 1 kg de farine d'algues avec 6 kg de vesce et 25 kg de seigle d'hiver. À titre d›expérience supplémentaire, il a également ajouté du tournesol, parce qu'il le pouvait et que c'est tout là l'intérêt des expériences, même lorsque votre coach omniscient(e) pense que vous êtes fou. L'été 2017 avait été caniculaire ; plus de 150 000 hectares avaient brûlé dans le Montana. Heureusement, l›automne a apporté quelques pluies propices à la germination. Les tournesols ont poussé jusqu›à 7 cm avant d'être détruits par les gelées. Ce n›est peut-être pas grand-chose, mais même une croissance de 7 cm et une petite racine pivotante peuvent être bénéfiques à une terre qui ne produisait rien. Toute couverture est préférable à un sol nu.

Avec la fonte printanière et les journées chaudes et ensoleillées, la vesce et le seigle ont repris vie. Leur croissance a été scrutée quotidiennement et avec enthousiasme par le couple.

Les saisons 2018/19 ont été parmi les meilleures dont les Montaniens du centre-sud se souviennent, avec de bonnes précipitations régulières qui ont permis aux couverts végétaux de se développer. Même à la fin de l'été, l'ensemble est resté vert. Très franchement, avec la boue, on se serait cru plutôt en Nouvelle-Zélande que dans le pays jaune et poussiéreux que j'ai appris à aimer. Ce fut une année fantastique pour commencer sur un nouveau terrain. Les couverts végétaux ont atteint plus d'un mètre de haut par endroits et seuls 20 des 200 hectares ont été pâturés. Le reste a été laissé à l'auto-ensemencement, ce qui a permis au sol de bénéficier d'un repos et d'un rétablissement bien mérités. Ces terres ont été pâturées l'hiver et les graines tombées au sol ont été piétinées et ont germé en 2019. Roger n'a jamais vu une croissance aussi drue sur ces terres et a été puissamment encouragé à étendre leur surface de sur-semis et de vermicompostage. Au cours de la saison de croissance, 50 hectares ont bénéficié d'une stimulation biologique. Les analyses des feuilles et du sol ayant révélé des déséquilibres majeurs, un mélange de minéraux et de produits biologiques a été pulvérisé. Une pluie tardive a montré la ligne où le traitement foliaire avait été appliqué, alors qu'une nouvelle poussée de croissance apparaissait sous les zones traitées… Les tests foliaires ont montré que les plantes traitées réagissaient positivement aux nutriments, ce qui augurait d'une meilleure qualité de semences, de fourrage et d'absorption de carbone. Après avoir été ignorées des années durant, ces terres sont aujourd'hui florissantes.

Un matin, alors que Kate et moi déplacions du bétail, nous avons subitement vu Roger se plier en deux à l'autre extrémité d'un grand pâturage. Comme il ne s'est pas redressé, Kate a commencé à s'inquiéter. Avait-il eu un malaise cardiaque ? Nous l'avons appelé sur son portable. Pas de réponse. Et aucun mouvement à travers le champ. Soudain, nous l'avons vu sauter dans son quad, et se diriger vers nous en gesticulant. Il arborait un large sourire et débordait d'une excitation contagieuse. Des scarabées ! Il essayait de filmer un bousier qu'il avait repéré en train de faire rouler une boulette d'excrément, ce qu'il n'avait jamais vu auparavant dans le ranch. Dès qu'il s'est arrêté pour l'observer, le bousier a fait le mort. Roger est resté immobile dans l'espoir que l'insecte se remette au travail, ignorant tout appel téléphonique. Il a gardé son appareil photo allumé jusqu'à ce que le bousier déplie lentement ses pattes et s'envole rapidement !

Depuis que les changements de gestion ont été mis en œuvre et que les niveaux de nutriments des plantes ont été rehaussés, la biodiversité est naturellement revenue. Un ami de Kate, jeune écologiste des prairies en devenir, est allé observer les bouses de vache. Au dernier décompte, il y avait 6 espèces différentes de bousiers, y compris celui qui a fui. Grâce aux herbes plus hautes et à la couverture hivernale, la biodiversité augmente. Le tétras des armoises (Centrocercus urophasianus) et la perdrix grise (Perdix perdix) sont désormais monnaie courante, on les voit traverser les champ suivis d'une procession d'oisillons duveteux. Ces deux espèces sont visiblement très appétissantes et, tout comme celle des campagnols et des taupes, la population de renards est en plein essor. Un papa et une maman renards se sont installés sur un monticule en face de la fenêtre de la chambre de Roger et Betsy. Ce printemps, nous avons tous observé avec émerveillement non pas 4 ou 5 renardeaux, mais 7 petites boules duveteuses sortir de leur tanière. Ils nous ont amusés pendant des semaines. C'est toujours un plaisir d'être entouré de familles qui se réjouissent de la diversité de la vie et qui voient les avantages que les prédateurs apportent à la terre.

Tous les régénérateurs avec lesquels je discute illustrent le principe suivant : "Sans mesure, pas de gestion". Ces mesures peuvent inclure des observations, activité dans laquelle Roger et Betsy excellent. Ils disposent d'un kit complet d'analyse du sol, qui comprend du matériel pour photographier et surveiller les transects.

En surveillant les changements au fil du temps, explique Roger, "Nous avons pris l'habitude de suivre ces choses et d'observer les résultats d'un point de vue différent de celui que nous avions auparavant". Les actions que j'ai suggérées à la famille ont eu des résultats positifs, qu'il s'agisse d'une augmentation du Brix, des bousiers ou des vers de terre. Les améliorations en capacité d'infiltration ont été spectaculaires, puisqu'elles ont été multipliées par 3 ou 4 en l'espace de quelques années seulement. Si vous demandez à Roger quelle quantité de pluie il a captée, vous obtiendrez une réponse insolente : "Mais toute la pluie, bien sûr !". C'est en tout cas le but recherché. Le ranch a été mis à l'épreuve avec un orage qui a déversé 150 mm d'eau (dont 50 mm de grêle) en 2 heures et a inondé les chaussées et la route qui passe au nord du ranch. Le lendemain, ils n'ont eu aucun mal à traverser le ranch pour évaluer les dégâts. La structure du sol des Indreland est l'une des différences les plus notables avec ses voisins. Cette structure diffère d'un côté à l'autre de la clôture. Conduire un pick-up ou un quad est facile... jusqu'à ce qu'on ouvre les barrières pour traverser les propriétés voisines (souvent alors pour sortir les voisins embourbés !).

Les Indreland font partie d'un programme unique de compensation carbone des sols, la Montana Grasslands Carbon Initiative [initiative de fixation du carbone dans les prairies du Montana]. Piloté par le Western Sustainability Exchange et Native Energy, un fournisseur de crédits carbone, le programme paie les éleveurs par avance pour des changements de pratiques reconnues comme améliorant le carbone du sol, tels que la gestion adaptative des pâturages, la surveillance des parcours et l'évitement du labour. Ces éleveurs utilisent ces financements pour améliorer les systèmes d'approvisionnement en eau et les clôtures. Ils soumettent des plans de pâturage au projet et participent à des ateliers sur les méthodes d'amélioration de la santé des sols. L'initiative a reçu une attention très positive de la part de la communauté et du marché. Personnellement, je ne suis pas une adepte des marchés de compensation des émissions de carbone, car les avantages liés à l'augmentation du carbone dans les sols récompensent directement les producteurs. Toutefois, je suis ravie de pouvoir aider les producteurs, qui sont responsables de la majeure partie des terres, à améliorer les services écosystémiques. Comme le dit le gourou américain des sols, Abe Collins, "nous sommes en train de construire le plus grand projet d'infrastructure au monde". Pour atteindre des objectifs aussi nobles, il faut engager des personnes sur le terrain pour construire le système. Malheureusement, la construction d'un système de santé des sols n'attire pas l'attention, comme un épurateur de CO_2, une banque alimentaire, un barrage ou un pont. Pourtant, l'effet est bien plus profond et efficace que l'approche "rectifier les dégâts".

De nombreux producteurs me disent qu'ils n'ont pas le temps d'effectuer un suivi ; or, c'est le suivi qui vous permettra d'avoir plus de temps. Essayez de créer un système simple qui devienne une habitude. Les producteurs les plus prospères que je connaisse emportent un petit carnet, un réfractomètre, un presse-ail et une sonde de température près du levier de vitesse de leur 4X4. Le portail franchi, avancez sur 10 mètres, placez le testeur d'humidité dans le sol (à l'écart du chemin) et, en revenant pour fermer le portail, arrachez quelques touffes d'herbe, placez l'échantillon dans votre broyeur d'ail, regardez l'échantillon, fermez le portail, marchez jusqu'au camion, enregistrez la température et repartez. Il en va de même pour les horticulteurs. Lorsque vous parcourez les rangs, prélevez une vingtaine de feuilles sur différentes plantes. Sans omettre les relevés du ph de la sève dans cet échantillonnage. Cela ne vous prendra qu'une minute et vous fournira une mine d'informations qui vous permettront de dresser un tableau de votre site.

Vous prélèverez des échantillons à différents moments de la journée, dans différentes conditions climatiques et à différents stades de croissance. Toutes ces informations vous aideront à gérer votre ferme de manière plus résolue et à vous assurer que vous allez dans la bonne direction. Si ce n'est pas le cas, ces informations vous orienteront dans une autre direction. Les plantes sont stressées ? Prenez des mesures pour les maintenir en bonne santé, sans baisse de rendement. Lorsque le degré Brix est au plus haut, fauchez le foin. Pour le lait et l'engraissement des agneaux, si le Brix est bas, sautez ce champ dans la rotation. Le Brix est bas et la ligne de séparation est nette ? Tenez compte des nitrates potentiels, ne faites pas pâturer et, si possible, appliquez un spray avec des produits humiques ou laitiers pour absorber les nitrates avant que les mauvaises herbes ne germent. Si le pH de vos plantes est bas, essayez de pulvériser un produit alcalin comme du lait, du calcium liquide ou de l'eau de mer. Une fois que la santé des cultures et des pâturages se sera améliorée, vous aurez de toute façon plus de temps libre, et je suis sûr que vous trouverez des façons de l'occuper !

Je suis toujours étonné de constater que la plupart des producteurs ne prennent pas assez de photos (bien que j'en sois tout aussi coupable). En 2000, je me suis installée dans la ferme de mon père, dans la magnifique baie de Plenty. La baie de Plenty est aussi belle en réalité qu'en photo :

des sols volcaniques jeunes, riches et profonds, cernés d'une mer étincelante et abrités des vents froids subantarctiques, par des montagnes couvertes de broussailles. C'est une région située au sud d'Auckland, en Nouvelle-Zélande, célèbre pour ses avocats et ses kiwis. À l'époque, la ferme de papa était infestée par une mauvaise herbe nuisible, le séneçon jacobée (Senecio jacobaea). Elle poussait si haut et dense qu'on n'apercevait plus le bétail lorsqu'il se couchait. Le séneçon jacobée est également connu sous des appellations plus suggestives, telles que la tanaisie puante et le pet de jument (sic !) Nous avions l'habitude d'arracher le séneçon à la main pour le charger sur la remorque. Malheureusement, il contient des alcaloïdes qui me rendent malade (Le surnom que j'ai donné au séneçon n'est pas imprimable). Lorsque les habitants nous demandaient où nous habitions, nous répondions : "Dans la ferme jaune sur Wrights Road", et ils hochaient la tête d'un air entendu. Grâce aux bio-contrôles et au programme pour les sols, le séneçon jacobée appartient désormais au passé. La seule preuve que j'ai est une photo unique de la famille en train de faire un beau pique-nique entourée d'un mur de mauvaises herbes jaunes d'un mètre cinquante de haut.

POURQUOI EFFECTUER UN SUIVI ?

Référencer : Sachez d'où vous partez : vos objectifs de gestion vous font-ils progresser ou régresser ? Identifier les signaux d'alerte précoces.

Gérer : Prenez des mesures en réponse aux indicateurs ; orientez la gestion du bétail et appliquez des pulvérisations nutritionnelles ou des bio-contrôles.

Évaluer : Lorsque des changements de stratégie de gestion sont nécessaires pour mieux atteindre les objectifs identifiés.

Enregistrer : Tenez un registre des conditions environnementales et des ressources, des événements et des pratiques de gestion.

Informer : Collectez des informations pour éclairer la stratégie ; choix des pâturages ; adéquation des espèces ; gestion de l'eau ; les biostimulants ou les engrais sont-ils rentables ?

Avertir : Alerte précoce pour les pratiques qui détériorent la santé des sols.

Suivre : Suivez les changements au fil du temps ; constituez un dossier qui pourra vous aider à obtenir des baux, des partenariats ou des investissements.

Prouver : Mettez votre suffisance à l'épreuve, prouvez ce que vous prêchez !

La surveillance à long terme du carbone du sol est généralement répétée tous les 4 ou 5 ans. Des mesures plus dynamiques, telles que le degré Brix et la température, peuvent être effectuées rapidement au cours de la saison.

Voir l'annexe pour connaître les autres tests d'évaluation des sols et des plantes que vous pouvez effectuer.

11

Apprenez à « lire » vos adventices

« Lorsque vous regardez un champ de pissenlits, vous pouvez voir une centaine de mauvaises herbes ou un millier de souhaits. »

-Anonyme

Il est temps de s'enthousiasmer pour les mauvaises herbes ! Pour ceux d'entre nous qui souhaitent les écouter, elles sont là pour nous raconter une histoire. Histoire qui peut être multigénérationnelle, environnementale voire le reflet de votre gestion. Je me réjouis des mauvaises herbes que je vois chez les gens, car elles fournissent des indices et des perspectives sur la santé et la gestion des sols, et tout cela est synonyme d'opportunités !

Avant d'entrer dans le vif du sujet, il convient de définir ce que j'entends par "mauvaises herbes" : j'y vois des indicateurs et des conteurs précieux. Une mauvaise herbe est généralement définie, de façon très subjective comme une "plante qui pousse au mauvais endroit", ce qui définit très vaguement ce qu'est, ou n'est pas, une mauvaise herbe. Prenons l'exemple des différentes attitudes envers le chénopode blanc (Chenopodium album). Il peut constituer un aliment pour animaux de grande valeur et est couramment cultivé en Afrique et en Asie où ses graines sont consommées, et comme substitut des épinards. Dans les cultures, cependant, le chénopode est invasif et peut entraîner des baisses de rendement importantes et coûteuses. L'ivraie est-elle une mauvaise herbe ? Les producteurs laitiers l'apprécient pour la production de lait ; cependant, en culture extensive à grande échelle, l'ivraie engendre des maux de tête persistants. Dans certains environnements, roses, eucalyptus et pins sont considérés comme des plantes indésirables.

Pendant des milliers d'années, nous avons su tirer profit de cet esprit de compétition des adventices pour domestiquer un grand nombre de nos cultures de base, comme le blé et le seigle. Beaucoup de ces cultures sont des espèces annuelles qui prospèrent sur des sols perturbés, une capacité d'adaptation qu'elles partagent avec de nombreuses "mauvaises herbes".

Il n'est pas rare d'entendre des gens se plaindre que leurs voisins laissent les mauvaises herbes monter en graine, indignés d'être envahis malgré leurs clôtures. Les réserves de graines d'adventices enfouies dans le sol sont énormes ; une plante de chénopode blanc peut produire plus de 600 000 graines en une saison, et ces graines peuvent rester viables dans le sol pendant plus de 40 ans. Les graines de certaines espèces peuvent avoir une durée de vie courte, comme le chardon de Russie, qui ne reste qu'un an dans le sol, alors que d'autres plantes sont beaucoup plus persistantes. Une étude en cours dans le Michigan portant sur 20 espèces de mauvaises herbes courantes a montré qu'après 120 ans de dormance, les graines de la molène blattaire (Verbascum blattaria) continuaient à germer. Comme pour les médicaments et le cancer, nous ne gagnerons jamais la guerre contre les mauvaises herbes en nous contentant de réagir. Nous pouvons toutefois nous attaquer à la racine du problème et modifier le signal qui fait qu'une graine germe.

Les régénérateurs signalent qu'en modifiant les pratiques de pâturage et/ou de gestion des sols, des espèces indigènes considérées comme rares ou localement éteintes réapparaissent. En Nouvelle-Zélande, des chercheurs ont mesuré environ 1 200 graines de trèfle dans un mètre carré de sol, alors qu'il n'y avait pas un seul trèfle visible poussant au-dessus du sol. Il existe une énorme banque de semences qui attend un signal pour germer.

Passer du temps sur le terrain pour observer la répartition et la densité des mauvaises herbes apporte une aide inestimable pour poser un diagnostic ; quel signal envoyez-vous à vos plantes et comment pouvez-vous changer ce signal ? La santé et la diversité des communautés végétales en disent long sur l'état sous-jacent du sol et sa gestion. Les premières étapes consistent à apprendre à écouter et à déchiffrer les facteurs fondamentaux de la germination des adventices.

Il y a six raisons principales (et connexes) pour lesquelles celles-ci germent :

1. Pour coloniser un sol nu.

2. En réponse à une faible teneur en matière organique.

3. Pour ouvrir des sols compactés.

4. En réponse à la disponibilité des minéraux.

5. Du fait d'une stimulation microbienne.

6. Comme soupape de sécurité pour les toxines[104].

1 : Coloniser un sol nu

La nature a horreur du vide. Les conditions qui créent un sol nu peuvent être liées à des événements naturels comme le feu, les volcans, l'érosion, ou à des perturbations humaines comme le labour, le surpâturage et le défrichement. Ces sols nus et exposés sont susceptibles d'être érodés, brûlés par le soleil et asséchés. La nature réagit en envoyant ses défenseurs pour le protéger de ces blessures.

Souvent, ces espèces végétales ont une forme de croissance rampante, au ras du sol, pour recouvrir rapidement celui-ci. Parmi les exemples de plantes entrant dans cette catégorie, on peut citer la fumeterre, le pourpier, l'euphorbe tachetée, le tribule terrestre, le liseron et bien d'autres encore[105]! Certains de ces premiers colonisateurs ont des systèmes d'enracinement peu profonds et la capacité de produire un nombre impressionnant de graines, comme l'envahissante herbe à chevreuil. D'innombrables espèces se sont adaptées pour coloniser les zones perturbées et contribuer à la formation du sol dans un processus appelé "succession végétale".

Les premiers colonisateurs sont les mousses et les lichens sur les rochers, ainsi que les communautés complexes appelées Cryptogames (Cryptogamae) (voir encadré). De nombreux éleveurs considèrent les cryptogames comme des mauvaises herbes, mais en l'absence de racines végétales vivantes, ce sont des protecteurs essentiels du sol.

Pour atteindre les objectifs des éleveurs, la gestion doit se concentrer sur la réduction des sols nus et l'augmentation de la couche arable ; graduellement, ces communautés de Cryptogames élémentaires évoluent, passant des graminées annuelles de faible qualité à des communautés végétales plus denses et de meilleure qualité.

En horticulture et dans les vignobles, les herbicides sont utilisés pour maintenir un sol nu sous les plantes. Cette pratique va à l'encontre d'une santé optimale des vignes et des arbres. Certains colonisateurs de sols nus deviennent rapidement résistants aux herbicides, car les conditions favorisent les mauvaises herbes. Il est préférable de faucher ou d'introduire du bétail pour gérer la strate-basse. En général, ce qui est perçu comme un stress dû à la concurrence des mauvaises herbes est lié à d'autres facteurs, tels que l'allélopathie ou le fait que les mauvaises herbes alimentent des communautés biologiques primitives.

Les cryptogames sont des communautés biologiques comprenant des lichens, des cynolichens, des algues, des champignons, des bryophytes (hépatiques et mousses) et des cynobactéries. Ce sont des colonisateurs indispensables dans les milieux pauvres en terre végétale. Grâce à des méthodes astucieuses, elles se protègent des agresseurs et, lorsque les conditions sont favorables, elles utilisent des acides puissants pour attaquer les minéraux afin de se développer. Elles constituent l'une des communautés végétales les moins étudiées (et les moins appréciées). Les cryptogames sont présents dans tous les environnements, partout où la couverture végétale est réduite, y compris dans les déserts chauds et les régions glacées, comme l'Antarctique. Elles entretiennent une relation intime avec la surface du sol et contribuent à créer les croûtes qui forment le tissu nécessaire à l'établissement de communautés végétales supérieures. Ces croûtes capturent la poussière et empêchent les pertes de sol, de carbone, d'eau et de rayons UV. Elles se situent à la base de la pyramide trophique, fournissant de la nourriture aux insectes du sol et aux grands herbivores. Dans les environnements secs, elles restent dormantes jusqu'à ce que la rosée ou la pluie les incite à la photosynthèse. Les cryptogames sont d'essentiels puits de carbone à l'échelle mondiale, les estimations allant de 2,1 à 7,4 milliards de tonnes par an. Cela équivaut à environ 7 % du cycle du carbone provenant des plantes terrestres ! Dans les environnements limités en nutriments, comme les déserts, les cryptogames sont d'importantes sources d'azote. Une étude a révélé qu'ils pourraient en produire jusqu'à 100 kg/ha/an, soit près de la moitié du cycle mondial de l'azote ! Selon la structure de ces communautés de cryptogames, elles peuvent soit favoriser l'infiltration de l'eau (lorsqu'elles sont rugueuses) soit, si les communautés ont des surfaces lisses, arrêter ou ralentir l'infiltration.

Le travail du sol pour créer un sol nu est une pratique destructrice qui brise l'agrégation vitale du sol et les communautés microbiennes, en particulier si elle n'est pas effectuée en tenant compte de considérations biologiques. Les effets négatifs du labour ont été fortement médiatisés au début du 20e siècle par des pionniers de l'écologie tels qu'Edward Faulkner, Louis Bromfield, Newman Turner et Lady Eve Balfour.

Ils ont plaidé en faveur de l'incorporation de cultures de couverture et de l'utilisation judicieuse d'un travail superficiel du sol. Après des décennies de mise en œuvre de ces approches, des progrès ont été réalisés et on a acquis une meilleure connaissance du roulage des cultures de couverture, la possibilité de cultures biologiques sans labour devenant de plus en plus envisageable sous certains climats. L'utilisation de méthodes de gestion permettant de maîtriser les autres signaux de germination des adventices contribue également à réduire la concurrence entre les plantes.

Actions qui engendrent un sol nu

Éviter à tout prix !

Réglez les problèmes de gestion qui engendrent des sols nus.

Fauchez ou roulez les plantes, plutôt que de pulvériser ou de cultiver.

S'il est impossible de l'éviter, atténuez les dommages en pulvérisant des acides humiques lors du travail du sol, en ajoutant de la matière organique et en intégrant rapidement des semences dans le sol. Incorporez les cultures de couverture en surface. Ajoutez un traitement des semences à base de carbone pour donner un coup de pouce aux nouvelles plantes : algues, acides humiques, compost/extraits de vermicompost, champignons mycorhiziens si nécessaire.

2 : Plantes à faible teneur en matière organique (MO)

Il existe un grand nombre d'espèces dans cette catégorie, qui comprend également beaucoup d'espèces qui poussent sur des sols à nu. Il est toutefois possible d'avoir une couverture végétale sur des sols à faible teneur en MO. Les espèces qui prédominent dans ce type de sol ont souvent des racines adventives ou pivotantes ; pensez aux espèces que vous voyez dans les fissures des trottoirs ou dans le gravier sur les bords des routes, comme l'érigeron, le pissenlit, la marguerite du Cap, la centaurée, la matricaire, l'épervière et bien d'autres encore. Ces espèces utilisent diverses méthodes pour accroître la disponibilité des ressources dans les environnements à faible teneur en MO, en stimulant efficacement le sol pour libérer les nutriments liés. Elles donnent le coup d'envoi des processus de stockage du carbone et de construction et du sol, en piégeant la poussière autour de leur base et, à leur mort, elles contribuent à alimenter la réserve de MO.

Les adventices-fléaux de l'Ouest américain - l'euphorbe ésule, le chiendent et la centaurée tachetée - modifient toutes à leur propre avantage les communautés avec lesquelles elles cohabitent dans le sol et empêchent la transition vers des prairies indigènes. La centaurée et l'euphorbe rendent toutes deux des services appréciables, en tant qu'excellents hôtes mycorhiziens, inoculant le sol avec des spores. Elles ont des taux de respiration plus élevés que les herbes indigènes et utilisent cet avantage pour augmenter le renouvellement du carbone dans leurs racines et dans le sol. Grâce à leurs exsudats racinaires, elles encouragent la prolifération de bactéries carbophiles (copiotrophes), d'archées et de maladies du sol, afin de concurrencer leurs voisines.

Le processus végétal de reconstitution de la MO n'est pas rapide : plusieurs décennies sont parfois nécessaires pour porter le carbone du sol à des niveaux favorables aux espèces de graminées les plus évoluées. En tant que collaborateurs de la terre, nous devons nous assurer que nous utilisons toujours des pratiques qui construisent la matière organique du sol et mettre hors-jeu celles qui la dégradent !

Actions pour un sol pauvre en MO

Épandez, nourrissez et ajoutez toutes les matières organiques que vous pouvez trouver, qu'il s'agisse de foin pourri, de paille, de compost, de biochar ou de matériaux de paillage. Gérez la couverture végétale, le piétinement animal, les herbages, les cultures de couverture et, en fin de compte, augmentez le degré Brix de vos plantes !

3 : Ouvrir les sols compacts

Le compactage du sol peut être dû à des déséquilibres minéraux et/ou microbiens ou à des pratiques de gestion telles que le surpâturage, le labour, le recours à l'azote soluble, etc. De nombreuses mauvaises herbes indiquent en surface que le sol s'est compacté. Les surfaces compactées ou croûteuses réduisent la capacité du sol à respirer, ce qui constitue un signal de germination pour des espèces telles que la sphaigne[106], le rumex, le bouton d'or, le chardon, la renouée, le liseron et le carex. Dans les sols pauvres en oxygène ou gorgés d'eau, de nombreuses plantes meurent, mais pas les joncs, les carex ou les roseaux. Ils se sont adaptés à la vie dans des sols anaérobies en diffusant de l'oxygène par leurs racines pour modifier la disponibilité des nutriments. Si vous voyez ces espèces pousser à flanc de colline, l'hypothèse la plus probable est que les sols sont asphyxiés plutôt que gorgés d'eau.

Creusez un trou et observez les systèmes racinaires des adventices : sont-ils stoppés ou changent-ils de direction à cause des strates compactées ? Ces briseurs de sol sont des plantes dotées de rhizomes ou de racines pivotantes étonnantes, qui pénètrent les sols compacts.

Nombre d'entre elles indiquent que le calcium n'est pas fonctionnel. Les plantes à racines pivotantes profondes et à larges feuilles, telles que le chardon des marais[107] et le chardon canadien (dont les racines peuvent s'enfoncer jusqu'à 6 mètres de profondeur !), rendent service en ouvrant les sols compacts. Ils transportent les nutriments du sous-sol et créent des canaux pour l'air et l'eau. Il est intéressant de noter que les chardons canadiens ont des bactéries anaérobies spécifiques qui vivent sur leurs racines. Lorsque les sols sont sains et bien aérés, ces conditions ne conviennent pas à leurs partenaires bactériens.

Actions pour les sols compactés

Plantez des cultures de couverture multi-espèces à racines profondes, telles que le carthame, le tournesol, le radis fourrager, la vesce bigarrée, le mélilot, le trèfle d'Alexandrie, le niébé, le sorgho (*Sorghum*), etc.

Interventions mécaniques : Si vous souhaitez accélérer l'aération des sols compactés, il existe de bons outils d'aération ou de décompactage (à dents) sur le marché. Si vous savez que le taux de calcium fonctionnel est faible, un litre/ha de chaux liquide ou de gypse liquide appliqué goutte à goutte le long des sillons contribuera à l'aération. De petites quantités d'acide humique, de mélasse ou de sucre aideront à nourrir les microbes et encourageront les racines à s'enfoncer dans les interstices du sol.

Si vous ouvrez le sol, ajoutez toujours une source de carbone.

Ensuite, il faut s'attaquer aux raisons pour lesquelles les sols sont compacts ! S'agit-il des minéraux, des microbes, de la matière organique, du management ou de votre mentalité ? [5 M]

4 : En réponse à la disponibilité des minéraux

Lorsque la disponibilité en minéraux est faible, certaines plantes ont un avantage concurrentiel sur leurs voisines. Grâce à un processus appelé "effet d'amorçage rhizosphérique" (RPE = rhizospheric priming effect), les plantes peuvent influencer les cycles des minéraux et du carbone[108]. Elles ont souvent des racines profondes ou une morphologie racinaire spécifique qui leur permet d'extraire des minéraux ; nous appelons ces plantes les "accumulateurs dynamiques". Grâce aux exsudats et aux signaux envoyés aux microbes, elles peuvent donner un coup de fouet aux processus de construction du sol et mobiliser des minéraux fonctionnels. Les études précédentes mentionnant l'euphorbe et la centaurée ont également mesuré des changements dans les profils minéraux du sol, montrant des augmentations du pH, du potassium, de l'ammonium, des nitrates et du phosphate. Ce processus de libération des minéraux contribue à accroître leur compétitivité par rapport à de nombreuses herbes indigènes. Certaines mauvaises herbes prospèrent dans des sols surdosés en nutriments et se sont adaptées à des environnements présentant des niveaux toxiques de sodium, de cadmium, de plomb, de potassium et de zinc.

Un taux élevé de potassium disponible et un faible taux de phosphore (tel que déterminé par une analyse de sol Reams/Morgan) sont les éléments déclencheurs de la croissance des dicotylédones. Ces mauvaises herbes comprennent les pissenlits[109], le plantain commun, la morelle noire et l'herbe à encre.

Un jour, un composteur industriel a téléphoné pour demander de l'aide. Son compost était infesté de mauvaises herbes, en particulier de morelle noire et d'herbe à encre. J'ai suggéré qu'elles réagissaient à un déséquilibre entre P et K, en lui recommandant d'ajouter du phosphate de guano et de retourner le compost. Ce qui a alors germé sur son compost, ce sont les graminées et les trèfles. Il avait modifié le signal de germination des dicotylédones en faveur des espèces qu'il souhaitait cultiver.

En général, les graminées primitives indiquent un faible taux de calcium fonctionnel (et des sols dominés par les bactéries). Le terme "fonctionnel" est important, car même sur les sols calcaires, il peut y avoir un faible taux de calcium disponible. Cette fonctionnalité est déterminée par l'eau et les champignons actifs. Il n'est peut-être pas surprenant de constater que tant d'espèces de mauvaises herbes indiquent une défaillance de la vie fongique.

Pour savoir si vos adventices sont des accumulateurs dynamiques, vous pouvez effectuer un test sur les tissus végétaux. Prélevez des échantillons lorsque les graminées et les mauvaises herbes ont au moins 8 cm de haut et avant qu'elles ne fleurissent. Prélevez au moins 20 plantes. Si vous prélevez des chardons, utilisez des gants épais! Prélevez également une graminée ou une culture à côté de votre adventice, à titre d'élément de comparaison.

Le tableau de la page suivante montre un test de tissu foliaire effectué sur l'arctothèque du Cap (Arctotheca calendula) dans une ferme d'Australie occidentale. L'arctothèque du Cap est une dicotylédone de la famille des tournesols. On la trouve jolie, jusqu'à ce qu'on la voie étouffer les graminées à un rythme rapide en réponse aux mauvaises conditions du sol. Originaire d'Afrique du Sud, on la trouve en Nouvelle-Zélande, en Australie, en Italie et le long des côtes des États-Unis. En Australie occidentale, c'est peut-être la seule plante qui pousse en été et, si elle est broutée suffisamment tôt, elle peut fournir un fourrage riche en protéines.

Actions : Testez vos mauvaises herbes par rapport à votre culture préférée et aux analyses de sol. S'agit-il d'une carence fonctionnelle (carte bancaire) ou d'une carence totale (compte bancaire) ?

Traitez si possible les principaux déséquilibres minéraux.

Utiliser de petites quantités d'intrants minéraux (avec du carbone) afin de fournir un catalyseur pour modifier la disponibilité des minéraux.

Notez les éléments nutritifs soulignés dans le tableau : il s'agit d'éléments nutritifs dont la valeur diffère sensiblement de celle de la plante que nous préférerions cultiver. Il est intéressant de noter que l'analyse des tissus de l'adventice a été confirmée par des analyses de sol qui ont révélé de faibles teneurs en Ca, Na, Zn, B et de très hautes teneurs en nitrates. Ces espèces accumulatrices dynamiques amorcent et libèrent les minéraux qui sont sous-représentés dans le sol, la seule exception à ce schéma étant les nitrates élevés et l'excès de sodium. Ces résultats nous ont aidés à prendre une décision sur les nutriments à appliquer. La recommandation comprenait une chaux fine (calcium), du guano (P), du bore, du zinc, du cobalt, de l'humate, du sucre et des minéraux marins.

Nutriment		Unités	Ray-grass	Arctothèque du Cap
Azote	N	%	2.57	2.18
Phosphore	P	%	0.21	0.24
Potassium	K	%	2.39	2.30
Soufre	S	%	0.18	0.18
Calcium	Ca	%	0.46	1.43
Magnésium	Mg	%	0.24	0.32
Sodium	Na	%	0.16	1.17
Cuivre	Cu	mg/kg	6	9

Zinc	Zn	mg/kg	16	27
Manganèse	Mn	mg/kg	47	59
Fer	Fe	mg/kg	60	88
Bore	B	mg/kg	4	39
Molybdène	Mo	mg/kg	0.5	0.4
Cobalt	Co	mg/kg	<0.1	<0.1
Protéine brute	Ratio	%	16.1	13.6
Nitrate	N	mg/kg	62.6	133
Ammonium	N	mg/kg	686	407

Tableau : Tests de tissus végétaux comparant une adventice et une graminée à privilégier, le ray-grass.

5. Stimulation microbienne

La plupart des plantes nous renseignent sur la microbiologie.

Vous êtes-vous déjà demandé pourquoi les arbres poussent difficilement lorsque vous les plantez dans la prairie. Ou pourquoi les herbes indigènes ont du mal à pousser dans les sites de restauration minière ? Les divers groupes de plantes favorisent des communautés microbiennes différentes. Le Dr Elaine Ingham, du Soil Foodweb Institute (SFI), a travaillé pendant des décennies pour repérer les interactions entre les diverses communautés microbiennes et les différentes espèces de plantes. Ses recherches se vérifient sur le terrain. La meilleure façon de déterminer quelle communauté biologique convient à vos plantes est de considérer l'environnement dans lequel elles pousseraient naturellement. Imaginez un pommier poussant à l'état sauvage, avec un peu de lumière tamisée et un bon paillage de feuilles. Ces environnements sont dominés par les champignons, vous verriez et sentiriez les champignons qu'on trouve sur le sol de la forêt. Les tests SFI recommandent un rapport de 1:10 entre bactéries et champignons dans les vergers.

Dans un écosystème de prairie sain, les espèces de graminées de grande valeur, telles que les herbes hautes des prairies, le seigle, le blé ou le maïs, préfèrent toutes pousser dans des sols dont la biomasse se situe entre 1:1 ou 1:2 F:B. (Notez que ces ratios sont basés sur la méthode de test de la SFI, d'autres laboratoires tels ceux qui utilisent la technique PLFA aboutissant à des ratios différents).

Dans la nature, rien n'est jamais aussi simple ou linéaire que nous serions tentés de le croire. C'est pour une large part le hasard qui va décider de l'espèce qui va germer et de ce que sera la communauté finale, en fonction de l'humidité et du climat. Ce calendrier des perturbations n'est donc qu'un guide général.

Il faut savoir que lorsque le sol est nu (ou perturbé), les bactéries sont omniprésentes ; elles sont dans l'air et sur toutes les surfaces. Les premières espèces à arriver peuvent survivre sans sol - les lichens, les mousses et les cryptogames. Ensuite, les premiers colonisateurs s'installent, ils ont des systèmes d'enracinement peu profonds et des modèles de croissance foisonnants afin de prendre rapidement pied. Les espèces à racines plus profondes fissurent le sous-sol et libèrent des nutriments liés. Avec l'accumulation de poussière, de débris et de matière organique, le décor est planté pour les espèces du genre Brassica et les graminées primitives. Au fur et à mesure que les perturbations diminuent, les graminées évoluées s'installent et les processus de construction du sol s'accélèrent. Lorsque les sols deviennent moins perturbés, ils tendent vers une biomasse fongique plus importante, et les mauvaises herbes ligneuses, les mûres, les roses et l'armoise font leur apparition. Avec encore moins de perturbations, ces sols « s'endorment » fournissant le signal de germination aux arbustes. Avec le temps, les arbres commencent à dominer. Les paysages peuvent être affectés par des facteurs tels que la disponibilité des minéraux dans le sol, le climat et l'altitude ; une forêt, par exemple, ne poussera jamais au sommet de l'Everest. Les perturbations du sol font toujours évoluer les sols vers un état plus bactérien, tandis que l'absence de perturbation fait évoluer les sols vers un mode plus fongique ou "endormi".

Les premières espèces végétales colonisatrices préfèrent et soutiennent les environnements dominés par les bactéries. Souvent, ces espèces annuelles produisent d'énormes volumes de graines, perpétuant ainsi leur domination et freinant la succession. Elles peuvent avoir une valeur alimentaire moindre pour les animaux ou être plus grossières que les graminées "avancées", plus appétentes. Les tests microbiens effectués sous ces graminées, telles que la digitaire, montrent une forte prépondérance des archées et des bactéries. De nombreuses espèces envahissantes prospères, telles que le seigle à tête rouge et le chiendent, réduisent les communautés microbiennes et le cycle de l'azote, rendant la zone inhospitalière pour d'autres espèces.

L'une des stratégies utilisées par les plantes pour réduire la concurrence est la libération de substances chimiques, appelée allélopathie. Des espèces telles que le noyer noir et le ray-grass sont bien connues pour produire ces substances chimiques toxiques pour leurs concurrents. Les producteurs peuvent tirer parti de ces stratégies chimiques des plantes pour réduire l'utilisation d'herbicides, en appliquant des extraits qui imitent les effets de ceux produits naturellement. Certains producteurs exploitent ces propriétés allélopathiques en cultivant des plantes comme le radis fourrager pour lutter contre les mauvaises herbes dans la culture suivante.

Lorsque le sol est perturbé par des pratiques telles que le labour, certaines mauvaises herbes germent en un clin d'œil ; cependant, des études portant sur le labourage de nuit ont révélé le même taux de germination. Je pense qu'il s'agit d'un signal biologique, car le travail du sol provoque un pic de bactéries simples. Le piétinement (impact des sabots d'animaux) provoque également des perturbations localisées, créant des zones anaérobies dominées par les bactéries. Ces mécanismes de rétroaction fonctionnent dans les deux sens : les plantes envoient un signal aux microbes et la biologie prépare le terrain pour les plantes. Les plantes peuvent-elles pousser dans des communautés microbiennes qui ne sont pas idéales ? Oui, elles le peuvent. Cependant, leur taux de photosynthèse sera plus faible (Brix plus bas) et elles seront davantage sujettes au stress, aux ravageurs et aux maladies.

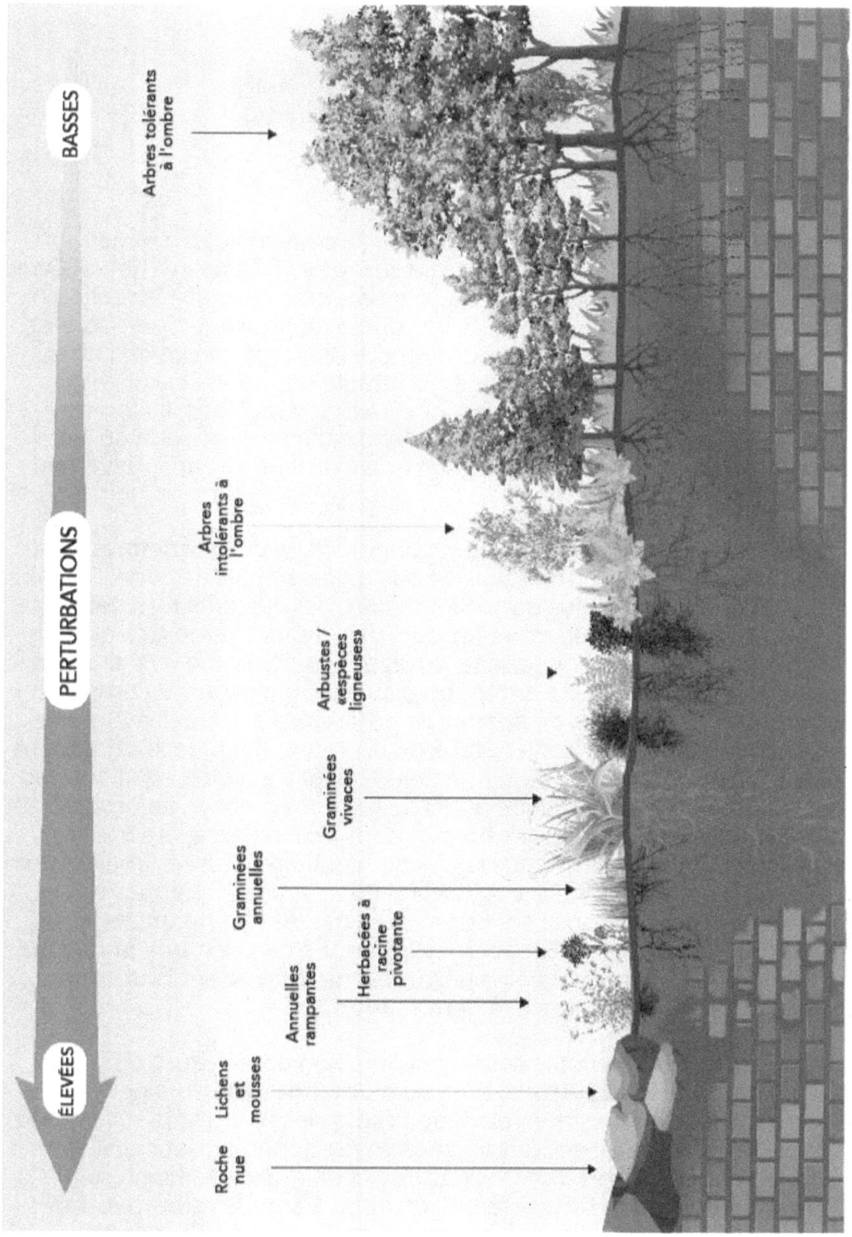
PERTURBATIONS
ÉLEVÉES
BASSES
Roche nue
Lichens et mousses
Annuelles rampantes
Herbacées à racine pivotante
Graminées annuelles
Graminées vivaces
Arbustes / «espèces ligneuses»
Arbres intolérants à l'ombre
Arbres tolérants à l'ombre
PRÉDOMINANCE BACTÉRIENNE
B/C 1:1
PRÉDOMINANCE FUNGIQUE

Au nord du parc de Yellowstone, les ranchs du bassin de Tom Miner abritent la plus grande population de prédateurs des 48 États inférieurs. Dans ce secteur, les grizzlis descendent dans les champs en aval à la recherche de carvi, (ou cumin des prés), une riche source de phosphore, de bore et d'énergie, que les ours utilisent pour prendre du poids en vue de l'hiver. Le carvi est une plante bisannuelle de la famille des apiacées, que l'on trouve en Asie de l'Ouest, en Europe et en Afrique du Nord. Il n'existe actuellement aucun contrôle naturel connu du carvi en Amérique du Nord. Les ours ont rapidement appris à déterrer les racines de carvi, devenant ainsi des jardiniers accidentels.

En creusant le sol, les ours créent des conditions plus bactériennes et un sol nu, parfaits pour la germination de nouvelles graines de carvi. Certains champs sont couverts à plus de 30 % de carvi. Les éleveurs n'en veulent pas, d'abord parce que cela attire les ours dans leurs champs, ce qui augmente le risque de rencontre dangereuse, et ensuite parce que le bétail ne l'aime pas trop. Nos tests ont montré que le carvi est un accumulateur dynamique de phosphore, de bore et de potassium (K). Nous avons mesuré 6 % de K dans les tissus végétaux de la plante. Lorsque le potassium est présent à plus de 4 % dans le fourrage et qu'il y a un déséquilibre des autres cations, il existe un risque accru de ballonnement et de problèmes métaboliques pour le bétail. Les bovins, dans leur sagesse, le savent et n'en prendront qu'une petite quantité pour équilibrer leur régime alimentaire. La comparaison des sites où le carvi ne s'est pas implanté dans le bassin montre que ces zones sont dominées par les champignons, avec un rapport C/B champignons/bactéries de 4/1. Le carvi est une plante qui aime les bactéries. Ces sols moins perturbés ne fournissent tout simplement pas le signal nécessaire à la germination.

Les ronces semblent toujours semer la confusion dans l'esprit des gens autour de cette idée de perturbation. La plupart des éleveurs pensent que les mauvaises herbes de type ligneux sont des plantes de succession précoce. Réfléchissez à l'endroit où vous voyez généralement ces plantes... Elles sont présentes dans les pâturages de grande taille ou sur les sites où la densité du bétail est faible, ou encore sous les clôtures, après la sylviculture, ou encore là où les terres sont laissées à l'abandon.

Il se produit une dynamique lorsque le bétail paît dans de grands champs ; il privilégie certains endroits et évite les moins attrayants. Il en résulte un surpâturage dans certaines zones et un sous-pâturage dans d'autres.

Richard Teague, du Texas A&M, est l'auteur d'une excellente étude qui montre que lorsque les pâturages sont trop grands, seuls 39 % de la terre sont couverts par les animaux, ce qui laisse 61 % de la terre intacte. Les zones intactes commencent à "s'endormir". Ce manque d'activité biologique déclenche à son tour la germination et la croissance d'espèces ligneuses. La plupart de ces adventices sont des plantes vivaces, de sorte qu'il faut plus de temps pour rétablir la dynamique en faveur de l'herbe. Pour accélérer ce changement, une perturbation est nécessaire, telle qu'un incendie, un herbicide, une intervention mécanique et/ou un impact animal. Certains producteurs accélèrent la perturbation et le piétinement d'une zone en déposant des balles de foin ou en plaçant une pierre à sel ou un bac à minéraux au milieu d'une parcelle de mauvaises herbes ligneuses. Le feu ou la fauche peuvent modifier la communauté microbienne. Toutefois, il ne s'agit que d'une mesure temporaire ; vous devrez toujours prendre des mesures pour interrompre le signal de germination. Dans le cas du bétail, il est essentiel d'installer davantage de clôtures et d'abreuvoirs et d'augmenter la densité du cheptel, faute de quoi ces zones reviendront à leur état initial.

Lorsque des zones forestières ou boisées dominées par des champignons sont perturbées, le nombre de champignons diminue, mais le sol est souvent plus fongique qu'il ne faudrait pour l'herbe ou les cultures en rangs. Prenons l'exemple de l'implantation d'une nouvelle prairie après une exploitation forestière : le travail du sol, les engrais solubles, les herbicides et le feu peuvent être utilisés, mais les mauvaises herbes telles que les mûres, les églantiers, divers arbustes ou le Sumac vénéneux continuent à vouloir s'implanter. Pensez aux espèces que vous voyez prospérer dans un environnement boisé : certaines graminées courtes et tendres, des fraises des bois et des plantes à fleurs telles que la rose trémière, la digitale, l'absinthe ou la molène. L'apparition de ces espèces forestières dans vos champs est un bon indicateur du fait que les sols deviennent plus fongiques ou "endormis". Ces conditions se rencontrent souvent dans les régions sèches, car les champignons résistent mieux à la sécheresse que les bactéries.

En Nouvelle-Zélande, l'envahisseur des collines, l'épervière, une herbacée rampante envahissante à faible croissance, menace les éleveurs en supplantant les graminées appétentes. Ces plantes se propagent en raison d'une gestion inefficace des pâturages. Pensant que les moutons étaient à l'origine du problème, les agriculteurs ont supprimé le pâturage... provoquant ainsi une recrudescence des adventices. La suppression du pâturage a créé des sols endormis, parfaits pour l'épervière, une mauvaise herbe à dominance fongique.

Certaines mauvaises herbes sont des hôtes mycorhiziens (CM) ou non mycorhiziens. Identifier s'il s'agit d'hôtes mycorhiziens ou non peut vous apporter des informations précieuses en matière de gestion. Plus de 90 %

des familles de plantes sont mycorhiziennes, avec des degrés de dépendance variables. Des familles entières de plantes ont évolué et sont devenues non mycorhiziennes. Bien entendu, il y a toujours des exceptions aux règles ; certaines de ces familles ont une ou deux espèces rebelles qui formeront des relations mycorhiziennes.

Il est fascinant de constater que dans les zones les plus limitées en phosphate, comme les anciens reliefs d'Australie occidentale et d'Afrique du Sud, on trouve une incroyable diversité d'espèces non mycorhiziennes, comme les Banksia, les Leucadendrons et les Proteas ornementaux. C'est un magnifique spectacle à ne pas manquer quand on roule vers le nord, le long des côtes occidentales de l'Australie, que ces espèces en fleurs. Ces plantes développent des structures racinaires en amas ou utilisent d'autres stratégies pour rendre le phosphore plus disponible. Ces stratégies peuvent impliquer l'exsudation de grandes quantités de sucres ou d'acides puissants à partir de leurs racines. La diffusion des phosphates dans les sols secs est faible, de sorte que ces structures racinaires peuvent être avantageuses. Les exsudats racinaires de ces espèces non-mycorrhiziennes contiennent des phosphatases, des substances phénoliques et des mucilages. Ils augmentent également les sous-produits du carbone, tels les carboxylates, qui comprennent des métaux lourds complexes, de l'aluminium et du fer, et libèrent par la même occasion le phosphore lié. C'est ainsi que des espèces comme les Brassica peuvent acquérir du P et que le sarrasin et les lupins constituent une excellente option de culture intercalaire pour d'autres cultures. Certaines espèces n'ont pas de structures racinaires spécialisées ni de capacités d'adaptation chimiques, comme l'amarante à racine rouge et l'ortie, mais ces espèces ont tendance à pousser dans des habitats où la pression concurrentielle est faible et où les zones sont riches en nutriments. Vous verrez souvent un grand nombre de ces adventices dans les champs cultivés, fertilisés ou fumés et communément autour des parcs d'élevage ou des enclos où il y a une forte charge en N, P, K. Beaucoup de ces espèces non mycorhiziennes ont la capacité d'attaquer chimiquement les espèces mycorhiziennes et de supplanter beaucoup de nos cultures commerciales.

En général, si l'on voit beaucoup de ces mauvaises herbes non mycorhiziennes, c'est que quelque chose a eu un impact sur la population mycorhizienne. C'est le cas du Cottonwood Ranch au Nevada, dominé par le jonc grêle, une espèce non mycorhizienne qui envahit le sol du fait du compactage et de l'imperméabilité du sol. Le travail du sol, le surpâturage, l'engorgement, certains pesticides ou herbicides et les engrais phosphatés solubles réduisent également les CM. Lorsque des espèces végétales autres que les CM dominent, elles vous indiquent qu'elles ont la mainmise sur les plantes mycorrhiziennes. Les options de remédiation peuvent se concentrer sur l'inoculation ou l'alimentation des populations fongiques dans le sol. En cas d'inoculation, les populations mycorhiziennes adaptées localement seront plus bénéfiques que le nombre limité d'espèces produites commercialement.

6. Soupape de sécurité pour les toxines.

Plusieurs plantes agissent comme une soupape de sécurité en éliminant les niveaux élevés de toxines et de nitrates du sol. Elles peuvent également reminéraliser le sol, nourrir les microbes et créer une couverture végétale, remplissant ainsi les six rôles à la fois. Ces plantes poussent rapidement et sont souvent molles. Ce sont les "plantes réparatrices" de la nature, qui travaillent à la détoxification du sol.

Comme toujours, la modération est de mise. Partout dans le monde, on s'inquiète de plus en plus de la présence de nitrates dans les eaux souterraines, des liens de causalité avec les cancers et du "syndrome du bébé bleu". Lorsque les bébés boivent du lait maternisé fabriqué avec de l'eau potable riche en nitrates, ces derniers oxydent l'hémoglobine. Cette oxydation réduit la quantité d'oxygène dans le sang, ce qui entraîne des comas et, finalement, la mort. Pour le bétail, les nitrates réduisent la fertilité des vaches, provoquent des avortements et peuvent également entraîner la mort. Un test visuel d'empoisonnement aux nitrates consiste à examiner le sang. Un sang pauvre en oxygène sera brun chocolat. L'intoxication par les nitrates peut résulter d'une alimentation de mauvaise qualité ou de la présence de nitrates dans l'eau potable, à la suite d'épisodes de gel ou d'une accumulation de nitrates dans les pâturages après plusieurs jours de temps nuageux.

Chez les plantes, un taux élevé de nitrates entraîne une augmentation des parasites et des maladies. Ces nitrates peuvent s'accumuler à la suite de l'application par les agriculteurs de matières richement azotées, engrais, litière de volaille, composts de mauvaise qualité, ou lorsque les sols sont biologiquement déséquilibrés, pauvres en protozoaires et en nématodes.

Une remarque sur les nitrates : la plupart des organismes, y compris les plantes et les animaux, peinent à traiter les nitrates et les nitrites. Il existe cependant une poignée de mauvaises herbes adaptées pour éponger les nitrates en excès dans le sol. La présence de mauvaises herbes accumulant les nitrates est un signal d'excès de nitrates. Elles puisent les nitrates dans le sol et les introduisent dans leurs structures végétales. Lorsqu'elles meurent, les nitrates retournent dans le sol sous des formes d'azote plus complexes telles que les acides aminés et les protéines. Les accumulateurs de nitrates comprennent l'ortie, la poule grasse, la sétaire, le kochia, la morelle, l'herbe du Cap, le chardon russe et le chardon marie. Curieusement, l'ortie royale entretient une relation bénéfique avec une mycorhize unique, qui lui permet de coloniser des sols à forte teneur en sodium et/ou en nitrates.

Vous pouvez vérifier si la présence de ces mauvaises herbes indique une teneur élevée en nitrates en utilisant votre réfractomètre. Il s'agit d'un outil instantané et puissant. Les excès de nitrates sont révélés par un indice de 3° ou moins et la ligne est très nette. Cette mesure indique que les protéines ne sont pas transformées (acides aminés libres et nitrates) et que le sucre n'est pas envoyé aux microbes du sol. Par conséquent, la qualité des pâturages sera médiocre et les animaux auront la diarrhée. Ne faites pas paître ces pâturages, vous perdrez de la production et, dans le pire des cas, vous perdrez aussi des animaux ! Dans la production maraichère, les plantes ne se conservent pas bien et leur goût est médiocre, voire amer. Les cultures à forte teneur en nitrates sont aussi plus sensibles aux parasites et aux maladies.

Commencez à tester le degré Brix de vos mauvaises herbes et comparez les résultats à ceux des espèces végétales que vous souhaitez obtenir. Il est toujours souhaitable que les niveaux de Brix de vos cultures soient plus élevés que ceux de vos mauvaises herbes. Si ce n'est pas le cas, c'est que les conditions actuelles du sol conviennent mieux aux mauvaises herbes qu'aux cultures. Cela peut s'avérer très révélateur : de nombreux agriculteurs favorisent, par leur gestion, les mauvaises herbes !

Il y a quelques années, alors que j'animais un atelier dans un élevage ovin en Nouvelle-Zélande, la femme qui accueillait l'événement m'a fait part de ses difficultés à cultiver la chicorée (Cichorium intybus) pour engraisser les agneaux. Elle a constaté que les agneaux avaient du mal à grossir, qu'ils avaient la diarrhée et même que certains mouraient. Sur le terrain, la levée, la croissance et la repousse de la chicorée étaient maigres. Lorsque nous avons mesuré la chicorée, elle avait un indice Brix de 3°, avec une ligne très nette - un indicateur de nitrates. Les champs contenaient des chardons très sains et de la morelle noire, une mauvaise herbe toxique. Comme personne n'était disposé à prélever des échantillons de chardons pour déterminer le Brix, nous avons prélevé des échantillons de morelle noire. L'indice Brix était de 18° et les morelles étaient brillantes, saines et heureuses. Les paramètres de gestion étaient idéaux pour la croissance des mauvaises herbes.

L'agricultrice disposait de lait cru, nous avons donc testé l'aspersion de trois doses différentes de lait, à 10, 20 et 40 litres/ha. Pourquoi du lait ? Il contient des sucres, du calcium, du phosphore, des vitamines, des minéraux, des protéines et des lipides, et dès que le lait est exposé à l'air, les lactobacilles bénéfiques commencent à se multiplier ! Quarante minutes après l'application, nous avons mesuré à nouveau les plantes. Le degré Brix de la chicorée avait grimpé jusqu'à 8° et la ligne était floue : la plante photosynthétisait maintenant à un taux presque trois fois plus élevé et nourrissait les microbes du sol dont elle a besoin. Cela signifiait également que l'agricultrice pouvait rentrer ses agneaux sans risque. Lorsque nous avons mesuré la morelle... son niveau de Brix était tombé à 6° ! Avec seulement 40 litres de lait, nous avons immédiatement modifié les signaux plante/sol. Combien de temps cet effet va-t-il durer ? Cela dépend des minéraux de base. Dans ce domaine, le taux de saturation du cation calcium était très faible, de sorte que la réaction n'a duré que trois semaines. Dans les environnements à faible pluviométrie et à forte saturation en calcium, cet effet peut durer plus d'un an.

Dans les sols présentant une toxicité aux métaux lourds, voire des radiations, il existe des plantes et des arbres capables de phytoremédiation, c'est-à-dire d'extraire les métaux du sol pour les fixer dans leurs racines, leurs tiges ou leurs feuilles. Ces plantes assainissantes comprennent les saules, le bouleau argenté, le lin, le chanvre et le coton. Elles peuvent restituer les métaux à l'environnement sous une forme moins toxique, ou être récoltées pour l'habillement, le bois ou les biocarburants. Des entreprises minières ont étudié l'utilisation de plantes capables d'extraire les métaux du sol, pour ensuite les récolter et les extraire des tissus.

Cette capacité à accumuler les métaux doit être prise en compte lorsque l'on fait paître des animaux dans des zones toxiques, car l'amarante et de nombreuses espèces de brassicacées peuvent absorber le plomb, le cuivre et le cadmium. Le tournesol aux multiples talents a même été utilisé pour éliminer le césium et le strontium des étangs après la catastrophe de Tchernobyl. Il est également très efficace pour éliminer les excès de cuivre, de manganèse, de zinc, d'arsenic et de chrome.

Je suis tombée sur une autre dynamique remarquable, avec la mauvaise herbe connue sous le nom de chardon-marie, ou chardon panaché. La première fois que je l'ai rencontrée, elle poussait densément dans une seule ravine sur la ferme d'un nouveau client en Nouvelle-Zélande. Lorsque j'ai demandé à celui-ci ce qui s'était passé à cet endroit, il m'a répondu : "C'était une ancienne décharge et nous y avons jeté un tas de batteries de voiture". Depuis, j'ai remarqué qu'elle poussait dans des champs "sacrifiés", où le bétail est regroupé après les bains insecticides ou les traitements vermifuges, ou encore derrière les granges où des produits chimiques ont été déversés. Après les tremblements de terre de 2010 à Christchurch, le chardon-marie a commencé à apparaître dans les fermes de la région. Lors d'une discussion fortuite avec un physicien, j'ai appris que le frottement des plaques tectoniques libère des gaz radioactifs piégés, notamment du radon.

Je n'ai pas trouvé grand-chose dans la littérature néo-zélandaise, mais j'ai découvert le même phénomène en Californie, le long de la faille de San Andreas : des chardons laitiers denses de 1,80 m de haut. Cette région est un point chaud pour le radon. Quelle est l'utilité du chardon-marie pour la santé humaine ? C'est un détoxifiant pour le foie. Vos mauvaises herbes essaient de communiquer, et avec de l'observation et des tests, nous pouvons apprendre à les mettre hors d'état de nuire.

Actions : Utilisez un réfractomètre pour déterminer qui est le plus heureux : les plantes que vous cultivez ou les mauvaises herbes ? Ne faites pas paître les champs et ne récoltez pas les cultures dont le degré Brix est inférieur à 3.

Les nitrates peuvent être épongés avec des humates, du lait, des hydrolysats de poisson et du vermicompost. Avant d'acheter un terrain, effectuez une analyse du sol et des plantes pour vous assurer que vous ne risquez pas de mauvaises surprises.

La révolution verte est arrivée en promettant des rendements accrus et l'élimination des mauvaises herbes, des parasites et des maladies ; pendant quelques décennies, ces promesses se sont avérées exactes. Aujourd'hui, les agriculteurs modernes sont en guerre, une course aux armements qui ne montre aucun signe de ralentissement à mesure que sont développées de nouvelles formules chimiques. Tout comme l'utilisation désordonnée des antibiotiques a créé une prolifération de germes résistants aux antibiotiques, on observe des tendances similaires avec les intrants chimiques. La recherche de monocultures pures est la recette parfaite pour une propagation incessante de mauvaises herbes résistantes aux herbicides à travers la planète.

Les régénérateurs, Di et Ian Haggerty, en Australie occidentale (WA), ont observé un phénomène remarquable avec les mauvaises herbes. Une parcelle qu'ils ont récemment achetée était gravement dégradée par des années d'engrais solubles et de recours massif aux herbicides. Malgré l'usage répété de tous les produits chimiques disponibles sur le marché, le radis, le melon et le seigle, résistants aux herbicides, gagnaient la guerre. Lorsque Di et Ian ont commencé à gérer les terres, ils ont introduit des moutons pour paître. Les cultures ont été plantées avec des extraits de lombricompost et des taux plus élevés d'extraits de compost ont été utilisés (100 litres/ha). Ils se sont ensuite retirés pour laisser la nature faire son travail.

Au cours de la deuxième année de transition, des graminées de basse succession ont repoussé pendant la période de jachère estivale (en

Australie occidentale, les cultures poussent en hiver). Ces graminées comprenaient le Gymnoschoenus spaerocephalus, l'Aristida contorta et le Chloris, généralement considérés comme des mauvaises herbes peu appétentes en Australie-Occidentale. Pour les Haggerty, cependant, ces herbes représentaient une couverture végétale précieuse et une pompe à carbone pour les microbes pendant les mois chauds et secs de l'été. Au cours de la troisième année, il s'est produit quelque chose de vraiment remarquable : des graminées indigènes C4 de succession supérieure ont germé sur des milliers d'hectares. Cette terre avait été terriblement maltraitée pendant plus de 60 ans, mais la banque de semences indigènes n'attendait que les bons signaux pour germer.

Image : Prospect Farms durant l'été 2018, l'herbe indigène Setaria C4 poussant dans les sillons où l'extrait de lombricompost a été appliqué lors de l'ensemencement d'une culture commerciale.

Les graminées de l'image précédente semblent avoir été semées dans les sillons. Les plantes qui poussent actuellement sont des graminées indigènes C4 Setaria, que l'on n'avait pas vues dans cette région depuis plus de 60 ans, et qui germent à l'endroit même où l'extrait de lombricompost a été appliqué. Il s'agit du système de détection du quorum à l'œuvre. Dans des régions où les précipitations sont si faibles, le risque est grand que l'humidité nécessaire à la germination fasse défaut. C'est pourquoi les Haggerty ont choisi de ne pas risquer d'investir dans des cultures de couverture. En voyant les résultats de la modification active du signal de germination, ils ont ouvert la porte à la possibilité de stimuler simplement la banque de semences qui se trouve naturellement dans leur sol. Quelles sont les graines qui dorment dans la plupart des sols, sans jamais recevoir de signal de germination ?

Action pour réduire les herbicides : réduire de 30 % les herbicides non sélectifs et non résiduels et ajouter une dose d'acide fulvique (ou d'extrait de lombricompost) pour quatre doses d'herbicide (consulter le fournisseur d'acide fulvique pour déterminer les doses exactes)

Remarque : tous les herbicides ne se mélangent pas avec l'acide fulvique, il faut donc d'abord faire un essai dans un bocal et tester les doses sur une petite surface avant de les épandre. Il y a tellement de produits chimiques différents sur le marché aujourd'hui que l'acide fulvique peut ne pas fonctionner avec tous.

Ian utilise toujours des herbicides de manière sélective sur ses terres, et le peu qu'il utilise est rendu plus efficace par l'ajout d'extraits de lombricompost. En modifiant le signal biologique, les mauvaises herbes résistantes aux herbicides deviennent plus sensibles. Les extraits de lombricompost contiennent des substances qui, selon moi, peuvent décomposer les alcaloïdes et autres métabolites secondaires qui protègent l'enveloppe des graines de mauvaises herbes, réduisant ainsi leur résistance aux herbicides. Cette observation visuelle a été confirmée par l'envoi d'échantillons de sol avec des graines pour effectuer des tests d'herbicides.

Graphique montrant la différence de résistance à l'herbicide glyphosate et trifluraline après 3 ans. Les graines de « Prospect » proviennent de plantes ayant poussé sur des terres traitées biologiquement et non des graines de plantes provenant de champs cultivés en conventionnel.

Comme le montre le graphique, en seulement trois ans, ces mauvaises herbes persistantes et gênantes sont maintenant éliminées avec une dose d'herbicide réduite de moitié. Les causes de cette dynamique n'ont pas encore été étudiées. Ce qui est clair, cependant, c'est que la nature sait ce qu'elle doit faire, à nous d'éviter de lui compliquer le travail !

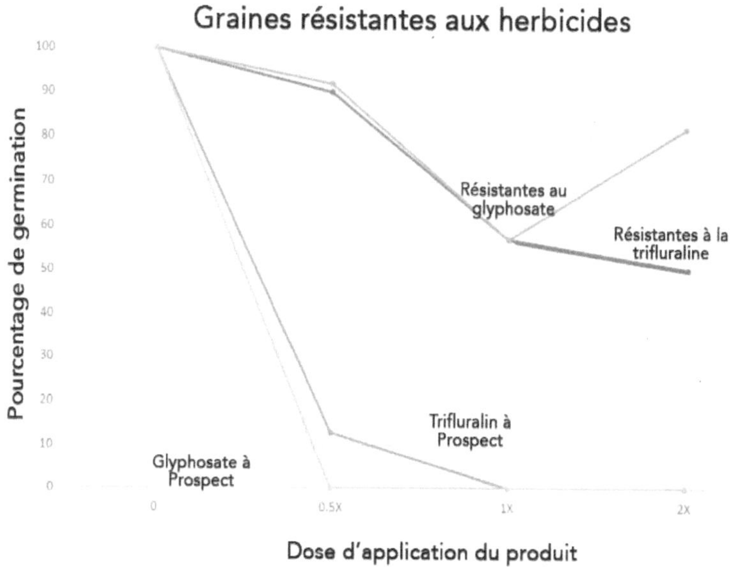

Les pulvérisations chimiques sont efficaces à court terme pour lutter contre les mauvaises herbes. Cependant, avec le temps, ces intrants créent des conditions bactériennes dans le sol qui favorisent la croissance d'autres mauvaises herbes et retiennent les oligo-éléments tels que le manganèse et le nickel, éléments dont les plantes ont besoin pour se défendre. Il existe une multitude de techniques de gestion mécanique et culturale des mauvaises herbes.

Pour ceux d'entre vous qui n'imaginent pas pouvoir se passer d'herbicide, vous pouvez atténuer les effets secondaires de nombreux herbicides en ajoutant de l'acide fulvique. L'acide fulvique fait un excellent travail en stimulant la croissance des microbes bénéfiques tout en augmentant la perméabilité des parois cellulaires. Cela signifie que les produits chimiques (ou bien les aspersions foliaires) peuvent pénétrer plus efficacement dans la plante, ce qui vous permet d'économiser de l'argent et de tenir vos objectifs en matière de santé du sol.

Lorsque les facteurs clés de la germination des mauvaises herbes sont traités et que les niveaux de Brix augmentent, on remarque que les maladies et les insectes commencent à cibler les mauvaises herbes. C'est une dynamique qui m'a valu des appels téléphoniques enthousiastes de producteurs s'exclamant que les insectes s'étaient éloignés de leur culture pour s'attaquer à une adventice gênante.

Il est essentiel d'observer l'ensemble de la situation : creusez des trous, enregistrez les changements, effectuez des analyses de tissus, notez les conditions climatiques ou de gestion antérieures et mettez en place des essais pour vous-même. Tout cela vous aidera à constituer votre propre base de données. Comprendre et agir sur les conditions dont vos cultures ont besoin pour être en bonne santé peut vous permettra d›économiser sur la lutte contre les mauvaises herbes, les pertes de récoltes et le stress !

La façon dont les mauvaises herbes poussent, au-dessus et au-dessous du sol, donne des indications précieuses sur leur rôle de réparatrices du sol. Les systèmes racinaires des mauvaises herbes peuvent vous donner de précieuses indications sur la structure du sol et sa gestion. Intégrez la réflexion sur les mauvaises herbes à toutes les autres mesures de la santé du sol : gestion, microbes, minéraux, matière organique et approche mentale. L'état d'esprit est le facteur décisif de la réussite dans la lutte contre les mauvaises herbes. Si vous voulez vous débarrasser des mauvaises herbes du jour au lendemain, c'est facile... il suffit d'arrêter de les appeler « mauvaises herbes » ! Maintenant que vous possédez toute une série d'outils sur la façon d'interpréter les messages de vos adventices, il est temps de les quitter des yeux et de vous concentrer sur ce que vous voulez cultiver à leur place !

Méthodes culturales de lutte contre les mauvaises herbes

- Faire pâturer d'autres espèces de bétail.
- Entraîner le bétail à manger les mauvaises herbes. Il existe d'excellentes ressources développées par le Dr Fred Provenza sur le site Internet de l'Université de l'État de l'Utah www.behave.net.
- Inoculer les semences avec des extraits de compost/vermicast ou des produits biologiques conditionnés pour favoriser la santé des cultures.
- Agents de biocontrôle : champignons, bactéries et insectes qui s'attaquent aux plantes nuisibles.
- Fauchez sous les arbres ou les vignes. Ajouter des espèces compagnes à croissance basse.
- S'attaquer aux principaux facteurs de germination des mauvaises herbes et améliorer la santé du sol pour préparer le terrain à ce que vous voulez cultiver.

12

Bon insecte, mauvais insecte ?

"La terre n'est donc pas simplement un sol ; c'est une source d'énergie qui circule dans un circuit de sols, de plantes et d'animaux.

- Aldo Leopold, A Sand County Almanac

En se promenant dans les 840 hectares de Central Park à New York, les citadins et les touristes trouvent un havre de paix au cœur de l'agitation de la ville. La promenade principale est bordée d'ormes d'Amérique qui rappellent des scènes de films comme Quand Harry rencontre Sally, entre autres superproductions. Le parc compte plus de 20 000 arbres, 280 espèces d'oiseaux et on entend les insectes bourdonner. En 2003, ce bourdonnement comprenait les sons rongeurs de deux espèces envahissantes : le longicorne asiatique et l'agrile du frêne. Ces deux ravageurs ont eu un impact catastrophique, ils sont responsables de la mort de millions d'arbres en Amérique du Nord depuis leur arrivée respective dans les années 1930 et 2002. Après leur découverte dans le parc, la ville de New York et les 350 km2 qui entourent la zone ont été placés en quarantaine immédiate. Les arbres infestés, y compris leurs racines, ont été enlevés et brûlés. Cette mesure était considérée comme le seul moyen de lutte efficace contre l'infestation. L'image emblématique du parc étant menacée, la décision a été prise de défendre agressivement les arbres en utilisant un néonicotinoïde, l'imidaclopride. Si vous vous êtes assis sous un arbre de Central Park entre 2005 et 2007, vous étiez assuré de rencontrer de près ce néonicotinoïde, avec plus de 14 000 applications au cours de cette période de deux ans. Les néonicotinoides, très solubles, ont été appliqués par irrigation ou injectés directement dans les arbres. Ils ciblent des récepteurs d'insectes spécifiques et sont donc considérés comme beaucoup plus sûrs que de nombreux autres insecticides disponibles sur le marché à l'époque.

Au début des années 1980, trois principaux insecticides à large spectre étaient utilisés : les organophosphates, les carbamates et les pyréthroïdes. En raison de leur très large consommation, ces insecticides sont devenus de plus en plus inefficaces à mesure que les parasites développaient des résistances. La résistance aux pesticides a été expliquée par l'adaptation (un processus appelé hormoligose) la théorie étant qu'avec une exposition sublétale, les insectes s'adaptent et évoluent pour résister au produit chimique. De nombreux scientifiques ont pensé que cette dynamique expliquait l'augmentation de la pression des insectes nuisibles observée après les pulvérisations. Cependant, l'histoire est bien plus profonde et complexe que cela. Dans les écosystèmes vivants et dynamiques, il existe des freins et des contrepoids qui atténuent les pertes de végétation à grande échelle. Dans les écosystèmes sains et fonctionnels, bon nombre de ces soi-disant insectes nuisibles et organismes pathogènes fournissent des services bénéfiques. Tout comme les mauvaises herbes, les insectes nuisibles et les maladies sont là pour vous dire quelque chose.

Pendant la panique des années 1980, alors que les agriculteurs craignaient de ne pas être protégés contre les hordes d'insectes résistants et que les risques pour l'environnement et la santé humaine étaient de plus en plus connus, de nouveaux produits chimiques systémiques sont apparus sur le marché. Comme ces pesticides circulent dans tous les tissus de la plante les fabricants ont fait valoir qu'ils ne visaient que les insectes broyeurs. En utilisant des substances commercialisées comme étant beaucoup moins dangereuses, les cultivateurs pouvaient se sentir soulagés. Ces pesticides pouvaient être appliqués de manière prophylactique tout au long de la saison de croissance, au lieu d'exposer les personnes et les abeilles à des pulvérisations aériennes. Ces pesticides sont aujourd'hui utilisés sans discernement dans le monde entier pour le traitement des semences, mélangés à l'eau d'irrigation, injectés directement dans les arbres ou appliqués par voie foliaire (avec un peu de chance après le retour des abeilles à la ruche).

Les pesticides systémiques comprennent des groupes de produits chimiques tels que les néonicotinoïdes et le phénylpyrazole (fipronil). Le fipronil est couramment utilisé dans les habitations pour lutter contre les puces, les termites et les cafards sous des noms de marques tels que Frontline, Goliath et Termidor. Les néonicotinoides ont été mis au point dans les années 80 par des équipes de super-chimistes de la multinationale pharmaceutique allemande Bayer et de Shell. Chimiquement similaires à la nicotine, ils perturbent le système nerveux des insectes, entraînant la "maladie de l'abeille folle" et la mort. En se propageant dans la plante, les néonicotinoides exposent les « passants innocents », dénommés "insectes non ciblés", par le biais du pollen, de la rosée et du nectar. Une analyse globale de 198 échantillons de miel a révélé que 75 % d'entre eux contenaient des traces d'au moins un néonicotinoïde.

Les pesticides sont les plus inefficaces de tous les produits agro-chimiques. On estime qu'au mieux 1 % de ces produits atteint les sites visés, la quasi-totalité étant perdue dans le ruissellement, la dérive des pulvérisations ou dégradée sous l'effet de la lumière du soleil. Dans le cas des néonicotinoides, seul un dixième du traitement des semences est absorbé par la plante, les 90 % restants impactant les espèces non ciblées dans le sol, les poussières et les cours d'eau. Des études récentes ont montré que les oiseaux migrateurs qui ingèrent des doses, même faibles, de néonicotinoides deviennent "anorexiques", perdant 6 à 25 % de leur poids et subissant des retards coûteux dans leurs schémas migratoires. Une étude récemment publiée sur la santé des cours d'eau en Nouvelle-Zélande devrait tirer la sonnette d'alarme pour tout le monde ; entre 2 et 6 pesticides différents ont été trouvés dans 78% des cours d'eau échantillonnés. Le chlorpyrifos, un organophosphate, a été trouvé dans la plupart de ces échantillons. Cet insecticide a été interdit par un tribunal aux États-Unis et est interdit pour l'usage résidentiel en Nouvelle-Zélande et dans de nombreux pays de l'UE, y compris l'Allemagne. Paradoxalement, l'insecticide le plus utilisé est interdit dans son pays d'origine. Bayer continue d'offrir des garanties scientifiques et se montre consterné par les allégations selon lesquelles les néonicotinoides nuisent aux oiseaux ou aux abeilles, car, je cite, "Bayer se préoccupe des abeilles".

L'explosion de l'utilisation des néonicotinoides au milieu des années 2000 a coïncidé avec l'effondrement soudain des populations d'abeilles, de papillons et d'oiseaux. Les traitements effectués à Central Park ont été considérés comme un succès jusqu'à ce que, curieusement, les arbres traités commencent à jaunir et à perdre leurs feuilles. Un examen plus approfondi a révélé la présence d'une minuscule araignée rouge (la tétranyque) Tetranychus schoenei. Du jour au lendemain, cet acarien, autrefois considéré comme un herbivore inoffensif, s'est transformé en une bête furieuse, causant des dégâts considérables aux arbres de valeur.. Selon les premières hypothèses, le néonicotinoïde aurait éliminé les prédateurs de l'acarien, les chrysopes, les coccinelles et les guêpes parasites, libérant ainsi un fléau jusque-là contenu.

Ce phénomène ne se limite pas aux ormes. D'autres chercheurs ont découvert qu'à la suite d'applications de néonics, les populations d'acariens augmentaient de 100 à 200 % dans des cultures aussi diverses que le maïs, le coton et les tomates. Les acariens ne sont pas affectés par les pesticides systémiques car ils ne possèdent pas les récepteurs ciblés par les néonicotinoides. La mesure des populations de prédateurs et d'autres facteurs n'a pas permis d'expliquer pourquoi les acariens ont commencé à produire près de deux fois plus de rejetons. Ce phénomène a attisé la curiosité des chercheurs. Si ce n'est pas l'absence de prédation qui influence la croissance de la population, se sont-ils demandé, quelle pourrait en être la cause ? Dans une étude révolutionnaire, ils ont découvert une cascade de changements dans les gènes des arbres eux-mêmes. L'activité de plus de 600 gènes a été modifiée par l'application d'un seul néonicotinoïde. 600 gènes ! Nombre de ces gènes sont responsables de la structure des parois cellulaires, de la détoxification et de l'activation d'enzymes et de phytohormones impliquées dans la défense de l'arbre. Les néonicotinoïdes ont également augmenté la digestibilité des nutriments, augmentant ainsi la quantité de nourriture disponible pour les acariens, ce qui a entraîné une augmentation du nombre de jeunes. L'insecticide a créé des conditions optimales pour affaiblir la plante et inviter d'autres ravageurs à la table.

De nombreux pesticides rudimentaires ont favorisé la prolifération des ravageurs et des maladies dans les systèmes agricoles. Dans cette course aux armements chimiques, ce sont les insectes ravageurs qui gagnent la guerre. Pour une seule espèce nuisible, il peut y avoir jusqu'à 1 700 insectes non nuisibles qui sont devenus les victimes collatérales de cette guerre. Les insectes apportent une multitude d'avantages aux écosystèmes, qu'il s'agisse de la pollinisation, du cycle des nutriments, de la décomposition ou de l'alimentation. L'impact d'un "insectaggedon" imminent, c'est-à-dire l'effondrement des espèces d'insectes, est vaste, de grande portée et potentiellement catastrophique. Alors que les espèces non ciblées, comme les abeilles et les papillons, s'effondrent, les espèces nuisibles aux cultures prospèrent. Il existe aujourd'hui plus de 550 espèces d'insectes résistantes aux pesticides, y compris des insectes qui sont devenus résistants à la toxine Bacillus thuringiensis (BT) contenue dans le maïs, le coton, le soja et les pommes de terre transgéniques. Malgré la complexité croissante des pesticides, les ravageurs consomment encore 18 à 20 % des cultures mondiales et deviennent de plus en plus résistants aux produits insecticides.

Avec la technologie BT et les molécules chimiques systémiques ciblées, on aurait pu croire aux promesses de réduction des pesticides. Malgré les avantages vantés par les producteurs de semences, l'utilisation d'insecticides a augmenté, et non diminué, depuis l'introduction de la technologie BT.

En 2014, un mémo public de l'EPA indiquait que "les données publiées indiquent que la plupart des traitements de semences à base de néonicotinoïdes ne protègent pas mieux le rendement du soja que l'absence de contrôle des nuisibles". Malgré ces informations, ces pesticides continuent d'être imposés aux producteurs du monde entier comme l'étalon-or de la protection des cultures. Aujourd'hui, la moitié des cultures de soja et 79 à 100% des cultures de maïs aux États-Unis sont ensemencées avec un pesticide néonicotinoïde. Une étude réalisée en 2016, appliquant la comptabilité systémique à l'utilisation des pesticides, a montré que le rapport bénéfice/risque est inférieur à 1, ce qui signifie que pour chaque avantage offert par les pesticides, il y a 99 coûts. Ces calculs incluent les coûts pour l'environnement et la santé humaine. Rien qu'aux États-Unis, on estime que les conséquences directes et cachées des pesticides coûtent à l'économie américaine plus de 37 milliards de dollars par an. Il est urgent de repenser totalement la question des pesticides.

Une étude réalisée en 2018 dans la « ceinture de maïs » des États-Unis, comparant des fermes régénératives à des fermes conventionnelles utilisant des insecticides, a révélé que les insectes nuisibles étaient dix fois plus nombreux dans les fermes conventionnelles. Oui, vous avez bien lu, là où les agriculteurs appliquaient tout leur arsenal d'insecticides, de plantes génétiquement modifiées et de traitements de semences, on trouve dix fois plus d'insectes nuisibles.

L'existence d'une relation entre les produits chimiques et la pression exercée par les ravageurs n'est pas un fait nouveau. Il y a soixante ans, l'agronome français Francis Chaboussou, de l'Institut national de la recherche agronomique (INRA), découvrait que les pesticides et les fongicides étaient responsables des invasions d'insectes. Ses travaux ont été largement ignorés. Il a émis l'hypothèse qu'un insecte mourrait de faim sur une plante saine, un phénomène qu'il a appelé "Trophobiose". Son livre a été publié en 1985 et finalement traduit en anglais 20 ans plus tard sous le titre « Santé des cultures : Une révolution agronomique ». La théorie de Chaboussou est que les insectes ne s'attaquent pas à toutes les plantes ; ce sont les plantes affaiblies, à forte teneur en acides aminés et en sucres, qui attirent les ravageurs comme une flamme attire des papillons de nuit.

À Hawkes Bay, en Nouvelle-Zélande, Nick Pattison, arboriculteur, peut attester qu'après avoir supprimé le pesticide Tokuthion de son programme, le nombre de cochenilles farineuses a diminué la première année. L'année suivante... elles ont totalement disparu. Le pesticide créait des conditions favorables aux parasites. En réponse aux inquiétudes pour la santé humaine et l›environnement liées à l'utilisation de produits chimiques à la fin des années 1990, le secteur horticole néo-zélandais a introduit des stratégies de lutte intégrée contre les ravageurs (LIR), qui incluent des perturbateurs hormonaux, des bandes pollinisatrices, une meilleure gestion de l›eau et un suivi précis. L'une des stratégies les plus efficaces : l'arrêt de l'utilisation des pesticides chimiques ! Les producteurs ont pris conscience du fait que les insectes nuisibles étaient attirés par les perturbations dans les arbres. Il est stupéfiant que cette information, étayée par une expérience mesurable, n'ait pas été transmise à d'autres secteurs de production.

Pour répondre aux préoccupations des cultivateurs concernant la résistance croissante des ravageurs, bon nombre de ces produits chimiques sont désormais utilisés conjointement afin d'accroître leur efficacité, ce qui augmente également leur nocivité pour les insectes non ciblés en raison des effets synergiques dans l'environnement. Les recherches menées au cours de la dernière décennie ont révélé le caractère néfaste des pesticides et fongicides, même à faible concentration, sur l'environnement, la faune, les abeilles, les papillons et l'homme.

Comment des pesticides solubles, persistants et à large spectre ont-ils pu être autorisés et libérés avec une telle ampleur dans l'environnement sur toute la planète ? On pourrait arguer que ces pesticides n'ont pas été soumis à un processus d'évaluation rigoureux des risques avant d'être disséminés. "Votre évaluation des risques n'a que la solidité de la question que vous posez", explique Jonathan Lundgren, l'agroécologiste et entomologiste qui a dirigé l'étude Regenerative Ag de 2018. Il a commencé à étudier les effets écologiques néfastes des pesticides à la fin des années 90. Ses recherches doctorales sont devenues plus complexes et il a peu à peu réalisé que son enquête sur la fiabilité des processus d'évaluation des risques avait ouvert une porte qu'il ne pourrait plus refermer. "Je ne pense pas que nous puissions évaluer les risques ; la question est tout simplement trop compliquée. Les effets sont trop vastes. Nous ne savons pas quels organismes sont affectés et de quelle manière. Comment faire de la recherche scientifique sur 20 000 formulations ? Dès que vous ajoutez un adjuvant, le profil de risque change". Le processus d'évaluation des risques n'a que très peu de rapport avec ce qui se passe hors du laboratoire. Lors du processus d'évaluation des cultures BT, personne ne s'est posé la question de savoir ce qui se passerait si tous les agriculteurs décidaient de ne cultiver qu'une ou deux plantes. La réponse est l'effondrement de la biodiversité à grande échelle, en surface et sous terre.

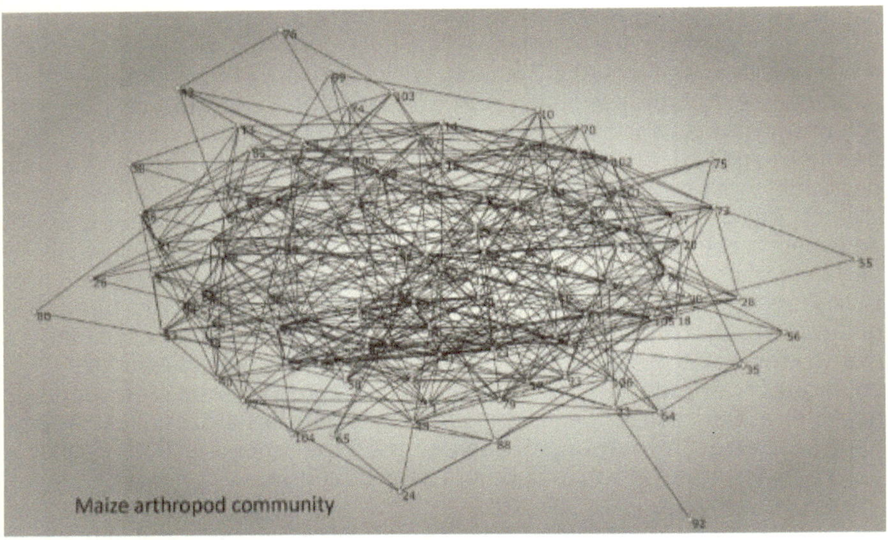

Image : Réseaux de communautés d'arthropodes du maïs. Jonathan Lundgren 2011.

Cette image, qui semble à première vue être un gribouillage d'enfant sur le mur de sa chambre, représente un réseau de connexions communautaires entre les insectes des cultures de maïs dans le Dakota du Sud. Saisir des données sur toutes ces interactions potentielles serait une tâche ambitieuse !

Actuellement, notre questionnement scientifique n'a pas l'ampleur nécessaire pour saisir tout ce qui est possible et imaginable à partir de telles connexions. La recherche scientifique cherche à simplifier les questions et les moyens de quantifier les données et, par sa nature même, elle doit ignorer la complexité, les synergies et les conséquences involontaires, qui sont trop vastes pour être saisies et prouvées.

Passer du temps avec le Dr Lundgren sur le terrain, c'est comme lâcher un enfant dans un magasin de bonbons. Son enthousiasme est contagieux. Même l'adulte le plus réfractaire aux insectes se retrouve à quatre pattes, à gratter la litière de feuilles pour révéler un trésor d'amis à six pattes nouvellement observés. Lundgren est un scientifique de renommée mondiale qui a publié plus de 260 scientifiques. En 2012, il a reçu le prix de l'USDA pour "Outstanding Early Career Research Scientist" (chercheur scientifique exceptionnel en début de carrière) et a dirigé son propre laboratoire. Alors qu'il travaillait pour l'USDA [Département de l'Agriculture des Etats-Unis], il a été l'un des chercheurs qui, très tôt, ont identifié le lien entre les néonicotinoides et le déclin des populations de papillons et d'abeilles.

M. Lundgren estime que son intérêt pour les pesticides explique les mesures disciplinaires dont il a fait l'objet, visant à évincer ses travaux et à l'empêcher de partager ses découvertes avec le public. En 2015, il a participé à un procès intenté contre l'USDA, qui avait ordonné à des scientifiques de rétracter des études et d'édulcorer leurs conclusions. Il faut beaucoup de courage et de détermination pour être prêt à poursuivre un gouvernement en justice ! Il faut également du courage aux régénérateurs et à ceux qui sont prêts à rejeter le rouleau compresseur des produits chimiques, alors que l'industrie dispose d'un financement et d'une influence suffisants pour continuer à promouvoir un système qui est en échec.

Les producteurs et des observateurs attentifs vous diront qu'il existe une relation évidente entre le stress et les maladies d'une part et les pressions exercées par les insectes d'autre part. Ces stress peuvent être dus à des facteurs pédologiques et climatiques, tels qu'une faible teneur en carbone du sol, des inondations ou des chaleurs extrêmes, des déséquilibres minéraux du sol ou des apports d'engrais solubles en grande quantité. La plantation d'une culture dans un écotype inadapté est source de stress ; s'attendre à ce que des cultures d'été donnent de bons résultats en hiver ou vice versa, c'est s'exposer à des problèmes. Les pesticides réduisent également le degré Brix des plantes, modifient la dynamique de l'azote et augmentent les acides aminés libres. De nombreux ouvrages scientifiques reconnaissent qu'il existe une corrélation entre les épidémies d'insectes nuisibles et les apports d'azote. Par exemple, il est "largement établi que la nutrition minérale des plantes est un déterminant important du développement des [insectes] herbivores". Il est curieux que ces chercheurs utilisent régulièrement des termes comme "reconnu" ou "largement établi", dans leurs conclusions sur la relation entre les insectes nuisibles et l'azote, que alors que ce n'est pas l'histoire qu'on raconte aux producteurs.

Une théorie circulait parmi les défenseurs de la régénération, selon laquelle les insectes, dépourvus de pancréas ou de méthode de digestion des protéines complètes, mouraient après avoir consommé des aliments riches en nutriments. Les recherches menées par Larry Phelan, professeur dans l'Utah, et d'autres chercheurs ont montré que cette théorie n'était pas tout à fait exacte. Leurs travaux montrent que les insectes préfèrent consommer des acides aminés plus simples, qui sont plus faciles à traiter que les sucres structurels ou les protéines. Lorsque les plantes. présentent des déséquilibres minéraux, la quantité d'acides aminés libres peut être multipliée par 10. Les travaux du Dr Phelan ont révélé que les plantes présentant un déséquilibre minéral produisent moins d'inhibiteurs de protéinase, une enzyme que les plantes utilisent pour se défendre contre les insectes nuisibles. Ses recherches ont également montré que lorsque les insectes nuisibles sont nourris avec des plantes équilibrées sur le plan nutritionnel, ils se rabougrissent, pondent moins d'œufs et leurs larves ont moins de chances de survivre. La quantité de matière végétale que les insectes consomment sur les cultures est également réduite. Ils ont aussi découvert que le maintien d'un rapport de 2:2:1 entre B:Fe:Zn ralentissait la croissance des insectes et réduisait les acides aminés libres dans les conditions hydroponiques. Chaboussou avait raison : les insectes ne sont pas attirés par les plantes saines.

Les insecticides, fongicides et herbicides tels que le Captan, le Maneb, le chlorpyrifos et le paraquat ont un impact direct ou indirect sur la photosynthèse et sur les exsudats racinaires nécessaires à la signalisation du quorum. Les enzymes et les signaux impliqués dans la fixation de l'azote et la transformation des acides aminés libres en protéines complètes sont altérés par ces produits chimiques.

Encore une fois, un argument de vente parfait pour quelqu'un qui n'est pas agriculteur.

La photosynthèse des plantes est le moteur de tout. Lorsque la santé des plantes et les niveaux de Brix augmentent, les pressions exercées par les parasites diminuent. Une étude réalisée par un étudiant français, portant sur les données de plus de 22 fermes régénératives en Nouvelle-Zélande, a montré qu'un indice Brix de 12 ou plus pour les graminées et de 14 pour les légumineuses, tout au long de la saison de croissance, permettait de réduire efficacement la pression des parasites. En conséquence directe de leurs programmes de santé des sols et des pâturages, ces agriculteurs ont constaté une augmentation du Brix, tandis que la pression des insectes nuisibles diminuait. Les insectes ne sont pas intéressés par tous les brins d'herbe ni toutes les pommes. Ils cherchent à éliminer les déchets !

L'installation et le maintien d'une communauté microbienne diversifiée et l'augmentation de la matière organique du sol sont essentiels pour réduire les facteurs de stress environnementaux, tels que la sécheresse et les fluctuations de température. Les microbes peuvent réduire les stress nutritionnels en veillant à ce que les plantes reçoivent les minéraux au rythme, au moment et sous la forme dont elles ont besoin. Les microbes du sol et des feuilles fournissent toute une série de services bénéfiques pour la santé des plantes. Nombre de ces effets peuvent être indirects. Prenez les champignons mycorhiziens, par exemple ; ils peuvent augmenter la capacité des plantes à émettre des composés organiques volatils (COV) qui attirent les insectes. Ces COV attirent les insectes prédateurs et parasites bénéfiques qui s'attaquent aux ravageurs. En présence de mycorhizes, les plantes émettent des COV qui renforcent les populations d'acariens prédateurs en stimulant la ponte et en réduisant le temps de maturation des œufs

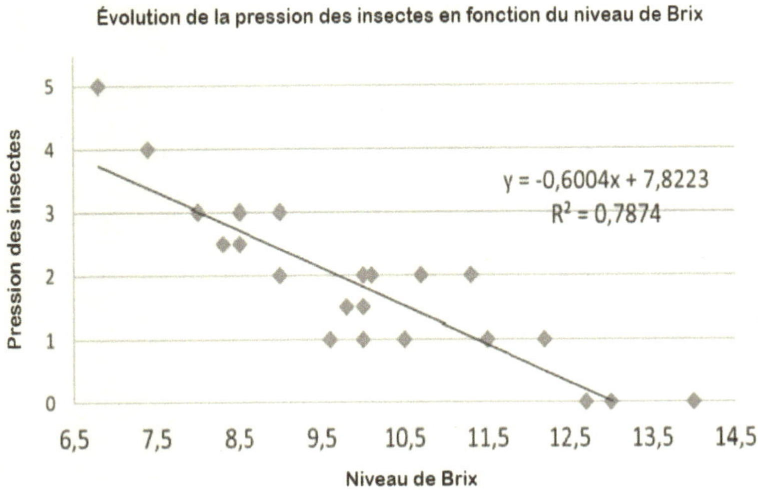

Corrélation entre l'indice Brix et les pressions exercées par les insectes dans 22 fermes des régions de Hawke's Bay et Manuwatu en Nouvelle-Zélande. Florent 2001.

Il est peut-être de plus en plus clair qu'il y a un écart entre la santé du sol que vous vous êtes engagé à obtenir et son état actuel. Dès lors, quels vont être les bons choix ? Passer d'un mode de gestion à l'autre peut s'avérer délicat si vous ne voulez pas risquer des pertes de rendement dues à une forte pression des maladies ou des ravageurs.

Dans l'élevage de chevaux de course de Lindsay, des obstacles majeurs entravaient les progrès. Les minéraux et la biologie étant altérés, les plantes étaient stressées et les insectes ravageurs s'en donnaient à cœur joie ! Entre les grillons, les cochenilles, les vers blancs, les charançons du trèfle et les puces de la luzerne, la biomasse des insectes nuisibles dépassait de loin la masse des chevaux. Il fallait faire quelque chose pour que leur sol puisse faire un bond en avant.

Comme les insectes préfèrent se nourrir de plantes à faible indice Brix, à forte teneur en acides aminés (N) et présentant un déséquilibre en minéraux, l'état du sol à faible teneur en carbone, compacté et peu profond des terres de Lindsay leur semblaient des plus accueillantes ! Les sols compacts et serrés offrent des conditions idéales pour de nombreux insectes nuisibles, avec une faible mobilité des nutriments et des cycles de croissance et de ralentissement bactériens qui aggravent le problème. Les sols compacts constituent un sanctuaire pour les insectes nuisibles, car les organismes entomopathogènes (EP), qui contrôlent naturellement les maladies des insectes, sont affaiblis par le manque d'oxygène. Dans le cadre d'un programme de transition, les champignons, bactéries, protozoaires ou nématodes EP sont d'excellents outils provisoires, si les insectes nuisibles exercent une pression sur une production importante. Ces microbes existent naturellement dans les sols sains et équilibrés et à l'intérieur des plantes dans le monde entier. Pour se développer et se reproduire, ils ont besoin de corps d'insectes. Ces organismes peuvent avoir un impact considérable sur les populations de ravageurs. Une étude de Cornell utilisant des nématodes entomopathogènes sur un charançon redoutable, le plum curculio, a permis de réduire les ravageurs de 70 à 90 %.

Les EP ont d'autres effets bénéfiques sur la santé des plantes : ils fournissent des nutriments directement aux végétaux, défendent les racines et augmentent l'immunité des plantes contre les maladies, c'est ce que l'on appelle la résistance systémique induite (RSI).

En raison de la forte pression exercée par les insectes nuisibles à Lindsay Farm, nous avons appliqué un mélange exclusif de quatre champignons et bactéries EP différents avec de l'hydrolysat de poisson et avons constaté une baisse spectaculaire de la présence des puces du trèfle, des charançons et des cochenilles farineuses. La couverture herbeuse et la profondeur des racines ont été accrues, l'arrachage de l'herbe a été stoppé et la proportion de trèfles a augmenté. Cette application a permis aux processus de structuration du sol de réellement démarrer, car les insectes qui grignotaient les systèmes racinaires ont été éliminés. Nous avons également appliqué des souches de Metarhyzium et de Beauvaria contre les tiques, en les pulvérisant sur le sol et en les appliquant le long de l'épine dorsale des chevaux avec un peu d'huile comme support. Il en a résulté une réduction massive de la population de tiques. Les chercheurs ont constaté que ces organismes peuvent réduire les tiques de 80 à 100 % sur le terrain.

Vous pouvez appliquer des produits de biocontrôle conditionnés. Cependant, nous avons participé à de nombreux projets et nous avons constaté à maintes reprises que, à mesure que la santé du sol s'améliore, ces agents de lutte biologique apparaissent et se développent spontanément.

Comment le savoir ? Commencez par creuser et cherchez des insectes momifiés. Par exemple, la présence de trois champignons EP courants peut être identifiée par les duvets de couleur différente des insectes momifiés : vert, blanc ou jaune. Le duvet blanc est peut être Beauveria bassiana (maladie de la muscadine blanche) ; le vert Metarhizium anisopliae (muscadine verte) ; et le duvet jaune peut être Isaria fumosoroseus (la bien nommée muscadine jaune). La maladie de la muscadine jaune est un agent pathogène pour plus de 25 familles d'insectes différentes, dont la teigne des crucifères, le puceron russe du blé et l'aleurode à feuilles argentées. Metarhyzium anisopliae infecte plus de 200 espèces d'insectes nuisibles, dont les termites, les thrips et, avec Beauvaria bassiana, fait l'objet de recherches en tant qu'agent de biocontrôle contre les moustiques vecteurs de la malaria. Heterorhabditis bacteriophora est un nématode EP, désormais disponible dans le commerce, qui charge ses hôtes de bactéries et d'œufs. Ce biocontrôle donne d'excellents résultats dans la lutte contre les puces, les fourmis, les tipules et les charançons. À l'éclosion, les bébés nématodes mangent leurs insectes hôtes de l'intérieur. Si je comparais le sol à un film d'horreur, je dirais qu'ils ont tout de ces monstres extraterrestres qui sortent de votre torax !

Les chercheurs du monde entier ont eu du mal à obtenir des résultats cohérents avec les souches d'EP et, selon moi, de nombreux bons projets ont été abandonnés trop tôt. Sur le terrain, nous avons toujours utilisé de l'hydrolysat de poisson et un acide humique pour introduire les organismes EP dans la plante. L'utilisation de ces intrants est essentielle à la survie des inoculants et à leur introduction dans la plante. De nombreux insectes pathogènes sont également des endophytes, ce qui signifie qu'ils vivent en harmonie avec les tissus végétaux sans nuire à leur précieux hôte.

De nombreuses espèces végétales abritent naturellement ces petits « bombardiers furtifs », notamment les artichauts, les bananes, le cacao, les haricots, le coton, le maïs, le colza, le café, les palmiers-dattiers, le pavot à opium, les pins, les citrouilles, le sorgho, les tomates et le blé.

Des preuves de plus en plus nombreuses viennent étayer cette thèse, mais les observations sur le terrain avec les agriculteurs utilisant ces produits nous ont permis de constater la rapidité d'action des champignons. En l'espace de quelques jours, après une simple application foliaire, les champignons ont traversé le xylème jusqu'aux racines. Ils pouvaient alors cibler directement les insectes qui se nourrissaient des racines en profondeur dans le sol. Beauvaria et Metarhyzium spp sont tous deux des champignons endophytes. Comme les mycorhizes, ils vivent dans et sur les racines des plantes. Jusqu'à récemment, les scientifiques ne pensaient pas que ces champignons rendaient d'autres services à la plante. Aujourd'hui, les chercheurs découvrent qu'ils sont non seulement des tueurs d'insectes efficaces, mais qu'ils augmentent également l'absorption du fer et qu'ils restituent à la plante hôte l'azote précieux contenu dans le corps de l'insecte ! Dans les écosystèmes forestiers, 70 % de l'azote restitué au sol provient des insectes morts ou de leurs excréments. Sur un hectare de superficie, le sol peut contenir jusqu'à 172 millions d'insectes pesant environ 450 kg. Comme les insectes sont les voleurs d'azote dans tout écosystème, dans les sols vivants, leurs cadavres peuvent fournir 45 kg d'azote supplémentaires par hectare.

Comme beaucoup de ces champignons peuvent être non spécifiques, il convient de bien réfléchir avant de les appliquer. L'impact potentiel de Beauvaria bassiana sur les populations de bousiers dans les champs n'est pas encore établi. Des chercheurs néo-zélandais ont vu cette maladie infecter des bousiers âgés et blessés. Le Metarhyzium lui-même, sans danger pour les abeilles, est promu par le passionné Dr. Paul Stamets comme une approche mycélienne du contrôle de l'effondrement soudain des colonies et du varroa, l'acarien prédateur d'abeilles. Regardez la conférence TED de Paul Stamets "Comment les champignons vont sauver le monde". En fait, pendant que vous y êtes, visionnez l'ensemble de sa vidéothèque. Des choses fascinantes émanant d'un homme fascinant. Nos observations anecdotiques sur le terrain ont montré une augmentation de l'incidence des insectes utiles, y compris les bousiers, après des apports de Beauvaria bassiana.

Les effets sur les différents domaines agricoles parfois été extraordinaires et, à d'autres moments, des échecs complets. Les échecs, bien que douloureux, sont de bonnes opportunités d'apprentissage. Ils ont enrichi notre base de connaissances, de sorte que nous savons mieux qu'il est extrêmement important de choisir le bon moment pour cibler des insectes spécifiques.

Les biopesticides doivent être appliqués aux bons stades de la vie, lorsque les insectes nuisibles se nourrissent activement des plantes et de leurs racines. Vous devez utiliser le bon mélange champignons/bactéries. De nombreux EP sont sensibles aux UV et il est préférable de pulvériser après le coucher des abeilles ou, du moins, d'utiliser des souches qui ne leur nuiront pas. En fait, il y a une multitude d'autres pollinisateurs vitaux que les abeilles ; il suffit de pulvériser la nuit -- une seule fois. Ne vous préoccupez pas de ce que pensent vos voisins ; ils vous prennent déjà pour un fou ! Nous continuons à faire preuve de prudence pour maintenir l'équilibre de l'écosystème et nous n'utilisons ces bio-contrôles qu'aux premiers stades de la transition.

Il y a quelques années, j'ai rencontré un éleveur de vaches laitières dans le nord de Canterbury, en Nouvelle-Zélande, qui rencontrait des problèmes de lenteur dans le rétablissement des pâturages, et d'arrachage de l'herbe : la plante entière s'arrache littéralement lorsqu'elle est broutée. En sortant sa fidèle bêche, il a découvert une multitude de taches blanches duveteuses dans le sol, qui provoquaient la pourriture des racines. Certains consultants identifient à tort ce ravageur comme un champignon bénéfique ; malheureusement, il s'agit d'un ravageur des pâturages, la cochenille, et, d'après mon expérience, il semble qu'elle soit en augmentation dans de nombreuses régions agricoles. On la trouve dans des environnements plus tempérés, chauds et humides, causant des problèmes dans les pelouses et les cultures intensives en Floride, au Texas, en Asie du Sud-Est, en Australie orientale, en Nouvelle-Zélande et en Afrique du Sud. On l'attribue à la maladie dite du "dépérissement des pâturages", qui décime les prairies australiennes. Creusez un trou ; vous serez peut-être choqué de constater qu'il y a plus d'animaux herbivores sous l'herbe qu'au-dessus.

Observées sous une loupe à fort grossissement (20 X), les cochenilles des pâturages adultes apparaissent sans tête ni pattes – ce sont des insectes rosâtres de forme ovale mesurant jusqu'à 2 mm de long. Elles ressemblent aux cochenilles que l'on trouve sur les plantes d'intérieur malades. On les trouve souvent dans la couronne de la plante, les femelles étant entourées de touffes de sécrétions blanches et cireuses. Elles semblent avoir un faible pour le trèfle et sucent la sève des racines des graminées. Une forte infestation peut tuer les plantes, les effets étant souvent plus évidents en automne. Pendant qu'elles sucent, elles produisent également des exsudats cireux hydrophobes. Cela crée un autre cercle vicieux qui contribue à rendre les sols hydrophobes.

Cette ferme laitière était massivement infestée. À long terme, l'agriculteur devait s'attaquer à la mauvaise santé et au compactage du sol ; à court terme je lui ai recommandé de commander des sacs de Beauvaria. Il a appliqué le produit et l'arrachage des pâturages a cessé en quelques semaines. Nous avons creusé des trous sur toute la longueur des parcelles cultivées et n'avons pas vu une seule cochenille, jusqu'à ce que nous atteignions le dernier enclos, qui était envahi de peluches blanches. Il a dit : "Ahhhh". "C'est donc pour cela qu'il reste un sac dans le hangar ! Il avait fait par hasard un très bon essai comparatif, ce qui lui a permis de voir que les résultats n'étaient pas dus à une coïncidence ou à un changement de saison.

Pour rappel, ces biopesticides naturels sont présents dans les sols et les environnements sains. Améliorez la santé du sol et ils viendront ! L'application d'un biopesticide ne constitue pas un changement de paradigme, c'est une substitution [provisoire]. Appliquer l'un de ces bio-contrôles revient à stabiliser la vitesse d'un avion sur une piste d'où il doit s'envoler. Ils constituent un outil qui nous permet de réaliser des progrès rapides, mais à un moment donné, il faut que l'avion décolle !

La diversité est essentielle pour réduire la pression exercée par les insectes nuisibles, elle rend plus ardue leur recherche de nourriture et elle fournit un habitat aux prédateurs. En cas de fortes infestations d'organismes se nourrissant de racines, la rotation des cultures est essentielle pour briser le cycle de vie des insectes. Je trouve fascinant que les ravageurs de la ceinture de maïs aient évolué et qu'ils aient à présent un cycle de deux ans, ce qui leur permet d'ignorer la rotation intermédiaire du soja et fait coïncider l'éclosion des larves avec leur aliment préféré. Le fait de mélanger les espèces cultivées et de planter en polyculture ou multi-espèces réduit l'accumulation des parasites. Cette diversité offre un large éventail de signaux de quorum, de composés dissuasifs pour les ravageurs et d'hôtes pour les EP. Jonathan Lundgren est clair : la cause première de l'explosion des populations de ravageurs est l'encouragement et l'expansion des monocultures. Les erreurs de gestion ont été et sont le problème principal et la diversité est la clé de toute stratégie de lutte antiparasitaire réussie. Parviendrons-nous un jour à exterminer tous les ravageurs de la planète ? Non, et je ne pense pas qu'il s'agisse là d'un objectif pertinent dans un système holistique où chaque chose a sa place.

Une recette pour un sol en mauvaise santé fournit également les ingrédients pour les maladies : la compaction, l'engorgement, l'azote soluble, la faible teneur en carbone et les monocultures sont autant de facteurs qui y contribuent. La plupart des facteurs qui favorisent l'apparition des mauvaises herbes et des ravageurs sont les mêmes que ceux qui favorisent les maladies. Il existe des moyens pratiques de réduire les maladies de manière proactive, notamment les techniques de pâturage, les techniques et recettes de nettoyage hygiénique, les cultures intercalaires ou les sous-couverts végétaux, l'évitement du labour du sol, etc.

Si les maladies sont déjà présentes et causent des pertes de production importantes (en particulier dans les cultures à haute valeur ajoutée), nous adoptons alors une approche à quatre volets. Celle-ci comprend des actions visant à lutter contre la maladie à l'aide de produits biologiques et de rééquilibrages nutritionnels, à réduire la propagation du vecteur, à accroître la résistance et la santé des plantes et, enfin, à s'attaquer aux structures sous-jacentes qui en premier lieu ont créé les conditions propices à la maladie.

Les actions visant à réduire l'infection dépendent du type de culture, des types de maladies présentes et des options de gestion. Un agent pathogène se propage-t-il par l'eau, le vent, les machines ou le bétail ? Passe-t-il l'hiver sur les débris ? Quelles sont les conditions climatiques nécessaires à sa propagation ? En posant ces questions, vous pourrez agir pour la réduire. En règle générale, dans les entreprises maraichères, de grande culture et d'horticulture, des mesures doivent être prises pour décomposer les matières organiques et réduire l'accumulation de maladies entre les saisons de culture. Il existe des produits de digestion commerciaux, ou vous pouvez fabriquer les vôtres en utilisant de la mélasse, du poisson et des produits à base de calcium.

Les organismes pathogènes sont présents dans tous les sols. Une infection est le signe que quelque chose d'autre a mal tourné. La plupart des maladies sont des "vecteurs secondaires", comme la pourriture des racines, phytophthora, qui cible les matières mortes. Un autre facteur a créé un environnement propice à l'installation de la pourriture. Des études récentes ont conclu que c'est une carence en partenaires microbiens défensifs qui favorise la survenue des maladies. Des recherches supplémentaires sont absolument nécessaires pour déterminer les causes déterminantes des maladies ; s'agit-il d'un manque de défenses microbiennes, de minéraux clés ou de mauvaise gestion ?

Simon Osborne, l'agriculteur-régénérateur de Canterbury, en Nouvelle-Zélande, teste et mesure les changements apportés à ses cultures depuis des décennies. Il est un excellent exemple de mise en pratique du principe "évaluer pour mieux gérer". Pendant de nombreuses années, grâce aux pratiques de l'agriculture de conservation (AC), le système agricole a évolué de manière constante, au fur et à mesure que le carbone du sol augmentait. Cependant, le système a continué à dépendre fortement des herbicides, des fongicides et des traitements chimiques des semences.

En 2016, Simon a estimé que l'exploitation avait atteint un plateau et que, dans le cadre de ce modèle agricole, "il n'y avait plus de progrès en matière de santé des sols et d'écologie globale de l'exploitation, bien que les résultats financiers soient excellents". Démoralisée par ce qu'il appelle "l'agriculture chimiothérapeutique prescriptive", la famille a sérieusement envisagé de vendre et de faire autre chose, jusqu'à ce qu'elle découvre par hasard le livre "Teaming with Microbes" de Jeff Lowenfels. Ce livre a ouvert une porte sur "la beauté de l'écologie du sol et les principes de base d'un biome synergique". Simon est un homme réactif. En lisant de la documentation technique et en participant à des ateliers organisés par des éducateurs spécialisés dans la régénération, il a acquis la confiance nécessaire pour entamer sa transition vers un système écologique à faible consommation d'intrants.

Simon a trouvé qu'il était facile de réduire son utilisation d'engrais chimiques, car il avait "déjà compris que moins, c'est mieux". En fait, il a découvert que "dans de nombreux cas, rien c'est plus ", car il a commencé à réaliser que l'utilisation d'engrais augmentait à la fois les coûts et les pressions exercées par les insectes et les maladies. Le plus grand défi était l'élimination ou la réduction des "--cides" chimiques, nuisibles à la physiologie des plantes et au biome du sol. Les cultures de semences à haute valeur ajoutée, comme le radis hybride, sont gérées de manière intensive avec des pratiques culturale et un régime chimique strict basé sur un calendrier ; jusqu'à 50 pulvérisations de fongicides et d'insecticides peuvent être appliquées au cours d'une seule saison de croissance. C'est un engrenage fatal qu'il faut quitter.

Simon procède toujours à de multiples essais, en particulier lorsqu'il cherche à réduire les fongicides dans ses précieuses cultures de semences. Les intrants chimiques coûtant aux producteurs de semences plus de 4 000 dollars néo-zélandais par hectare (2 500 euros), les pertes potentielles de récoltes placent les producteurs dans une position risquée. L'élimination rentable des fongicides et des pesticides a été une priorité et un objectif pour Simon. Il est devenu de plus en plus conscient que s'il n'éliminait pas ces intrants chimiques, son programme de santé des sols ne pourrait pas progresser. Ses observations et ses tests sur plusieurs cultures ont montré que tous les produits chimiques systémiques étaient "fatals" pour la microbiologie. (La seule exception que Simon a trouvée concerne les faibles doses de triazole utilisées pour lutter contre la rouille des graminées. Malheureusement, il s'agit d'un fongicide connu pour ses effets néfastes sur les abeilles). En utilisant son compteur Brix dans un essai côte à côte, il a enregistré des chutes soudaines des niveaux de Brix à la suite d'épandages de fongicides. Les cultures sans traitement fongicide semblaient beaucoup plus saines, avec une couleur vert foncé et une production de graines plus homogène. Après l'application d'herbicides sélectifs, Simon a également mesuré une baisse du calcium et du phosphore dans ses cultures. Au départ, il était réticent à l›idée de partager ses expériences avec d›autres. Un jour, alors que son acheteur de semences examinait la récolte, il a fait remarquer qu›elle était si belle qu›il n›y aurait plus besoin de traitements fongicides, ce qui a amené Simon à révéler que la récolte avait en fait été exempte de traitement depuis le début.

La recherche a montré que les fongicides ont un impact variable sur les plantes et le microbiome. Nombre d'entre eux perturbent un large éventail de fonctions physiologiques chez les plantes, allant d'une diminution de la photosynthèse à une réduction de la masse racinaire. De nombreux fongicides ont des effets non ciblés sur la microbiologie du sol, les hyphes mycorhiziens et les insectes auxiliaires. Les fongicides nuisent aux objectifs de régénération des sols. Il n'est pas judicieux de retirer ces intrants à titre préventif sans utiliser des outils de transition, à moins que vous ne puissiez vous permettre des baisses de rendement potentielles.

Comme le dit Gary Zimmer, l'agronome biologique, "vous devez gagner le droit" de retirer ces produits chimiques. Cela peut se faire à court terme, en remplaçant les produits chimiques par des supports nutritionnels et biologiques. Dans les fermes qui peuvent prendre le risque de ne pas utiliser de produits chimiques, vous devez être prêt à passer par une étape potentielle de "cheveux moches" (vous voyez ce que je veux dire !). Il peut y avoir des dommages esthétiques, ce qui peut être difficile à observer lorsque l'on vient d'un système chimique à haut niveau d'intrants, mais ces dommages visibles n'entraînent souvent que peu ou pas de perte de production et vous permettront certainement d'économiser de l'argent.

Lors d'une visite de terrain avec Di et Ian Haggerty en Australie occidentale, nous avons observé une culture en première année de conversion à leur programme biologique à faible consommation d'intrants. Les propriétaires précédents avaient utilisé tout un arsenal de produits, avec de multiples épandages d'herbicides et de fongicides. La culture était en mauvais état, avec des taches nettes et un jaunissement évident. Les agronomes conventionnels qui participaient à la visite avaient l'air mal à l'aise, fronçant les sourcils devant ce qu›ils considéraient comme un désastre total. Ils ont fait remarquer que la culture avait désespérément besoin de fongicides et d›azote. Au lieu de cela, la culture a reçu des extraits de compost et de vermicompost.

J'aurais aimé que ces agronomes assistent à la récolte. Cette vilaine petite culture a donné le même rendement que celle de ses voisins, à un coût bien moindre. La saison suivante, la région a été frappée par des gelées catastrophiques, certains producteurs perdant jusqu'à 80 % de leur récolte. La parcelle du vilain petit canard n'a perdu que 5 % de sa récolte. Le coût restreint d'une culture d'aspect médiocre a rapidement rapporté des dividendes importants et a permis d'accélérer le programme de santé des sols. Il est essentiel d'arrêter de détruire les réseaux microbiens.

Dans un sol sain, une dynamique complexe est à l'œuvre, qui renforce la capacité d'une plante à se protéger contre les agents pathogènes et les parasites : c'est la résistance systémique induite (RSI). Lorsque les plantes sont attaquées, elles activent un réseau de communication complexe, et réclament le soutien de microbes bénéfiques spécifiques à l'aide d'une variété de substances biochimiques. Des organismes tels que les trichoderma ou les bacilles répondent et déclenchent l'activation des voies de défense de la plante. Mais pour cela, il faut que les plantes soient saines, qu'elles aient un degré Brix optimal pour nourrir les microbes et que la diversité microbienne soit présente pour répondre à la demande.

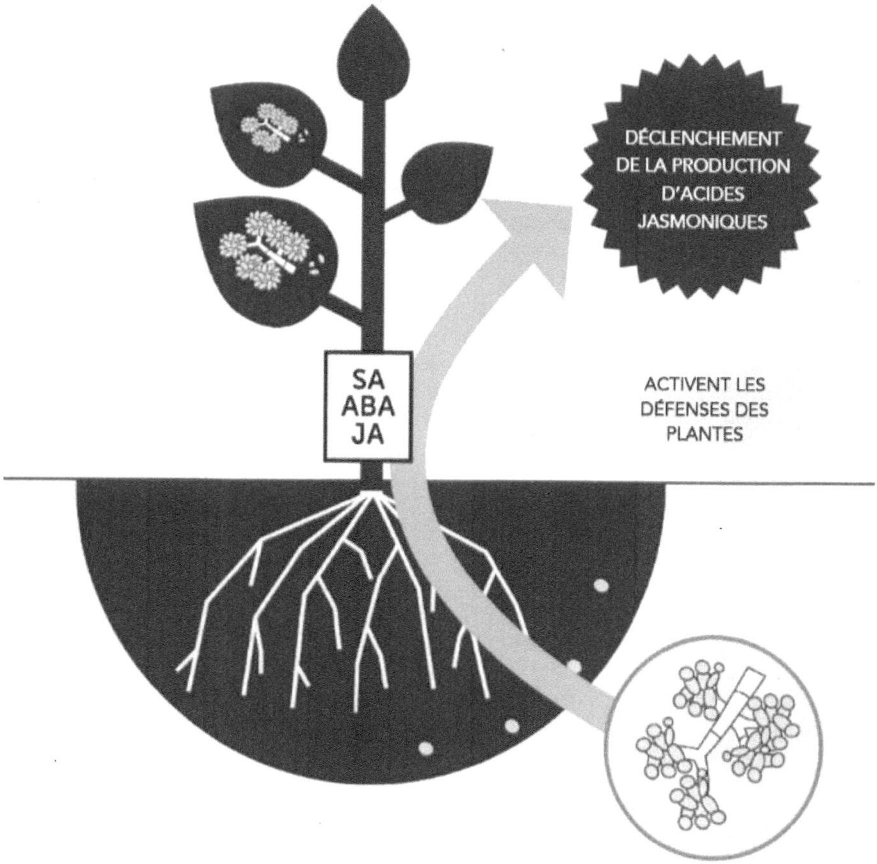

Image : La plante envoie un signal aux champignons trichoderma (à droite), pour qu'ils enclenchent le processus. Les champignons libèrent une explosion oxydative qui active une cascade de réseaux de défense : acides jasmonique (JA), abscissique (ABA) et salicylique (SA). Sans ces relations microbiennes, le réseau de défense est désactivé et les maladies, telles que le botrytis, se développent rapidement (feuilles de gauche sur l'image). Image adaptée de Martínez-Medina, et al (2013).

L'utilisation de ces éliciteurs de défense des plantes suscite un intérêt croissant. Certains de ces agents peuvent, de manière rentable, "préparer" la plante, un peu comme une équipe d'intervention d'urgence, en augmentant sa résistance et en la préparant à répondre rapidement à une attaque. Des recherches ont montré une réduction significative des ravageurs (araignées rouges), chenilles et pucerons), ainsi que des maladies (comme le botrytis et l'oïdium), à la suite d'épandages d'acide jasmonique (JA) et salicylique (SA). Les effets des traitements de semences avec ces éliciteurs peuvent durer beaucoup plus longtemps que les prophylaxies chimiques. Les plantes traitées avec des éliciteurs se sont aussi montrées mieux équipées pour activer leurs propres gènes de défense en cas d'attaque, contrairement à ce que l'on constate avec l'utilisation de pesticides chimiques qui suppriment leurs défenses naturelles.

Dans le programme de santé des sols de Simon, des agents de biocontrôle sont appliqués sous forme de traitements de semences et d'applications foliaires, afin de garantir la protection des plantes de valeur pendant la période de transition. Ces agents de bio-contrôle comprennent Trichoderma viride, Bacillus subtilus et Streptomyces lydicus pour la prévention des maladies. Trichoderma est un champignon mangeur de champignons qui vit en symbiose sur les racines des plantes. Il est utilisé commercialement pour lutter contre les maladies fongiques dans un large éventail de cultures. Simon a également appliqué des traitements de semences contenant des EP fongiques pour lutter contre les insectes nuisibles, ainsi que divers inoculants mycorhiziens.

L'avenir des fongicides et des pesticides réside dans le biomimétisme. Les plantes s'appuient sur un système complexe de signaux biochimiques et électriques qui constituent un système de surveillance, de défense et de détoxification à multiples facettes. Elles produisent une variété d'éliciteurs, de protéines (peptides), d'enzymes et de phyto-hormones, pour se défendre contre les pathogènes et autres envahisseurs.

Les éliciteurs sont déclenchés par des blessures, des agents pathogènes ou des attaques d'insectes. Ceux-ci activent le système de défense chimique de la plante. Les protéines comprennent les protéines d'inactivation du ribosome, les inhibiteurs de protéase, les lectines et les peptides antifongiques, qui représentent la première ligne de défense chez les plantes et les animaux.

Les éliciteurs incluent l'acide benzoïque, le salicylate de méthyle, le chitosane et les hormones végétales telles que les auxines, les gibbérellines, la strigolactone, les cytokinines, l'acide abscissique, l'éthylène et les acides jasmonique, salicylique et b-aminobutryrique. Fonctionnant comme nos propres systèmes hormonaux, les éliciteurs déclenchent une cascade d'interactions. Ensemble, ces substances biochimiques orchestrent un système de défense complexe.

XE "phytohormones"

Les phytohormones sont exsudées par les racines et favorisent les interactions symbiotiques entre les plantes et les microbes du sol, y compris le déclenchement de la symbiose rhizobienne et mycorhizienne, ou encore la croissance et la germination des spores. Ils participent à l'amorçage des défenses des plantes.

- Les acides jasmoniques (JA) sont produits lorsqu'une plante est attaquée. Lorsqu'ils sont activés, les acides jasmoniques contrôlent la synthèse des défenses qui augmentent la résistance des plantes aux ravageurs et aux agents pathogènes. Si un insecte parvient à franchir le système de défense d'une plante, l'acide jasmonique dégrade les acides aminés essentiels dont les insectes ont besoin pour leur digestion. Lorsque la voie de l'acide salicylique est activée, la plante envoie des signaux et du carbone à la rhizosphère pour stimuler les bactéries qui diminuent la pression des maladies.

- L'acide salicylique (AS) joue un rôle dans la croissance et le développement des plantes. L'acide salicylique est essentiel pour la signalisation immunitaire des plantes et c'est un régulateur de nombreuses réactions de défense et de stress des plantes.

- L'acide abscissique (ABA), associé à l'acide salicylique, joue un rôle essentiel dans la réduction du stress et dans le renforcement de la défense des plantes contre les ravageurs et les maladies.

- L'éthylène (ET) régule les gènes impliqués dans la défense des plantes, en les activant en période d'attaque. L'éthylène travaille en collaboration avec les autres phytohormones.

- La chitinase est une enzyme qui décompose la liaison de la chitine présente dans les champignons et les insectes.

- L'acide B-aminobutryrique (BABA) est une hormone importante qui prépare la plante à répondre rapidement et efficacement au stress et aux attaques. Ces effets d'amorçage des plantes peuvent durer longtemps et être transmis comme une sorte de mémoire, informant les générations futures des facteurs de stress et des maladies potentielles.

- Le glutamate est un acide aminé qui agit comme un neurotransmetteur en déclenchant une signalisation rapide à longue distance à l'aide du calcium.

La protection par la résistance systémique induite (RSI) a été signalée contre un large éventail d'agents pathogènes, notamment des virus systémiques tels que le virus de la mosaïque du concombre, des nématodes à galles, des agents pathogènes fongiques et bactériens provoquant des taches sur les feuilles, la sclérotiniose, la pourriture du collet, la brûlure de la tige, la fonte des semis, le piétin-échaudage et le mildiou. Dans la plupart des cas, les microbes qui stimulent l'ISR favorisent également la croissance des plantes.

Les organismes connus pour favoriser l'ISR sont les Pseudomonas spp, les Trichoderma spp, les Mycorrhizes spp, les levures, les rhizo bactéries, les Bacillus spp et d'autres bactéries gram-négatives.

Le varech et les algues vertes stimulent également ce système de défense des plantes.

Les éliciteurs biochimiques constituent un outil provisoire puissant ; ils ne présentent pas le même risque de résistance que les pesticides chimiques en raison de la diversité de leurs modes d'action.

Les minéraux jouent également un rôle essentiel et vital dans la défense des plantes. Ils comprennent le calcium, la silice, le zinc, le cuivre, le manganèse et d'autres oligo-éléments. Simon Osborne analyse les tissus végétaux pendant la saison et applique en solution foliaire des minéraux organiques en fonction des besoins pendant la saison de croissance, afin de réduire la sensibilité des plantes aux ravageurs et aux maladies.

Le calcium améliore l'environnement des micro-organismes bénéfiques du sol. Il est essentiel pour toutes les zones de croissance des plantes et constitue un composant clé des parois cellulaires. Toute carence en calcium entraîne donc une vulnérabilité aux infections. Le calcium joue un rôle majeur dans la défense des plantes et il a été démontré qu'il inhibe la germination des spores fongiques. Pour les cultures arboricoles, il est essentiel de mobiliser le calcium après la récolte, afin de préparer les arbres à l'éclatement des bourgeons la saison suivante. La disponibilité du calcium pour la plante est limitée par de faibles niveaux de bore, une activité biologique insuffisante et des déficits d'humidité du sol. Les champignons jouant un rôle essentiel dans la mise à disposition du calcium aux plantes, une faible activité fongique dans le sol entraîne une augmentation des maladies.

Le lait, idéalement cru, ou même en poudre, peut constituer une excellente application foliaire. Il possède de nombreuses propriétés bénéfiques pour le sol et la croissance des plantes, notamment des microbes bénéfiques et du calcium biodisponible. Il contient des protéines et d'autres composés dont on a observé qu'ils supprimaient les maladies des plantes et amélioraient leur tolérance au stress thermique ainsi que leur capacité d'absorption des nutriments. En outre, de nombreuses bactéries omniprésentes dans le lait cru sont connues pour être des microbes du sol bénéfiques à la croissance des plantes. La ferroglobuline, une protéine du lactosérum, produit lorsqu'elle est exposée à la lumière UV un radical d'oxygène, qui peut être toxique pour les spores fongiques.

Deuxième élément le plus abondant dans la croûte terrestre et dans le sol, la silice (Si) a été largement ignorée par les agronomes. Elle n'est pas considérée comme un élément essentiel à la croissance des plantes. La silice est pourtant cruciale, car elle assure la défense des plantes contre les ravageurs, les maladies aussi bien fongiques que bactériennes et elle réduit le stress des végétaux. Elle renforce les cellules et active de nombreuses fonctions végétales. Elle permet également d'élever une trop faible conductivité électrique (CE) du sol. Des recherches ont montré qu'elle joue un rôle essentiel dans la réduction de la verse, de la sécheresse, de la salinité, de l'excès d'azote et de phosphore et des métaux lourds. De nombreux facteurs réduisent l'absorption de la silice par la plante : la compaction, le manque d'air et d'eau et la faible teneur en matières organiques. Des apports réguliers de silice permettent de remédier à ces problèmes dans les rizières. La silice réduit les effets des ravageurs et des maladies en renforçant les parois cellulaires, en contribuant à la défense chimique de la plante et à la résistance à l'érosion. L'ajout de silicate de potassium, par exemple, a considérablement augmenté l'efficacité de Beauvaria bassiana dans la lutte contre les acariens nuisibles.

Le cuivre est utilisé comme fongicide depuis la fin du XIXe siècle dans les vignobles français, dans la célèbre bouillie bordelaise. Il est essentiel à la santé, à la croissance, au développement et à la formation des protéines des plantes. Il inhibe directement le développement des spores fongiques et joue un rôle dans la régulation des réactions de défense ISR des plantes. Comme tous les oligo-éléments, le cuivre peut être un biocide, de sorte que de minuscules quantités suffisent. Le cuivre est utilisé pour répondre aux besoins nutritionnels des plantes, et non pour les tuer.

L'élimination des fongicides et des pesticides peut sembler l'étape la plus risquée pour de nombreux agriculteurs, mais c'est souvent la première étape que franchissent de nombreux producteurs prospères dans leur quête de la santé des sols, comme Di et Ian Haggerty ou l'équipe de Twin Rivers. Grant Sims, un agriculteur australien, a cessé d'utiliser des pesticides en 2008 et les a remplacés par des apports nutritionnels et biologiques sur 3 500 hectares. Malgré les conditions de sécheresse dans lesquelles il travaillait, il a constaté des résultats immédiats avec une augmentation rapide de sa main-d'œuvre souterraine, y compris les champignons et les vers de terre. En surface, la décomposition des résidus de culture a démarré et la santé des plantes a réagi à l'amélioration des cycles de nutriments.

Un voyage à la ferme des Sims, dans le nord de l'État de Victoria, est une expérience stupéfiante qui démontre le potentiel de systèmes de culture exportables dans le monde entier. Dans cet environnement sec et difficile, nous avons emporté un pénétromètre dans le champ et l'avons enfoncé dans le sol. Il a pénétré comme un couteau chaud dans du beurre. À titre de comparaison, sur une ligne de clôture, le pénétromètre s'est arrêté à un centimètre. Au cours des cinq dernières années, la ferme a reçu la moitié de ses précipitations annuelles moyennes antérieures, avec seulement 220 mm qui se sont infiltrés dans le sol et lorsque vous demandez à Grant combien de pluie il reçoit, la réponse est "toute la pluie".

Grant est un être innovant et créatif, qui a développé son propre équipement, ses extracteurs de compost et ses systèmes de mélange de liquides. En soutenant les plantes sur le plan nutritionnel et en s'attaquant au compactage avec du calcium, un trafic limité et un semis direct il a éliminé l'utilisation de pesticides, de fongicides et de traitements chimiques des semences. En mélangeant l'azote avec une source de carbone, il n'utilise que 25 % de l'azote total généralement recommandé. Malgré la réduction des intrants et des coûts, il n'y a pas eu d'effets négatifs sur la production. En conséquence, la rentabilité de l'entreprise est en constante augmentation. Selon Grant, "l'essentiel est d'équilibrer la chimie du sol et d'accumuler des résidus pour fournir de la nourriture et un environnement propice à la croissance biologique. Si vous y parvenez, tout le reste suivra : les bénéfices, les cultures, les rendements, les marges brutes".

Il s'efforce d'obtenir un maximum de résidus végétaux, en utilisant un décompacteur pour laisser une couche profonde de chaume et de litière afin d'accumuler de la matière organique. Une approche de "trafic limité" est utilisée pour garder les machines confinées sur des pistes étroites, réduisant ainsi le compactage du champ. L'accent mis sur la santé des sols et la réduction des intrants chimiques a créé de nouvelles opportunités commerciales pour la famille. Conscient de l'intérêt de réintégrer le bétail dans un système de culture, il cherche également à développer une activité de production de viande bovine "du paddock à l'assiette".

Grant et sa femme Naomi sont également en train de créer une entreprise de semences d'engrais verts. Les cultures de couverture sont un outil essentiel pour nourrir les microbes, créer de la matière organique et couvrir le sol, autant d'éléments qui contribuent aux processus de signalisation bénéfiques. Ces cultures constituent une armure qui protège le sol et offre un habitat aux insectes utiles. L'accent a également été mis sur la création d'un habitat pour la faune, en reconnectant les corridors d'arbres et d'arbustes indigènes et en encourageant la végétation naturelle à la périphérie des cultures. L'entomologiste Jonathan Lundgren a visité la ferme en 2016. De l'avis général, il était encore plus enthousiaste que d›habitude, après avoir découvert une grande diversité d›insectes que l›on ne trouve généralement pas dans les terres cultivées.

Les régénérateurs qui réussissent accélèrent leur transition vers l'abandon des biocides en abandonnant l'idée toute faite que les gens se font d'une « belle » culture. Il est important de se concentrer sur le long terme et d'éviter de se préoccuper de détails insignifiants. Comme me l'a dit Glenn Stahl, de Twin Rivers, "je préfère avoir une ferme foutraque [mais saine] qu'une ferme proprette [mais mal en point]". Il faut sans doute du caractère pour autoriser une culture à s'écarter de la version normale, "propre" et artificielle, qui est devenue la norme. Tolérer quelques mauvaises herbes, un peu de rouille cosmétique et des insectes mâchant quelques feuilles tout en travaillant à la construction du pont microbes-plantes peut prendre un an ou deux. Utilisez des outils de transition pour vous assurer que vous continuez à récolter une culture rentable et respirez pendant cette phase.

Les pesticides sont conçus pour que les cultures aient l'air parfaites. C'est cette approche cosmétique et à court terme qui maintient les producteurs sous le contrôle de l'agro-industrie, provoquant ainsi des conséquences imprévues. Au contraire, en se concentrant sur la stimulation des défenses de la plante, l'augmentation du degré Brix et la signalisation microbienne, les régénérateurs bénéficient dans la durée d'avantages à long terme. Comme l'a constaté Grant, il n'est pas toujours facile de s'aventurer en terrain inconnu, mais c'est souvent là que l'on obtient les meilleurs résultats.

Lorsque Jonathan Lundgren a quitté l'USDA, il a créé la Blue Dasher Farm et la Ecdysis Foundation dans le Dakota du Sud, une ferme de démonstration pour l'agriculture régénérative. Il est désormais en position de faire une plus grande différence avec les producteurs sur le terrain et de mener des recherches, sans risquer d'être muselé. Lundgren est clair : "Nous utilisons tous ces pesticides parce que nous avons créé un problème de parasites". La diversification des systèmes agricoles en surface et en sous-sol est essentielle pour régénérer la santé écologique et donner un nouvel élan aux communautés rurales. "L'agriculture régénérative est l'avenir. Elle résout tant de problèmes, à tant de niveaux..."

Après tout ce qu'il a enduré, il doit éprouver un certain réconfort à entendre qu'en 2019, l'EPA a annulé l'homologation de 12 des 59 néonicotinoides présents sur le marché américain.

C'est un pas dans la bonne direction. Travaillons maintenant à la création d'écosystèmes sains et résilients, qui ne nécessitent pas d'intrants chimiques. L'agriculture régénérative permet de repenser totalement la manière de cultiver des produits sains, en favorisant une santé optimale et des synergies biologiques. C'est le seul moyen de mettre un terme à la "guerre contre la nature" et de trouver des solutions pacifiques et efficaces qui coopèrent avec l'environnement.

Stratégies de réduction des insectes nuisibles

Diversité, diversité, diversité !

Cultures de couverture, cultures intercalaires, bordures de champs laissées à l'état sauvage, rotations des cultures, cultures en agroforesterie, mosaïque de cultures diverses.

Augmenter le niveau de Brix.

Réduire l'utilisation d'azote soluble.

Réduire les perturbations.

Réduire les acides aminés libres et le stress des plantes.

Se demander si cette culture est adaptée à mon environnement.

Améliorer ses capacités d'observation de la dynamique naturelle des insectes.

Opter pour des traitements biologiques des semences pour renforcer les réponses des éliciteurs.

Lutte biologique en transition

Si vous utilisez des biopesticides pendant la transition, utilisez-les en tenant compte des considérations d'application suivantes :

Les applications en soirée sont préférables, car de nombreux pollinisateurs se reposent et les spores sont inactivées par la lumière du soleil.

Mélanger et appliquer avec de l'hydrolysat de poisson.

Doit être appliqué pendant le stade larvaire du cycle de vie du ravageur.

> Remarque : les inoculums biologiques ne doivent pas être mélangés en cuve avec des fongicides ou des oligo-éléments tels que le cuivre ou le zinc. Pour optimiser la réduction des ravageurs, restez concentré sur les principes de santé du sol.

13

L'avenir commence maintenant

"On n'espère pas quelque chose qui est déjà là. L'espoir est toujours orienté vers le futur, ce qui signifie qu'il est intrinsèquement intolérant envers le présent. Le présent n'est jamais assez bon. Notre époque exige de nous que nous soyons libérés de tout espoir. Pour en finir avec le faux choix entre espoir et désespoir... c'est la même escroquerie."

\- Stephen Jenkinson

Je suis convaincu que chaque moment passé avec le Dr Patterson Stark me permet de décupler ma vie sur cette planète. Le Dr Stark est un pratiquant aguerri de la santé par l'hygiène de vie et un panneau d'affichage publicitaire pour les avantages de la marche - il vit, respire, fait du VTT, du surf et de la méditation pour démontrer les avantages de l'application de la médecine du mode de vie à une personne qui approche les 70 ans. Il équilibre son emploi du temps exigeant en s'assurant de prendre le temps de faire ce qu'il aime, ce qui, comme je l'ai découvert un jour, l'amène à survoler les montagnes en parapente.

Le parcours du Dr Stark a commencé en 1986, avec un pronostic de cancer en phase terminale. Lorsqu'on lui a dit "Il vous reste deux semaines à vivre", il a suivi les recommandations conventionnelles et a trompé la faucheuse. Pour s'assurer que le cancer ne réapparaisse plus jamais, il s'est plongé dans la recherche. Fort de ses découvertes, il a modifié son régime alimentaire et son mode de vie, avant de quitter le Colorado, aux États-Unis, pour Christchurch, en Nouvelle-Zélande. L'approche du Dr Stark reflète mon approche du travail avec les sols et les paysages. Il pose des questions sur l'histoire, l'alimentation, l'exercice, le stress et l'équilibre entre vie professionnelle et vie privée. Perspicace, il a diagnostiqué un effet domino entre les aliments, la désintoxication et les déséquilibres hormonaux qui me tourmentaient depuis mon incident avec le paraquat.

Ses recherches et plus de 30 ans d'expérience dans la gestion d'un cabinet prospère ont révélé une vérité simple : les choix de mode de vie sont essentiels pour prévenir et inverser l'accumulation des problèmes de santé auxquels est confronté le monde développé. Pas moins de 97 % des affections, telles que l'obésité, le diabète, les troubles sexuels, les maladies cardiaques métaboliques et les cancers, peuvent être traitées par l'alimentation, l'exercice physique et le mode de vie. "Le régime alimentaire à lui seul, explique-t-il, peut réduire de 80 % le risque de maladies dégénératives. Cette information n'est pas nouvelle pour l'humanité ; les Égyptiens le savaient comme en témoigne une inscription dans une pyramide datant de 3 800 ans av. J-C. : "L'homme vit avec un quart de ce qu'il mange ; avec les trois autres quarts vit son médecin"[110]. Les adeptes de la médecine du mode de vie adoptent un point de vue holistique sur les facteurs sous-jacents de la santé : « l'inactivité physique, la nutrition, le tabagisme, la surconsommation d'alcool, le stress chronique, le manque de sommeil, l'isolement social, la perte de culture et d'identité, l'exposition aux toxines et autres influences de la société et de l'environnement. »

Actuellement, la plupart des médecins, comme les agronomes, ne sont pas formés à la nutrition ; ils se concentrent plutôt sur le traitement des symptômes. Le succès des travaux du Dr Stark et d'autres a conduit à l'élaboration d'un programme de formation des médecins de première ligne à la médecine préventive. Trente-sept hôpitaux, y compris des hôpitaux publics, mettent en œuvre des programmes qui incluent l'adoption d'un régime alimentaire à base de plantes, l'absence d'huiles, la méditation et le mouvement. N'ayez crainte, mes amis carnivores, l'alimentation à base de plantes n'est pas forcément synonyme d'absence de viande !

Personnellement, je trouve qu'en vivant sur la route, essayer de trouver des aliments sains et nutritifs est un défi permanent, en particulier aux États-Unis. Ces compléments n'offrent qu'une faible similitude avec les 1 200 substances phytochimiques, vitamines et enzymes différentes qu'un régime alimentaire à base de plantes et riche en nutriments peut fournir. Le Dr Stark précise que lorsque les gens choisissent de prendre un supplément comme la vitamine E, il n'y a qu'un ou deux types de vitamines dans un comprimé, alors qu'il y en a potentiellement 10 ou plus dans une plante. Cinq noix, par exemple, vous apporteront toute la vitamine E dont vous avez besoin pour vous protéger et il est prouvé que cette quantité "stoppe l'atrophie du cerveau". Ou prenez les bioflavonoïdes de la vitamine C. "Quelle sorte ?" demande le Dr Stark. La plupart des personnes qu'il rencontre prennent une version transformée et stérilisée, probablement fabriquée à partir de maïs OGM. Combien y a-t-il de bioflavonoïdes ? "Potentiellement plus de 1400.

Pas besoin d'être Einstein pour comprendre ce qui se passe pour la santé humaine : nous avons besoin de nutriments et de vitamines entiers, diversifiés et complets, pauvres en métaux lourds et en toxines, provenant de l'alimentation. La qualité de ces aliments dépend intrinsèquement de la matière organique, de la biologie et de la fonction minérale de la terre sur lesquelles ils ont été cultivés. Ainsi, notre santé et notre bien-être sont tous indirectement ou directement liés à l'activité microbienne des sols et à l'extraction des plantes médicinales. Malbouffe égale mauvaise santé. J'ai participé à trois réunions scientifiques avec des agronomes respectés. Je les ai entendu affirmer, parfois de manière assez véhémente, qu'il n'existe aucun lien entre la manière dont les aliments sont cultivés et la santé humaine. Ce n'est pas possible, car "nous vivons plus longtemps".

Les populations humaines des pays en développement ne connaissent pas les mêmes problèmes de santé que ceux observés dans les pays développés. Dans notre monde moderne, la santé est définie comme l'absence de maladie ; un point de vue qui se reflète aussi, de manière simpliste, dans la santé des sols. Pour être vraiment en bonne santé, les systèmes doivent être dynamiques et fonctionnels, et non soutenus par des béquilles artificielles. Dans les pays développés, plus de la moitié de la population de 65 ans prend plus de deux médicaments. Le triste état du monde moderne se traduit par le fait que nous ne vivons pas plus longtemps, mais que nous mourons plus longtemps. Le Dr Stark est catégorique : "Si nous continuons sur cette voie, nous ferons faillite. Nous ne pourrons pas continuer à pratiquer 500 000 pontages coronariens année après année, cela ne marche pas." En agissant sur le mode de vie, le Dr Stark estime que nous pouvons réduire les coûts annuels de santé qui dépassent 50 milliards de dollars, à moins de 5 milliards de dollars.

Pour commencer, il faut adopter un régime alimentaire diversifié et veiller à ce qu'au moins la moitié de nos assiettes soient recouvertes de produits d'origine végétale. Relever le simple défi de manger au moins 30 aliments différents par semaine est une expérience révélatrice. L'excellent livre de Michael Pollan, « Le dilemme de l'omnivore », montre comment le régime alimentaire américain peut être attribué à une seule culture : le maïs. Sur les 15 000 plantes comestibles que compte la planète, 95 % du régime alimentaire occidental moderne contient moins de 30 cultures commerciales. Cette situation a un impact sur l'environnement, la biodiversité, la résilience et la santé humaine. Le fait de "manger l'arc-en-ciel" d'aliments non altérés produit une multitude d'effets synergiques, difficiles à anticiper et à mesurer. Le Dr Stark donne l'exemple d'un patient atteint d'un cancer. Si l'on prélève ses cellules et qu'on les met dans une boîte de Pétri avec du lycopène, les cellules cancéreuses diminuent de

30 %. Si l'on ajoute à ces mêmes cellules cancéreuses une goutte de lithium, il n'y a pas de réaction. "Lorsque les deux sont combinés, on pourrait s'attendre à une réduction de 30 % de la croissance de ces cancers, mais ce n'est pas le cas, nous obtenons une réduction nette de 70 %. Comme nous le constatons lorsque nous travaillons avec les sols, ces synergies sont extrêmement difficiles à prévoir.

J'ai passé quelques années à me sentir épuisée. J'espérais que le Dr Stark aurait une solution miracle ou une pilule magique pour me redonner de l'énergie. Après un examen physique, une discussion sur le régime alimentaire et le mode de vie, et un examen de mes analyses sanguines, il m'a donné sa prescription : "du repos, de l'exercice et plus de verdure". J'étais un peu découragée. Pas de pilule magique ? Arrêtez de voyager autant ?! C'est alors que j'ai compris que je n'étais pas régénérative dans ma façon de penser ma propre santé ! Si presque tous les problèmes de santé sont liés à l'alimentation, à l'exercice, au mode de vie et à l'état d'esprit, c'est sûrement une solution facile à mettre en œuvre ! Il s'agit pourtant des habitudes de toute une vie, celles qui sont liées à notre identité et qui sont les plus difficiles à changer. Il est beaucoup plus facile pour moi de prendre une pilule que de réduire mes déplacements, de faire de l'exercice et de remplir mon assiette de 50 % de légumes verts. Il en va de même pour les actions sur la terre. Au cours du siècle dernier, les agriculteurs et les éleveurs ont été formés à demander une prescription ou une solution technologique pour ce qui se ramène à des actions de bon sens : le guide "régime, exercice et mode de vie" pour les sols.

Bien que ce soit souhaitable, il n'existe pas de pilule, de prescription ou de calendrier pour régénérer les sols, aspects qui rendaient autrefois l'agriculture conventionnelle si simple à adopter. Je dis bien "autrefois", car ces pilules simples deviennent aujourd'hui de plus en plus compliquées et coûteuses. Ce qui était autrefois un seul herbicide et 250 kg de produit, est devenu 5 herbicides, fongicides et "J'ai la solution pour vous !". Les parallèles troublants entre ce qui se passe en matière de santé des sols et d'intrants chimiques, et l'approche pharmaceutique des maladies humaines révèlent un dysfonctionnement profondément enraciné. Comme les patients, les agriculteurs sont encouragés à moins réfléchir et à poser moins de questions. L'agriculture régénérative est à l'opposé de ce paradigme. Elle exige des observations et des recherches plus approfondies. Elle commence par un état d'esprit curieux qui, à son tour, détermine les questions à poser et les actions à entreprendre. Pour les personnes stressées et occupées, il peut s'agir de la démarche la plus décourageante et la plus difficile à mettre en oeuvre.

Le Graal des soins de santé, de la conservation, des organisations de protection des terres ou de l'atténuation du changement climatique est la réponse à la question : "Que faut-il pour modifier le comportement humain ?" De nombreuses personnes interrogées dans le cadre de cet ouvrage estiment que l'avenir de l'agriculture est actuellement sombre, à moins que les gens ne soient prêts à réfléchir et à prendre les mesures nécessaires pour transformer leurs terres. La plupart d'entre elles pensent qu'il faudra une crise pour changer le comportement des ruraux. Kate, 19 ans, fille de Roger et Betsy Indreland, pense qu'il faudra davantage "d'enfants malades et de médecins qui n'ont rien à leur offrir " ou des événements climatiques extrêmes comme la sécheresse, pour que sa communauté réalise qu'il est nécessaire de s'adapter.

De nombreux régénérateurs ont indiqué qu'une crise ou un surcroît de souffrances étaient nécessaires pour faire évoluer les comportements. Cette idée est en partie confirmée par l'intérêt croissant que suscitent de nombreuses communautés australiennes où la variabilité climatique et la faible teneur en matières organiques rendent encore plus risquée une activité agricole qui l'est déjà. Malgré les souffrances endurées dans les régions où les précipitations sont inférieures à la normale et où l'endettement est si lourd, de nombreuses personnes continuent à pratiquer l'agriculture sans rien changer, en ajoutant des intrants et en élevant du bétail sur des sols nus. Dans certains cas, la pression devient ingérable ; dans le pire des cas, ils finissent par craquer et se suicider.

En traversant les régions de l'est de l'Australie ravagées par la sécheresse au cours de l'été 2019, j'ai été frappée de voir à quel point les agriculteurs sont prêts à souffrir et à blâmer les forces extérieures, plutôt que de demander à un voisin régénérateur : "Comment faites-vous pour continuer à faire pousser de l'herbe et à engraisser des vaches ?" Partout où j'ai voyagé, il a plu. L'eau ruisselait sur le sol tandis qu'à la radio, les annonceurs se réjouissaient du fait que les barrages se remplissaient enfin. Les barrages des régénérateurs que j'ai rencontrés étaient vides, l'eau s'infiltrant à nouveau dans leurs terres desséchées. Là où elle remplit son rôle.

L'état d'esprit de l'agriculteur constitue l'une des plus grandes opportunités et l'une des plus grandes limites ; l'approche mentale informe vos croyances, vos pensées et vos actions. "Si vous pensez que vous pouvez ou que vous ne pouvez pas, vous avez raison ! Doug Avery, auteur de The Resilient Farmer, est l'un des orateurs les plus convaincants que j'ai entendus sur ce sujet. Avec son accent néo-zélandais, Doug s'exprime de manière directe et humoristique. Il pense que la partie la plus importante de la ferme dans laquelle il faut investir est le "top paddock", celui qui se trouve entre vos oreilles. Doug a appris à ses dépens qu'il fallait veiller à la santé de son « enclos supérieur ». Pensant qu'il pourrait "résister" à une dépression majeure, il a connu huit années de sécheresse et de difficultés financières. En 1998, la ferme et Doug étaient à genoux. En 2013, il a atteint son point de rupture alors qu'il déblayait des branchages qui avaient été projetés par des vents de la force d'un ouragan plus tôt dans le mois. Alors qu'il était assis dans sa pelleteuse, le site est devenu le point zéro d'un tremblement de terre de magnitude 6,6. Lorsque le tremblement de terre s'est produit, il a tout de suite pensé qu'il était en train de faire une attaque en voyant les commandes du grappin commencer à trembler violemment. En regardant à travers ses champs, il a vu des moutons ballottés d'un côté à l'autre et il a éprouvé un bref moment de soulagement en constatant qu'il n'était pas le seul à trembler. Il est rentré chez lui et la goutte d'eau qui a fait déborder le vase, c'est que la moitié de la maison était réduite à un tas de décombres.

Doug, avec l'aide de sa femme, a réalisé qu'il ne pouvait plus continuer à mettre le couvercle sur son vécu. Il avait besoin de parler à quelqu'un et de partager son expérience. Cet instant a transformé sa vie positivement et il n'a jamais regretté ce changement. Grâce à son livre et à ses conférences inspirantes, Doug a un impact majeur sur l'évolution du discours autour de la résilience et de la dépression. "Quelle est votre histoire actuelle ? Quelle est votre histoire précédente?" demande-t-il au public. La seule véritable histoire qui compte est :« Quelle sera votre prochaine histoire ? » Ce sont les réalités sur lesquelles nous avons le contrôle et l'une des clés pour être régénérateur est de ne pas être ligoté par de vieilles histoires et de vieilles attentes. Un ami a dit à Doug qu'il pourrait retrouver ses anciennes marques après le tremblement de terre, et il a répondu : « Non, je vais de l'avant ! » En rebondissant, "soit on gagne, soit on apprend ». Il pense que nous devrions tous prendre le temps de réfléchir ou de nous asseoir tranquillement, loin de l'agitation qui nous distrait de ce qui est vraiment important.

Les communautés rurales sont en difficulté. L'âge moyen des agriculteurs dans les pays à revenu élevé se situe entre 55 et 58 ans ; l'agriculture moderne ne parvient pas à se renouveler. Pour régénérer les fermes et les élevages, il est essentiel d'encourager et d'encadrer la prochaine génération afin qu'elle ne fuie pas vers la ville. Partout dans le monde, on assiste à une prise de conscience à propos de la production alimentaire, du traitement des animaux et des préoccupations environnementales. Alors que le modèle alimentaire industriel suscite des réactions négatives, l'agriculture régénérative est une source d'inspiration et d'épanouissement. La nouvelle génération, qui se sent souvent abandonnée par ses aînés, est celle qui, dans toute l'histoire de l'humanité, est la plus déconnectée de la terre et de la nourriture...

La rencontre avec des jeunes, comme Maloi Lannan, une Montanaise de 12 ans, qui inoculent à d'autres la passion du sol vivant me fait chaud au cœur. Maloi a créé un livre de coloriage pour enfants intitulé "Don't call it dirt !" (N'appelez pas ça saleté !). Elle a été motivée par une expérience avec un vétérinaire âgé, qui évaluait son projet scolaire sur la santé des sols et des animaux. Il lui a dit : "La santé des sols n'a rien à voir avec la santé des animaux" et a rejeté son projet. C'est une fille à laquelle il ne faut pas se frotter ; elle est déterminée, elle s'exprime bien et elle est sûre d'elle. Elle a immédiatement contacté Gabe Brown, Joel Salatin et, avec une grande gentillesse, elle m'a inclus dans sa quête d'informations et de science. Son livre de coloriage est un régal et elle s'en sert comme support pédagogique dans les écoles pour "enseigner aux jeunes enfants les sols et l'agriculture régénérative". Elle joue un rôle actif dans la gestion des animaux de leur ferme familiale, Barney Creek, et publie régulièrement des mises à jour de son apprentissage sur les réseaux sociaux. Les ventes de son livre lui ont permis de créer son propre troupeau de 10 moutons. Elle est une source d'inspiration pour une large communauté.

À 19 ans, Kate Indreland a été ma compagne de voyage pour une tournée de quatre mois au cours de laquelle nous avons rendu visite à des agriculteurs- régénérateurs en Amérique du Nord, en Australie et en Nouvelle-Zélande. À l'instar de leur bétail, les Indreland ont élevé des enfants équilibrés dont n'importe qui serait fier. Et leur fille Kate est aussi petite et robuste que leur programme d'élevage. Elle étudie actuellement la psychologie à l'université d'État du Montana dans le cadre du programme ROTC (Reserve Officers› Training Corps). Aujourd'hui, elle a appelé du campus ; elle était debout depuis 5 heures du matin pour s'entraîner. Un entraînement qui consistait à porter un sac à dos de 15 kilos sur 3 km, avant de remonter un cours d'eau à la rame sur un radeau. Son groupe, choisi parmi les plus petits, avait «battu» les autres équipes composées de colosses d'un mètre quatre-vingt-dix. En récompense de sa victoire, son équipe a infligé une pénalité aux autres équipes, des pompes et des squats dans les eaux presque glaciales du Montana. Fidèle à son style, qui sympathise toujours avec le perdant, l›équipe de Kate a également participé à la pénalité. Je ne vous cacherai pas que le coup du réveil à 5h du mat', c'était trop pour moi !

Voyager ensemble à travers les États-Unis dans mon van pour chevaux a fourni de la matière pour de futures histoires. Nous avons passé des nuits agitées, réveillés par des crissements de pneus et des sirènes de police, croisant les doigts pour que les chevaux soient toujours dans leur box le lendemain matin. En me rendant chez des amis, dans l'Idaho, dans une réserve de Nez Percé, j'ai fait surchauffer le moteur du camion sur la colline de l'Oiseau Blanc. Pour ma défense, la route qui amène au sommet grimpe de 825 m en plus de 11 km, et il n'y a AUCUN panneau d'avertissement lorsque vous quittez la longue et paisible vallée fluviale pour emprunter une route à 7 % de déclivité. Pas le moindre panneau.

Nous arrivions chez mes amis et clients, nous faisions descendre les chevaux et je me délectais de sa joie devant des ranchers séduits par son ouverture d'esprit. Les expériences vécues avec les agriculteurs, comme les Haggerty et les Osborne en Nouvelle-Zélande, n'ont pas de prix. Le message qu'elle retient de nos aventures n'est pas seulement une meilleure compréhension des processus du sol. Pour elle, il s'agissait de "voir comment des familles en crise peuvent encore être heureuses". "Le meilleur moment, dit-elle, a été de parler de création et de possibilités, sans se plaindre de la météo ou des voisins. Au contraire, nous avons parlé de ce que nous pouvions faire pour l'avenir". Kate s'est rendu compte que ces personnes étaient "totalement désintéressées". À son retour, elle s'est rendu compte que sa « génération avait la possibilité d'être les nouveaux pionniers de l'Ouest ».

En 2018, elle a été finaliste du programme de bourses "Feeding Better Futures" de General Mills et a empoché 10 000 dollars[111]. Elle est si talentueuse et passionnée par tant de choses que déterminer sa prochaine étape est toujours un défi. Cavalière, agent de liaison militaire ? Agronome ou éleveuse ? C'est le seul inconvénient d'un esprit passionné ! L'année dernière, elle devait partir en Floride pour suivre une formation de pilote, épandre des stimulants biologiques et redonner vie aux pâturages. Ce qui l'incite à revenir à l'agriculture, c'est de "voir des familles heureuses, de voir que leurs enfants veulent revenir" et de prendre conscience que "la rentabilité est possible, avec beaucoup moins de stress pour les familles et en revenant à ce qui compte vraiment pour les gens". Une étude australienne révolutionnaire menée par le Vanguard Business Services Group sur le bien-être général des producteurs régénératifs a révélé qu'ils étaient plus rentables et qu'ils "bénéficiaient d'un avantage significatif en matière de bien-être" par rapport à des éleveurs conventionnels[112]. Quoi que Kate choisisse de faire dans la vie, cela promet d'avoir un impact. Elle participe de l'énergie renouvelée et vibrante que l'agriculture régénérative redonne à la terre.

Matthew, le fils de Di et Ian Haggerty, âgé de 16 ans, a grandi au milieu de l'agriculture régénérative et il envisage de retourner à la ferme lorsqu'il aura terminé ses études. Observer le comportement de ses parents l'emplit de perplexité : « Ils s'enthousiasment pour les choses les plus bizarres. L'autre jour, maman a couru tout excitée dans la cuisine pour me montrer des champignons qui poussaient sur du fumier ! » Il pense qu'à mesure que les gens prendront conscience de ce que contient leur nourriture, cette tendance sociale poussera les pratiques agricoles à évoluer pour produire des aliments plus sains, plus « propres » et plus riches en nutriments.

Roger pense que le succès qu'ils ont obtenu en s'engageant auprès des jeunes et de leur communauté est dû au fait que les locaux sont de plus en plus ouverts d'esprit et que "nous n'avons pas pour mission de penser que nous avons toujours raison". Le couple ne s'attache pas à obtenir des résultats ou à imposer son point de vue aux autres et "en fin de compte, les gens l'apprécient". Ils organisent régulièrement des journées portes ouvertes et accueillent différentes organisations pour des événements, attirant ainsi un groupe varié de personnes et d'entreprises. Grâce à leur politique de portes ouvertes, chaque pause déjeuner donne lieu à une conversation différente. Aujourd'hui, je pourrais être assise à côté d'une jillaroo[113] australienne de 17 ans, d'un chasseur de la ville, du vétérinaire local, d'un jeune cultivateur ou d'un cow-boy au cuir tanné et à la moustache exubérante. L'esprit bienveillant et généreux des Indreland permet à tous de discuter de n'importe quel sujet sans restriction ni jugement.

Les Indreland ont un conseil consultatif, qui comprend leur géniale (et humble) agroécologiste des sols, un formateur en gestion de ranch, un expert en bétail renommé et un vétérinaire. Le conseil se réunit deux fois par an et a la permission de poser n'importe quelle question et de repousser la zone de confort des Indrelands. En conséquence, la rentabilité, le plaisir, la qualité des pâturages et les performances des animaux sont tous en hausse - des facteurs sur lesquels la communauté locale souhaite en savoir plus.

Les régénérateurs que j'ai vus avoir un impact significatif sur la modification des "normes sociales" sont ceux qui n'ont pas de préjugés et sont capables d'adopter d'autres points de vue. Jono Frew, agriculteur passionné installé à Canterbury, en Nouvelle-Zélande, estime que le passage à des pratiques régénératives est la seule option possible pour une région qui souffre de sécheresses paralysantes, de restrictions d'eau et d'une législation sur les nutriments. Il est franc, il ne croit pas qu'une crise suffise à influencer le changement. "Il y a déjà eu beaucoup de crises. De quelle crise supplémentaire avons-nous besoin ?!" Pour lui, les catalyseurs d'un changement de pratiques ont été mis en place par la communauté et sont apparus rapidement. Avec une longue histoire familiale dans la région et vêtu de ses "stubbies" de rugby (les shorts courts qui sont l'uniforme de base des agriculteurs néo-zélandais), il inspire confiance dans les conversations sur les conséquences de l'utilisation des produits chimiques. Il n'hésite pas à discuter et à s'intéresser aux problèmes rencontrés par les autres agriculteurs. Sa nature ouverte a suscité l'intérêt de son entourage et il constate aujourd'hui que les agriculteurs l'abordent au pub pour lui poser des questions. Il est également capable d'ignorer les critiques ; il a vu les résultats pour lui-même et s'est engagé à aider les autres à atteindre leurs objectifs. Jono est une personnalité exubérante qui s'exprime librement et dont la curiosité et la joie à l'égard de l'agriculture régénérative peuvent être très contagieuses.

Il n'a cependant pas toujours été aussi enthousiaste à l'égard de l'agriculture. Issu de la troisième génération d'une entreprise familiale d'application de produits chimiques, il raconte qu'il trouvait l'agriculture de plus en plus "terne et ennuyeuse", avec ses protocoles clés en mains. Une série de moments décisifs a changé son monde. La première révélation s'est manifestée par l'amour qu'il portait à sa rivière locale, dans laquelle il avait nagé et pêché étant enfant. Sur une période de cinq ans, le débit a diminué, la qualité de l'eau s'est dégradée, les algues ont proliféré et les poissons ont disparu. Aujourd'hui, cette rivière est asséchée. À l'époque, Jono était le directeur d'une ferme laitière qui puisait de l'eau dans cette rivière. Chaque fois qu'il actionnait la pompe, dit-il, "je commençais à sentir qu'une partie de mon âme était aspirée".

Lorsqu'il travaillait pour son père, Jono appliquait de nombreux produits chimiques, dont l'organophosphate lorsban (chlorpyrifos). Lorsqu'il débloquait l'unité de pulvérisation, Jono commençait à se sentir nauséeux. Il ne portait jamais de gants, bien que son père lui ait fourni une combinaison pour qu'il ait l'air professionnel. Lorsque Jono a posé des questions sur la protection contre les produits chimiques, son père a expliqué : "Mon fils, nous n'avons pas besoin de gants ; ce produit ne tue que les insectes".

De nombreuses cultures agricoles continuent de croire que l'on est faible ou moins qu'un homme si l'on ne résiste pas. Le chlorpyrifos a d'abord été développé comme gaz neurotoxique pendant la Seconde Guerre mondiale. Il a été associé à des maladies auto-immunes et pulmonaires chez les adultes. Les enfants vivant dans des zones rurales ou exposés au chlorpyrifos peuvent souffrir d'une série de problèmes neurologiques incluant des troubles de la motricité, des troubles de l'attention et une baisse du quotient intellectuel. L'usage domestique du chlorpyrifos a été interdit aux États-Unis en 2001, en 2008 en Europe, en 2010 en Afrique du Sud et cette molécule est totalement interdite en Suède. En Nouvelle-Zélande, cependant, le gouvernement poursuit son évaluation en tant que produit chimique classé comme prioritaire. Dans l'agriculture mondiale, le chlorpyrifos reste l'un des insecticides organophosphorés les plus utilisés.

Jono a commencé à s'interroger sur les pratiques chimiques lorsque son grand-père est décédé inopinément et que son père, qui n'avait jamais fumé, s'est mis à souffrir d'une toux persistante. Il a toujours ressenti un certain malaise face aux intrants imposés par l'industrie. Lors de son premier atelier sur la régénération des sols, il a trouvé l'expérience "incroyablement dérangeante", alors que les pièces du puzzle commençaient à se mettre en place. Il est également le premier à admettre qu'il a toujours été fier et têtu, et qu'il lui a fallu une réflexion courageuse pour réaliser que ce caractère faisait partie du problème qu'il observait dans sa communauté.

L'impact que Jono et son cercle restreint de régénérateurs ont sur leur communauté est une véritable source d'inspiration. Il constate un changement dans la dynamique familiale : "les enfants veulent passer plus de temps avec nous". Il travaille désormais avec le producteur de semences Simon Osborne et "certains jours, la ferme donne l'impression que nous sommes des garçons de trois ans qui courent dans tous les sens, pleins d'enthousiasme ! Une partie de cette excitation vient aussi du fait que sa communauté est de plus en plus réceptive à l'idée d'en savoir plus, bien qu'un revendeur de produits chimiques l'ait averti de "se calmer" avec son message.

Au lieu d'être limité par les mentalités de sa communauté, Jono fait partie d'un réseau d'agriculture régénérative appelé "Quorum Sense". Ce groupe a réussi à faire évoluer les normes sociales et à encourager la communauté locale à s'engager dans des conversations et des actions plus ambitieuses. Les réalisations de ce groupe, parmi d'autres, expliquent en partie pourquoi je n'adhère pas à la perspective sombre selon laquelle une crise est nécessaire. Nombre des histoires que j'ai partagées avec vous sont celles de personnes qui n'ont pas été motivées par une crise, mais par une révélation ou par la perception d'une opportunité. Ils sentent que le tsunami arrive, et ce sont ceux qui sont prêts à s'adapter et à innover qui prendront la vague.

Si nous voulons redresser la barre, nous devons revenir aux règles de base de la nature : diversité, couverture végétale et captation de la lumière du soleil. Et nous devons cesser de tuer la faune la plus essentielle, les microbes du sol, cet intestin, afin de rétablir l'intégrité d'un système défaillant. Reconstruire la connexion microbes-plantes du sol est essentiel pour produire des aliments contenant tout le spectre des vitamines, des minéraux et des enzymes. La mauvaise qualité et la faible diversité de notre alimentation sont à l'origine de l'insidieuse dégradation de la santé humaine. L'ensemble de la population ne s'intéresse peut-être pas à la détérioration de la qualité des aliments et n'en est pas consciente. Cependant, les problèmes liés à l'eau, aux aléas climatiques et aux incendies de forêt ont désormais un impact sur la vie d'un grand nombre de gens. Aux yeux d'une jeune génération de plus en plus désenchantée et désemparée, le choix d'une alimentation et de fibres régénératives pourrait bien faire pencher la balance du côté d'un changement transformateur. C'est le consommateur qui peut aider à conduire les changements ; des consommateurs comme vous.

Nous autres humains, sommes un groupe complexe. J'ai le privilège de passer le plus clair de mon temps à loger dans des familles d'éleveurs et d'agriculteurs. Le fait de séjourner dans les foyers de personnes issues de milieux différents est un privilège et me rappelle que je dois toujours laisser mes préjugés à la porte. Cela m'a aidé à approfondir mon sens de ce qui est important pour les gens. Qu'est-ce qui vous tient suffisamment à cœur pour que la santé des sols vaille la peine que vous y consacriez votre temps, votre énergie et votre argent ?

J'ai découvert que si les gens ne sont pas émotionnellement liés au résultat, ils ne changeront pas les habitudes de toute une vie. Souvent, ce n'est pas l'action, mais le premier pas qui terrifie le plus. Vous pouvez montrer aux gens des graphiques et des données financières sur le changement d'une pratique, mais cela n'a que peu d'impact, tant qu'ils ne se connectent pas à leurs propres moteurs. Et l'argent n'est généralement pas le moteur. La recherche d'argent vise souvent d'autres objectifs, changer la vie de leur famille, laisser un héritage avec leur terre, prendre des vacances, impressionner les voisins, avoir du succès ou se sentir heureux. (Flash info : l'argent ne rend pas heureux, sauf si vous êtes en dessous du seuil de pauvreté).

Un jour, j'ai rencontré un agriculteur qui m'a dit que sa motivation pour changer était de devenir le "Gabe Brown" du Sud. Je pensais qu'il parlait des cultures de couverture, de la diversité et de la construction du sol, mais non... ce qu'il voulait dire, c'est qu'il voulait être célèbre ! Des objectifs aussi nobles peuvent être de véritables sources de motivation, même si je suis presque sûr que la plupart des défenseurs des sols dans le monde ne le sont pas devenus pour être célèbres. Mais qui suis-je pour juger les autres ?

Les motivations individuelles et les catalyseurs du changement sont aussi variés que les paysages que nous habitons. Les producteurs présentés dans ce livre ont connu des périodes de crise et été confrontés à des peurs qui ont entraîné des prises de conscience. Pour Nick Pattison, arboriculteur, la motivation est venue du fait qu'il a vu les insecticides organophosphorés se déposer autour de sa mère mourante ; à Cottonwood Ranch, c'était la perspective de la saisie du ranch ; et pour l'entomologiste Jonathan Lundgren, ce fut la réalisation que les agences [gouvernementales] tentaient de museler son travail sur les néonicotinoïdes. Pour beaucoup, le fait de creuser un trou et de voir des sols compactés ou hydrophobes fournit toute l'étincelle dont ils ont besoin pour transformer leur façon d'interagir avec les paysages. Nous avons tous des déclics de motivation différents ; le mien est de me connecter profondément avec la terre et les gens et de sentir que ma vie a un but. Les Indreland sont motivés par la production d'animaux adaptés à leurs besoins, par la volonté de faire du bon travail pour leurs acheteurs tout en savourant leur style de vie. Ce qui motive les Stahl c'est de laisser la terre en meilleur état et d'être les meilleurs dans ce qu'ils font (et de "surpasser Gabe !"). Quelle est votre motivation ? Tout revient au sol. Qu'est-ce qui ferait de la santé des sols un investissement rentable de votre temps et de votre énergie ?

Il est difficile d'essayer de changer les choses, en particulier les habitudes profondément ancrées. Même lorsque les gens connaissent le coût de la poursuite d'un comportement et même lorsqu'ils se soucient vraiment du résultat, l'inertie peut être importante. Pensez à vos amis qui veulent arrêter de fumer, perdre quelques kilos, manger plus sainement ou passer plus de temps avec leurs enfants. De nombreuses recherches montrent que l'énergie nécessaire pour modifier une habitude peut sembler, dans un premier temps, plus importante que les bénéfices qu'elle procure.

Pour atteindre de nouveaux objectifs, il faut un catalyseur ou une "énergie d'activation" dans un processus semblable à celui d'une réaction chimique. Dans un premier temps, il faut plus d'énergie pour entreprendre de nouvelles actions, puis le système s'autorégule à un niveau d'énergie de maintien plus faible. Il peut sembler à beaucoup que cela ne vaut pas la peine de consacrer de l'énergie à changer les habitudes actuelles. Nous avons un client qui a mal à la tête chaque fois que nous discutons de nouvelles actions potentielles. Il se dit qu'il est trop vieux et pas assez intelligent pour assimiler de nouvelles informations (il a 48 ans et dirige une exploitation agricole énorme et diversifiée !) C'est cette énergie d'activation qui travaille contre lui, les changements lui semblent trop écrasants.

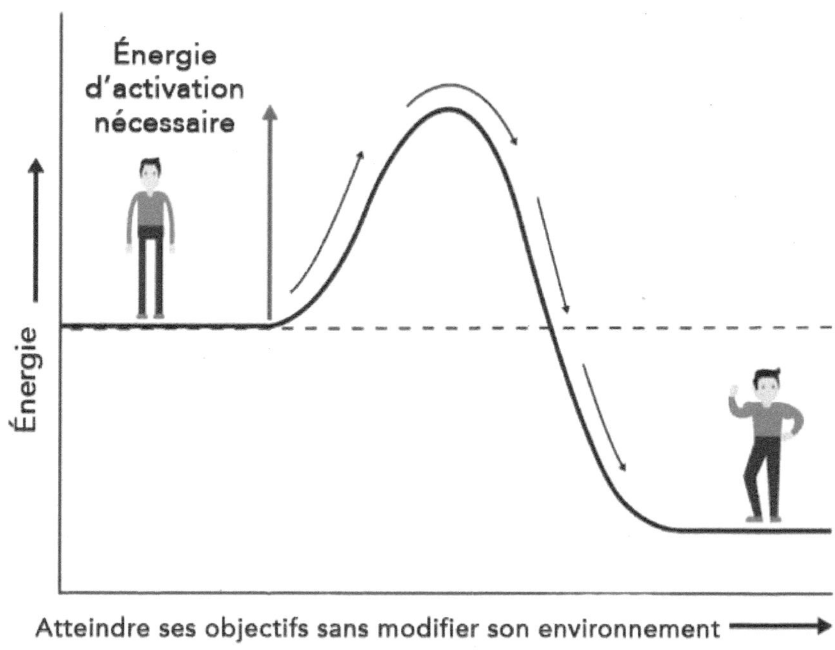

(a)

L'un des moyens de réduire l'inertie et de transformer nos pensées et nos actions consiste à modifier notre environnement. Ce faisant, les nouvelles actions nécessitent moins de motivation et de volonté (énergie d'activation). Si vous voulez perdre du poids ou développer vos muscles, ne passez pas autant de temps avec vos amis mangeurs de pizzas et téléspectateurs. Si vous voulez réduire vos intrants chimiques, renvoyez votre agro-chimiste, oui, celui qui vous donne un nouveau chapeau chaque année et reçoit une commission sur vos ventes. Pour de nombreuses personnes qui s'orientent vers des pratiques régénératives, il s'agit d'une première étape difficile mais nécessaire. À moins que vos conseillers ne soient ouverts d'esprit, désireux d'apprendre et d'explorer de nouvelles possibilités, ils augmenteront l'énergie d'activation dont vous avez besoin pour effectuer des changements, ce qui se traduira par davantage de maux de tête.

Lorsque vous faites vos premiers pas, trouvez un coach ou un mentor, quelqu'un de votre communauté avec qui vous pourrez mâcher le travail. L'adage "en terrain miné, suivez les traces de ceux qui vous précèdent" s'applique lorsque vous prenez des mesures qui peuvent sembler risquées.

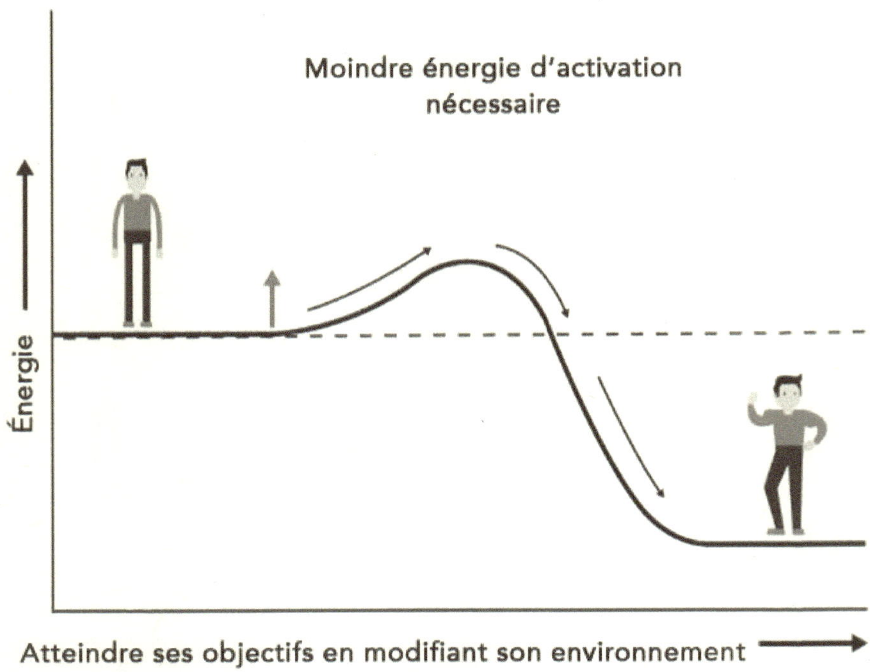

(b)

La technologie ayant considérablement rapproché les terriens, il n'y a aucune raison pour que vous ne puissiez pas contacter des producteurs dans d'autres pays. De nombreux producteurs progressistes sont faciles à trouver sur Internet et la plupart d'entre eux adorent parler de leur sujet favori. Dans mon entreprise, Integrity Soils, notre mission consiste à créer des clients qui n'ont plus besoin de nous. C'est un modèle commercial déplorable, mais aussi l'un des aspects déterminants de l'agriculture régénérative : réduire le besoin d'appuis et de soutiens externes. Nos services s'éloignent des recommandations pour se concentrer sur l'amélioration des systèmes et fournir une caisse de résonance aux nouvelles idées. Souvent, l'étape la plus importante est l'énergie d'activation nécessaire pour démarrer.

L'apprentissage et l'éducation continus sont les éléments vitaux des pratiques régénératives réussies. Malheureusement, à ce stade, il n'existe qu'une poignée d'endroits dans le monde où l'on peut étudier l'agriculture régénérative. Les jeunes désireux d'en savoir plus sur ces pratiques se rendent en masse dans les entreprises agricoles régénératives les plus en vue pour y faire un stage ou du bénévolat. Ces entreprises agricoles reçoivent des centaines de candidatures de jeunes qui se disputent un nombre limité de places.

En ce qui me concerne, mes plus fortes expériences d'apprentissage sont nées de ce que nous avons appelé les "barbecues biologiques". En 2004, un groupe d'agriculteurs et de cultivateurs se réunissait toutes les six semaines dans une ferme différente, creusant des trous et discutant de ce qui fonctionnait et de ce qui ne marchait pas. Nous appelions cela en plaisantant "fouiller dans le tiroir à caleçons", car rien n'était caché ! Les enseignements tirés d'un groupe de personnes prêtes à faire preuve de transparence, de vulnérabilité, d'honnêteté et d'engagement ont constitué les journées d'apprentissage les plus formatrices de ma vie. J'ai plus appris avec ces agriculteurs que je ne l'ai jamais fait au cours d'années d'éducation formelle.

L'organisation Victoria No-Till, en Australie, reconnaît depuis longtemps la valeur de la santé des sols, s'engage dans l'éducation et le renforcement de la résilience des exploitations agricoles. Tous les quatre mois, elle publie un fantastique magazine sur papier glacé, qui présente des études de cas réels d'agriculteurs de la région. Historiquement, le groupe s'est concentré sur les solutions technologiques et opté pour une agriculture à circulation contrôlée (ACC) pour améliorer les sols. À mon avis, la technologie offre des changements et des avantages réels, mais seulement progressifs. La combinaison d'équipements modernes et de principes de santé des sols permet une transformation totale de ce qui est possible, pour les sols, les paysages, les aliments et les communautés. Pour ces exploitants à grande échelle, l'agriculture régénérative change la donne. Le président Grant Sims constate une "véritable effervescence dans le Victoria ; il y a une énorme positivité en ce moment, ce qui est formidable". En tant que collectif, ces agriculteurs testent différentes pratiques, notamment les cultures de couverture, les intrants et la gestion du bétail. Ces histoires de réussite et d'échec sont ensuite partagées dans leur magazine et lors de leur conférence annuelle. À la lecture de leurs récits, leur "maîtrise", leur "autonomie" et leur "raison d'être" apparaissent clairement.

Notre rôle en tant que régénérateurs aujourd'hui est de sortir de la bulle dans laquelle nous nous sommes enfermés, de la crainte de l'échec ou de questions paralysantes : "qui suis-je pour parler ?" ou "que vont penser les autres ?". Dans la plupart des cas, ils ont les mêmes préoccupations que vous. Il est maintenant temps de partager et de célébrer ce qui s'est passé jusqu'ici dans la clandestinité.

Changer nos narratifs autour de l'"échec" peut fournir de nouvelles idées puissantes pour l'action et l'apprentissage. Il n'est pas rare d'entendre des régénérateurs parler de l'échec comme de l'une des meilleures expériences d'apprentissage. Nous sommes devenus si craintifs que le risque imaginé d'essayer quelque chose de nouveau et de différent peut littéralement nous paralyser. La peur est un moyen pour le corps de nous protéger physiquement et mentalement ; cependant, dans l'agriculture, elle produit le résultat inverse, en diminuant la résilience des entreprises. C'est peut-être la raison pour laquelle tant de régénérateurs progressistes se tournent vers l'agriculture comme seconde carrière, sans être restreints par le poids du passé, par des peurs ou l'inévitable "c'est comme ça qu'on a toujours fait".

Lorsque je voyageais dans ma jeunesse, je n'avais peur de rien et je me mettais souvent dans des situations dangereuses qui finissaient mal. Bien que douloureux, cet apprentissage a été incroyablement puissant et m'a permis d'emprunter de nouvelles voies dans la vie. Des chemins qui m'ont apporté des cadeaux inattendus. Depuis, j'ai appris à éviter les situations dangereuses et à comprendre l'échec différemment. Aujourd'hui, les situations de crise m'enthousiasment même. Cela ne veut pas dire que je les apprécie, mais j'ai appris à comprendre que de l'autre côté de chaque échec, ou de chaque crise, il y a une percée. Après le tsunami qui a frappé la Thaïlande, un pêcheur Moken a déclaré que l'événement "était une opportunité ; il a rendu un groupe fort plus fort".

Pour moi, c'est la définition même de l'agriculture régénérative. Comment faire face à un défi ou à l'adversité ? Voyez-vous des indicateurs dans le paysage et des possibilités de vous attaquer aux causes profondes, ou vous contentez-vous de réagir ?

Les défis auxquels la planète est confrontée n'exigent pas seulement des producteurs de denrées alimentaires qu'ils fassent des choses différentes ou nouvelles. Ce sont les mots du pseudo-changement et le pseudo-changement requiert toujours le même type de réflexion. L'agriculture régénérative implique une transformation de notre façon de voir et d'interagir avec la terre, les plantes, les animaux et les personnes. Ce à quoi nous assistons avec les régénérateurs, c'est à l'émergence du papillon hors de sa chrysalide, en mettant l'accent sur le rétablissement de l'intégrité, des cycles de l'eau et du carbone pour produire des aliments nourrissants et denses en nutriments. Ces personnes redonnent également vie à leurs communautés. Il n'est pas nécessaire d'être réactif ou de lutter contre les solutions technologiques, avec leur multitude de "conséquences involontaires". La pensée à court terme et les raccourcis n'ont tout simplement pas leur place dans un avenir sain, résilient et autonome.

J'imagine l'agriculture régénérative fonctionnant comme un réseau mycélien, transformant la pénurie et les mentalités aveugles et compétitives en communautés connectées, diversifiées et collaboratives. Des systèmes où le tout est plus grand que la somme des parties. Il n'y a pas de grand leader ou de "gourou" détenant toutes les réponses ; les réponses se trouvent dans le collectif. Notre sagesse et notre expérience s'étendent à différents écotypes, cultures, bétail et animaux sauvages. Tout ce qui figure dans ce livre m'a été donné par d'autres personnes, par ma communauté, par des clients, par des participants à des ateliers et par les générations précédentes qui ont noté leurs connaissances sur le papier. La santé des sols n'est pas un concept nouveau ; nous l'avons simplement oublié du fait de la griserie technologique et de la croyance erronée que nous étions plus intelligents que la nature.

Le véritable succès de la gestion des terres réside dans le biomimétisme. Comment fonctionne la nature ? L'observation des schémas, des endroits où les populations de ravageurs et de mauvaises herbes diminuent, ou des lieux où les animaux choisissent de paître, peut servir de catalyseur à de nouvelles pratiques voire à l'arrêt de certaines d'entre elles. Comme l'a dit avec éloquence l'éleveur Steve Charter : "Nous devons rester humbles devant la nature. Comprendre plus profondément comment elle fonctionne. C'est un processus magnifique et sophistiqué. Dès que nous coopérons et travaillons avec la nature, les choses commencent vraiment à fonctionner". Le paradigme agricole "moderne" nous a incités à ne plus écouter notre intuition. La plupart des agriculteurs que je rencontre ne peuvent plus supporter l'application de produits chimiques sur les aliments ou le traitement inhumain des animaux. Le cœur de ces observations repose sur la façon dont nous nous connectons les uns aux autres et à nos paysages. Prendre le temps de réinitialiser nos esprits trop analytiques et commencer à voir le monde qui nous entoure d'un œil nouveau. Être au lieu de faire. Prenons-nous assez souvent le temps de nous asseoir avec notre terre, nos plantes et nos animaux, sans agir ?

Le greenwashing des termes "régénération" et "densité nutritionnelle" est inévitable. Il a déjà commencé. Les entreprises et les sociétés agrochimiques saisissent les opportunités de marketing et proposent leur version édulcorée aux masses. Sans mesure, ces expressions manquent d'intégrité. Les consommateurs ont déjà suffisamment de mal à s'y retrouver pour ne pas ajouter à la confusion de l'étiquetage.

Pour ceux qui cherchent à commercialiser des aliments comme étant "régénératifs", je vous mets au défi de joindre le geste à la parole. Testez votre viande, vos fruits et vos légumes pour vérifier la présence de multiples résidus et la densité des nutriments. L'ensemble du système alimentaire doit faire preuve d'une plus grande intégrité. Il est essentiel de prouver que vous régénérez vos sols, les cycles de l'eau et la couverture végétale. Cette intégrité doit être transférée dans tous les aspects de l'entreprise. Imaginez qu' un auditeur rigoureux se trouve à vos côtés. Pourriez-vous justifier vos actions auprès de lui tout au long de votre journée de travail ? Dans les études de cas que j'ai partagées, de nombreux exploitants ouvrent leurs portes et sont transparents quant à ce qu'ils font sur leurs terres. Ils effectuent des analyses comparatives et surveillent les changements au fil du temps. S'ils commercialisent leurs produits comme étant denses en nutriments, ils le mesurent. Garantir l'intégrité revient aux individus et à leur capacité à partager leur histoire en toute honnêteté.

En discutant avec des producteurs qui vantent la "densité nutritionnelle" de leurs produits sur les marchés de producteurs ou les forums en ligne, j'ai un peu l'impression d'être la police du plaisir. « Avez-vous mesuré la densité nutritionnelle ? » demande-t-on. Ils me répondent, penauds, que leurs produits sont nourris à l'herbe et qu'ils sont donc automatiquement denses en nutriments. Qu'en est-il de "naturel", "élevé en plein air" ou "sans pulvérisation, donc..." ? En l'absence de toute mesure, l'utilisation de ces étiquettes n'est qu'un stratagème commercial vide de sens. Les aliments certifiés biologiques "superficiels" peuvent laisser aux consommateurs un mauvais goût en bouche et être moins riches en nutriments. Cette situation nuit malheureusement à l'ensemble du secteur bio.

La production biologique a des racines similaires à celles du mouvement de régénération. Les producteurs cherchaient des moyens plus profonds de travailler avec les paysages, d'améliorer les sols et de produire des aliments de qualité. De là sont nées deux voies : la voie de la production biologique profonde, qui se situe dans l'espace régénératif, et la voie de la production biologique superficielle. L'agriculture biologique superficielle est le "vert clair" que l'arboriculteur Nick Pattison a évoqué au cours de son voyage. Il s'agit d'une approche qui remplace les produits chimiques durs par des versions biologiques plus douces, en remplaçant les herbicides par le travail du sol et en ignorant la faune souterraine. Cette approche comporte des cases à cocher qui garantissent : "Je n'utilise pas de produits chimiques de synthèse". Cependant, elle ne donne aux consommateurs aucune garantie en matière de santé environnementale ou de qualité des aliments. Pour faire la distinction entre les deux, il faut interroger les producteurs sur leur gestion. Mesurent-ils l'amélioration des sols ? S'ils affirment que leurs produits sont riches en nutriments, demandez à voir leurs analyses. La saveur, les dégâts causés par les insectes et la capacité de conservation des fruits et légumes sont d'autres indices qui montrent qu'une allégation n'est peut-être pas fondée. Si vos aliments sont endommagés par des insectes, est-ce parce que ces fruits sont biologiques ou parce qu'ils sont impropres à la consommation humaine ?

Les régénérateurs vivent et respirent dans un monde d'émerveillement et de possibilités, autour de différents aspects de leur vie. Ils se demandent : "Est-ce que j'agis de manière régénérative envers mes animaux, mon entreprise, ma terre, ma famille et moi-même ?". Il n'est pas rare de constater que les gens sont forts dans un domaine et plus faibles dans un autre.

Tout comme il n'existe pas de sol parfait, il n'existe pas d'être humain parfait. Souvent, les personnes les plus loquaces et les plus philosophes sont celles qui ne sont pas aussi fortes dans le domaine pratique. Certains, qui sont d'excellents éleveurs, peuvent avoir du mal à nouer des relations personnelles. Je vois des producteurs qui passent des intrants chimiques aux intrants bio et qui n'augmentent pas leur rentabilité. S'agit-il d'une approche régénérative ? Cela ne veut pas dire que ces différentes approches sont mauvaises ; il s'agit plutôt d'un appel à l'action pour renforcer les points faibles ou pour inviter d'autres personnes à soutenir nos objectifs de régénération. Pour répondre à l'appel du réseau mycélien, vous devez reconnaître qu'aucun système n'est isolé, y compris le vôtre.

Prenons l'exemple de l'agriculteur B ; il se concentre sur la production d'un produit rentable, écologique et riche en nutriments, au détriment de ses relations humaines et de son propre bien-être. Il s'agit d'un exercice instructif à faire avec vous-même et votre famille.

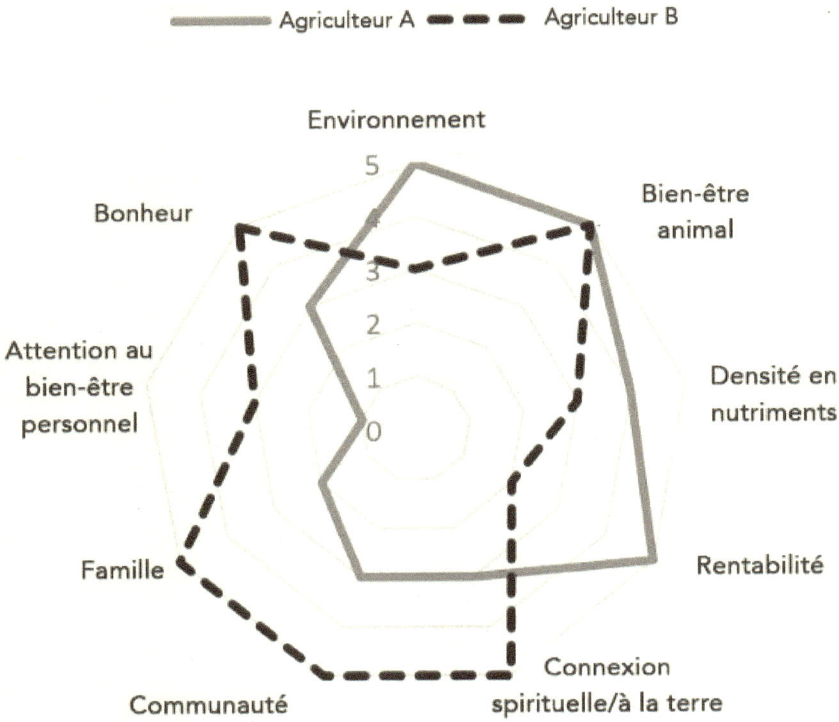

Graphique : Les piliers de la régénération des paysages

Pour la plupart d'entre nous, il semble que prendre soin de soi passe au second plan, mais qui gérera votre terre pour vous si vous n'êtes pas là ? C'est comme d'éplucher un oignon pour révéler la pelure suivante. Encore une autre couche d'apprentissage, de croissance et d'expansion de votre potentiel. L'agriculture régénérative est un voyage passionnant, complexe et parfois difficile, sans destination finale. Profitez-en !

Le bien-être de nos terres agricoles et notre propre santé sont intimement liés. Chaque jour, il m'apparaît plus clairement que notre environnement extérieur n'est que le reflet de notre monde intérieur. Nous ne pouvons pas continuer à faire comme si de rien n'était dans la course aux armements lancée contre la nature et contre nous-mêmes. La gestion régénérative des terres offre une stratégie immédiate pour se reconnecter à nos paysages intérieurs et extérieurs, pour ceux qui ont la volonté d'être plus réceptifs aux signaux de leur environnement.

En vivant le moment présent, je ressens un sentiment palpable d'excitation et de joie dans les conversations que j'entends au sein des communautés rurales, qui semblaient autrefois si opposées au changement. Il existe un collectif mondial doté d'une expérience et d'une sagesse profondes en matière de régénération des paysages. Nous n'avons pas besoin de nouvelles solutions technologiques ou de bricolages génétiques pour relever les défis auxquels nous sommes confrontés, mais nous avons besoin d'une évolution de l'intelligence naturelle, d'une reconnexion profonde avec la nature. Il n'y a pas de retour en arrière possible une fois que vous avez attrapé le virus de la santé des sols et son potentiel illimité. L'invitation de la nature est toujours là : allez-y et inoculez. Pollinisez vos communautés, transmettez-leur la passion du sol vivant !

Pour l'amour du sol

Annexes

Transitions

Les moteurs du changement pour de nombreux agriculteurs [ou éleveurs] présentés dans ce livre ont été inspirés par une révélation. Cependant, on peut attendre toute sa vie une révélation de cet ordre. Si les pratiques des régénérateurs sont nouvelles ou intimidantes pour vous, voici quelques étapes possibles pour développer votre confiance.

1. Commencez par quelque chose de ridiculement petit.

Si vos craintes concernant les risques vous font hésiter, mettez-vous en situation de réussir. Ne plantez que quelques arbres. Si vous avez l'intention de pulvériser des mauvaises herbes, commandez de l'acide fulvique et posez le bidon à côté de l'herbicide. Essayez d'incorporer des graines dans les minéraux que vous donnez au bétail. Alternez un fongicide avec une pulvérisation nutritionnelle. Faites l'essai de pratiquer une densité animale plus élevée dans une parcelle que vous n'inclurez pas dans votre prochaine rotation. Remplacez les traitements chimiques des semences par des traitements bio. Ajoutez des humates à votre azote et réduisez l'apport de 30 % dans une zone donnée.

2. Modifiez votre environnement.

Lorsqu'il s'agit de transformer nos pensées et nos actions, le catalyseur c'est l'environnement. Nous pouvons modifier l'environnement qui nous entoure de telle manière que l'action nécessite une motivation et une volonté (énergie d'activation) moindres. Entourez-vous de producteurs régénérateurs et créez un groupe de discussion, un "barbecue bio". Lisez des magazines et des livres sur ces sujets.

3. Régénérez vos processus de pensée.

Ce sont les histoires que vous croyez ou que vous vous racontez qui vous permettent d'agir ou vous empêchent d'apprendre. Le seul moyen de modifier réellement nos actions est de commencer par ce que nous nous considérons comme « étant », c'est-à-dire l'état d'esprit dans lequel nous nous trouvons. Cet « être » informe ensuite nos pensées, notre langage et nos habitudes. Il est important de se concentrer sur les bonnes étapes plutôt que sur le bon résultat. Les programmes de développement personnels et professionnels sont des étapes cruciales pour révéler les potentiels "angles morts" de l'action. Je suis une fervente adepte des écoles d'élevage ou de pâturage à visée commerciale (Ranching or Grazing for Profit Schools) en Amérique du Nord et en Australie. Et si vous voulez ressaisir le fil conducteur profond de votre vie, Landmark Worldwide propose des formations dans le monde entier.

4. Laissez faire la nature !

La clé de l'agriculture régénérative ne réside pas dans les réponses, mais dans la qualité des questions que nous posons. Une excellente habitude à prendre est de poser la question du "pourquoi" au moins six fois, comme par exemple : "Pourquoi faites-vous vêler en plein hiver ? Pourquoi faites-vous du foin ? Pourquoi utilisez-vous cet insecticide ou faites-vous pousser une culture dans un environnement défavorable ? Je suis étonné de voir à quel point la dernière réponse est souvent "parce que c'est comme ça qu'on a toujours fait". Se poser ces questions sur le pourquoi et agir ensuite peut être l'exercice le plus rentable que vous pourrez jamais entreprendre.

Posez-vous la question suivante : "Comment cela fonctionnerait-il dans la nature ?" Par exemple, "Quand les animaux sauvages mettent-ils bas ? Comment cet arbre ou cette vigne pousse-t-il dans la nature ? Comment pouvons-nous aligner nos pratiques sur les règles fondamentales de la nature ? Plus nous nous en éloignons, plus les coûts sont élevés. L'une des actions les plus puissantes que nous puissions entreprendre pour régénérer les terres consiste à en finir avec les pratiques nuisibles ou qui contrecarrent le synchronisme de la nature.

5. Faites preuve de patience, cher ami.

C'est peut-être l'aspect le plus difficile pour ceux qui sont habitués aux effets rapides des intrants chimiques. Combien de temps a-t-il fallu pour dégrader votre ressource foncière ? Les changements dans le sol peuvent se produire bien avant que les bénéfices ne soient visibles en surface. L'homme est par nature impatient, mais si nous déterrons une graine pour voir si elle a germé, nous compromettons sa progression. Il suffit de croire que la graine pousse et que les changements visibles vont s'ensuivre. Le suivi de la santé du sol, de l'infiltration, des tests de tissus végétaux et la collaboration avec un mentor contribueront à atténuer vos inquiétudes. La transition requiert un certain degré de foi et de confiance. Comprendre les "conséquences involontaires" de la solution miracle et l'effondrement qui se produit à tous les niveaux de notre modèle agricole moderne actuel peut nous aider à garder le cap. La science est là, les consommateurs attendent, la conscience politique et la volonté d'agir sont en train de naître.

Les étapes de la transition

Évitez les pertes de production coûteuses en vous appuyant sur les connaissances locales : faites-vous aider par un mentor, un consultant, un agriculteur qui a réussi ou rejoignez un groupe de discussion. Faites vos propres essais.

Formez-vous : Livres, cours, ateliers, podcasts...

Évaluez: Estimez votre situation actuelle : analyse minérale du sol, biologie, carbone, tests foliaires et photos. Affinez vos observations. Inscrivez-vous à notre application de suivi des sols : www.integritysoils.co.nz/regen-platform/

D'abord ne pas nuire : Réduisez, puis éliminez les produits qui détruisent les interactions microbiennes : Azote et Phosphates solubles, herbicides, fongicides. Tamponnez les produits chimiques avec des aliments microbiens.

Triez et traitez les principaux facteurs limitants : Capture de la lumière du soleil, air, eau, décomposition et minéraux.

Encouragez la biodiversité en surface et en sous-sol : mélanges de prairies multi-espèces, cultures fourragères, cultures de couverture, brise-vent, plantations intercalaires. diversité, diversité, diversité !

Mettez en œuvre les bonnes pratiques : Augmentez la photosynthèse, la profondeur d'enracinement et le carbone du sol. Évitez toujours les sols nus.

Appliquez des produits à large spectre : Nourrissez la micro-faune et corrigez les principales carences en nutriments : chaux, phosphate naturel, guano, algues, extraits de poissons, eau de mer, compost, lombricompost, sucre, etc.

Santé : Veillez à satisfaire les besoins sanitaires des cultures et des animaux ; si vous constatez des carences, utilisez des minéraux en libre-service, des probiotiques, etc. Testez la qualité de vos produits.

Surveillez et observez les changements : Brix, EC, pH, photos. Ajustez le programme si nécessaire.

Planification stratégique à long terme : Faites des choix en matière d'utilisation des terres et du bétail. Concentrez-vous sur la résilience de l'entreprise.

Lorsque les résultats sont au rendez-vous, partagez votre expérience et formez la relève !

Ces conseils ont été élaborés à partir de séances de brainstorming auxquelles ont participé plus de 300 agriculteurs cultivateurs, chercheurs, éducateurs et entreprises régénératifs, lors de la tournée nationale de l'Association of Biological Farmers (Association des agriculteurs biologiques) avec le Dr Christine Jones, en juin 2010.

Utiliser un réfractomètre

Un réfractomètre mesure les degrés ou pourcentages de Brix - les solides dissous et les sucres produits lors de la photosynthèse.

En moins d'une minute, il vous donne une indication sur l'état de vos cultures. La mesure du degré Brix de la sève d'une plante sur plusieurs échantillons d'une culture donne un aperçu immédiat de la santé générale de cette culture. Effectuez des relevés multiples en suivant le même protocole, au même moment de la journée, à partir de la même partie de la plante (et assurez-vous que tous les relevés ultérieurs soient effectués de la même manière). Enregistrez vos résultats et comparez les tendances ! Habituez-vous à noter régulièrement vos observations afin d'avoir une vision détaillée de vos terres.

Les degrés de Brix varient tout au long de la journée : ils sont bas le matin, atteignent leur maximum en début ou en milieu d'après-midi, puis déclinent avec le soleil. Cela correspond au cycle de croissance quotidien de la plante et à l'absence ou à la présence de lumière solaire. En général, la santé et la qualité optimales des graminées sont indiquées par une valeur supérieure à 12° et, pour la plupart des légumineuses, supérieure à 14°.

Le degré Brix peut aider à déterminer la pertinence d'une pulvérisation foliaire.

Méthodologie :

Mesurez le degré Brix sur une culture, avant l'application d'une pulvérisation foliaire, et sur une zone de contrôle où aucune pulvérisation n'est prévue. Testez à nouveau les deux zones, 1 à 24 heures après l'application de différentes pulvérisations foliaires.

Le degré Brix doit augmenter d'au moins 2 degrés par rapport à la mesure-témoin pour que l'application soit considérée comme appropriée. S'il reste inchangé ou diminue, effectuez un nouveau test dans une semaine. Si le niveau de Brix est toujours bas après une semaine, il est raisonnable de conclure que l'application de ces produits n'est pas efficace pour le moment. Utilisez l'approche des 5M pour reconsidérer les facteurs limitants : Le mental, le management, les microbes, les minéraux et la matière organique.

Mode d'emploi

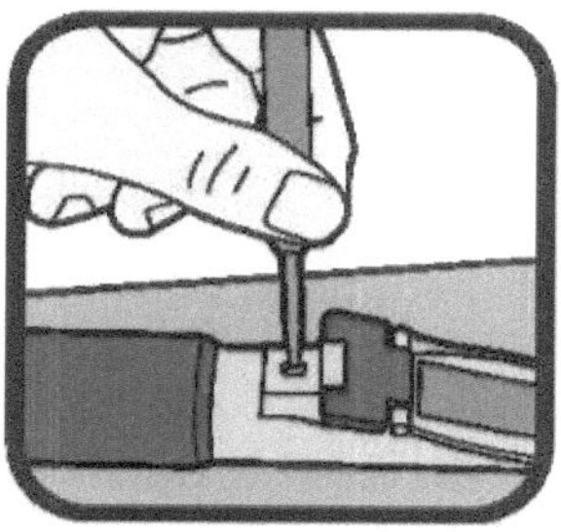

1

Calibrez le réfractomètre en utilisant de l'eau distillée pure

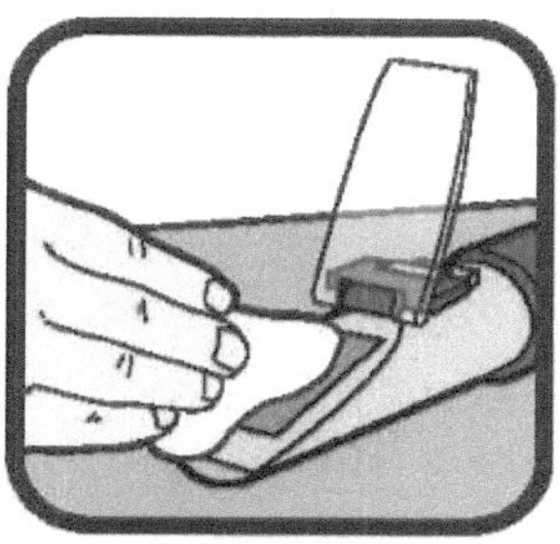

2

Ouvrez la plaque en verre, essuyez soigneusement le prisme de réfraction avec un chiffon doux. Veillez à ne pas rayer la surface

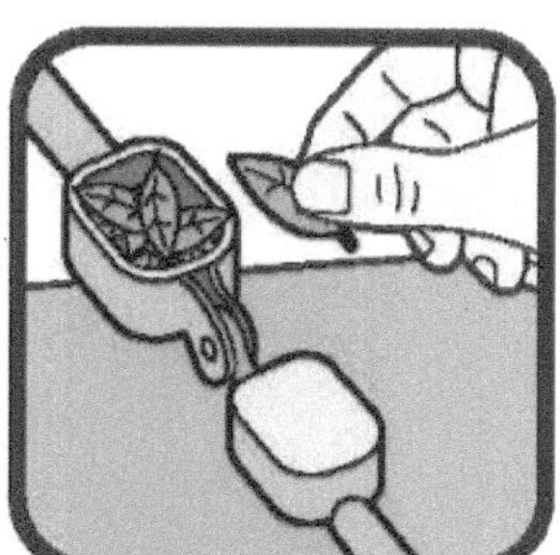

3 **Choisissez des feuilles complètement développées, roulez-les sur elles-mêmes, puis placez-les dans la chambre d'un presse-ail de bonne qualité. Si vous échantillonnez des espèces à faible teneur en sève comme les avocats et la vigne, utilisez des pinces-étau**

4 Pressez pour extraire la sève. (Si des débris végétaux s'échappent du presse-ail, placez une pièce de monnaie au fond de la chambre). Déposez 2-3 gouttes de sève sur la surface du prisme

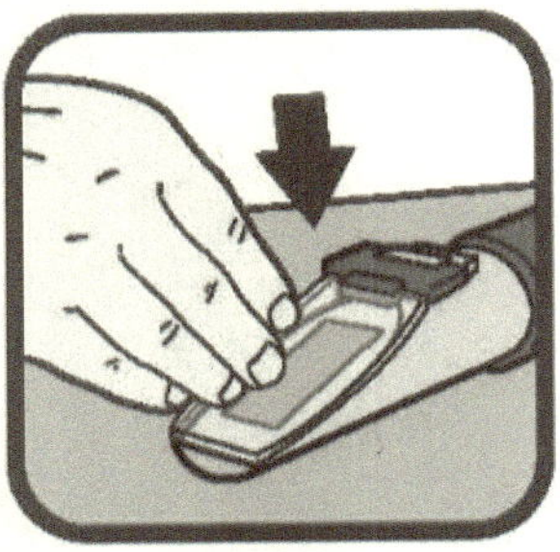

5 Fermez lentement la plaque de lumière du jour pour permettre à la solution de couvrir toute la surface du prisme en réduisant les bulles d'air

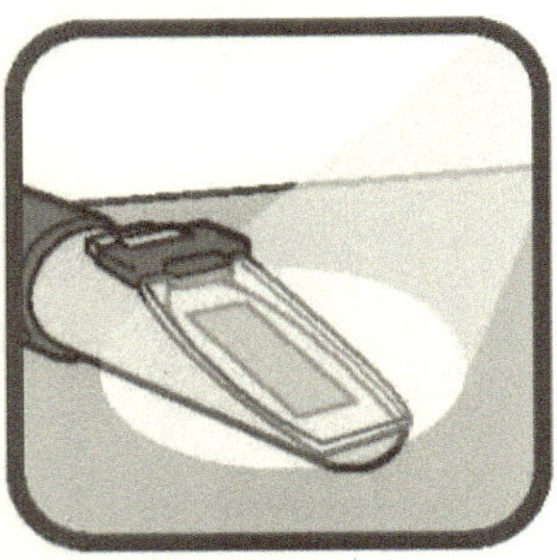

6 Tournez le réfractomètre vers une source de lumière ou un endroit lumineux.

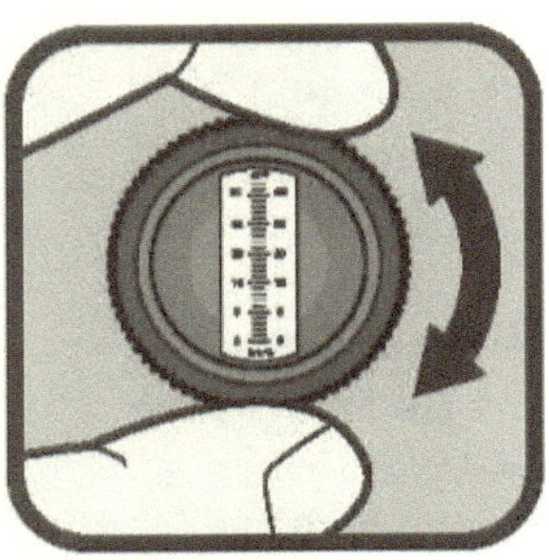

7 Regardez à travers la lentille. Tournez la molette de la mise au point jusqu'à ce que les lignes graduées soient nettement visibles

Plus d'infos sur le brix

Le degré Brix peut varier en raison du stress et/ou de la déshydratation et après que les plantes ont produit des fleurs ou des graines. C'est pourquoi il est essentiel de bien noter et de surveiller les variations du degré Brix au fil du temps et d'éviter de prélever des feuilles endommagées par des insectes ou des maladies.

La méthode d'extraction de la sève peut avoir une grande influence sur le résultat.

En général, le degré Brix diminue lorsque la pression atmosphérique est faible, par exemple au début d'un orage.

Analysez vos mauvaises herbes ! La sève des adventices doit avoir un (degré) Brix inférieur à celui de la culture. Si ce n'est pas le cas, vous devez vous demander pourquoi votre gestion actuelle favorise la production de mauvaises herbes. Si le Brix est plus élevé dans vos mauvaises herbes, vous devrez peut-être intervenir pour réduire la menace d'une baisse de rendement. Si le Brix est plus bas dans les adventices, vous n'avez pas besoin d'intervenir, car la culture les dépassera avec le temps.

Plus la teneur en humus du sol est faible, plus le Brix diminuera rapidement à la suite de périodes nuageuses ou pluvieuses prolongées. Dans ces conditions, pour éviter que le degré Brix ne chute rapidement, utilisez une pulvérisation foliaire d'acide fulvique.

Les niveaux de Brix doivent être uniformes lorsqu'ils sont mesurés à différents endroits de la plante ; si ce n'est pas le cas, il faut suspecter un déséquilibre du sol. Le rapport P:K est un suspect-clé dans ce cas.

Le degré Brix suit l'intensité du soleil, et est donc plus bas le matin que l'après-midi. Si le Brix reste stable tout au long de la journée, suspectez une carence en bore. Cet oligo-élément essentiel est responsable de la translocation des sucres entre les racines et les feuilles.

Comme pour tous les tests, le niveau du Brix doit être corrélé à d'autres outils et de bonnes observations. Il ne s'agit pas d'un outil à utiliser de manière isolée.

Notez vos observations détaillées, chaque jour et tout au long de la saison, afin d'obtenir une image fidèle de vos cultures.

Test d'infiltration

1 Placez une planchette sur le dessus de l'anneau. Frappez-la avec le marteau jusqu'à ce que l'anneau soit enfoncé dans le sol au niveau de la marque de 100 mm. Si le sol est très sec, compact ou caillouteux, utilisez le couteau pour pratiquer une fente dans le sol afin de pouvoir enfoncer l'anneau en perturbant le sol le moins possible.

2

Recouvrez complètement la surface de terre délimitée par l'anneau et celui-ci avec une feuille de film plastique. Cette procédure évite de perturber la surface du sol lors de l'ajout de l'eau.

3

Insérez une règle et versez 25 mm d'eau.

4 Retirez lentement la feuille de plastique et démarrez votre chronomètre. Lorsque la dernière goutte d'eau disparaît, vérifiez à nouveau le chronomètre et notez le nombre de secondes/minutes nécessaires pour que les 25 mm s'infiltrent. En utilisant le même anneau, répétez les étapes 2, 3 et 4 encore 2 fois. Enregistrez le temps écoulé pour chaque mesure d'infiltration. Tous les tests doivent être effectués consécutivement.

Si vous effectuez plusieurs tests et qu'ils donnent le même résultat, ce dernier est très probablement une estimation précise du taux d'infiltration à saturation.

Remarques sur l'infiltration :

Si le sol est saturé, le test d'infiltration ne fonctionnera pas, attendez quelques jours de plus pour que le sol sèche.

Si vous captez 25 mm de pluie supplémentaire, cela peut représenter 1/2 tonne/ha de rendement supplémentaire.

Si la superficie du sol est inégale à l'intérieur de l'anneau, comptez le temps nécessaire pour que la moitié de la surface soit exposée et brillante.

Le taux d'humidité du sol affecte le taux d'infiltration ; par conséquent, on effectue en général deux ou trois tests d'infiltration (si le sol est sec). Les trois premiers centimètres d'eau mouillent le sol, les trois suivants donneront une meilleure estimation du taux d'infiltration du sol.

Même un sol de grande qualité finit par se dégrader après plusieurs tempêtes. L'objectif est d'améliorer la structure du sol afin de maximiser l'infiltration et de minimiser le ruissellement.

Indicateurs de suivi

Structure du sol/ porosité

Couleur et nombre de marbrures

Couleur du sol/carbone

Vers de terre/bousiers

Odeur/goût du sol ?

Taux d'infiltration

Capacité de rétention d'eau

Relief de la surface

Température

Pénétromètre (compaction)

pH du sol, CE (conductivité électrique)

Analyses minérales du sol

Tests biologiques du sol

Activité enzymatique

Respiration

Rapport champignons/bactéries

Colonisation mycorhizienne

Diversité biologique

Sève Brix/CE/ph

Croissance des plantes

Diversité des plantes

Légumineuses (nodules rouges)

Mauvaises herbes/parasites/maladies

Couleur des plantes

Zones de refus (urine/ bouse)

Utilisation des pâturages/appétence

Développement de la rhizosphère

Longueur et densité des racines

Surface de sol à nu

Stress dû à la sécheresse

Coût des intrants pour maintenir le niveau de production

Analyse des tissus végétaux : minéraux, RFV, ADF, protéine brute...

Capacité de stockage et digestibilité

Spectroscopie proche infrarouge

Culture de mycorhizes

Fabriquez votre propre inoculant mycorhizien en combinant des mélanges de terreau avec des racines prélevées sur des plantes vivant dans des écosystèmes locaux sains. Cultivez des spores de MEA dans ce mélange en utilisant des graminées C4, telles que Sorgho du Soudan, Paspalum spp, maïs, etc.

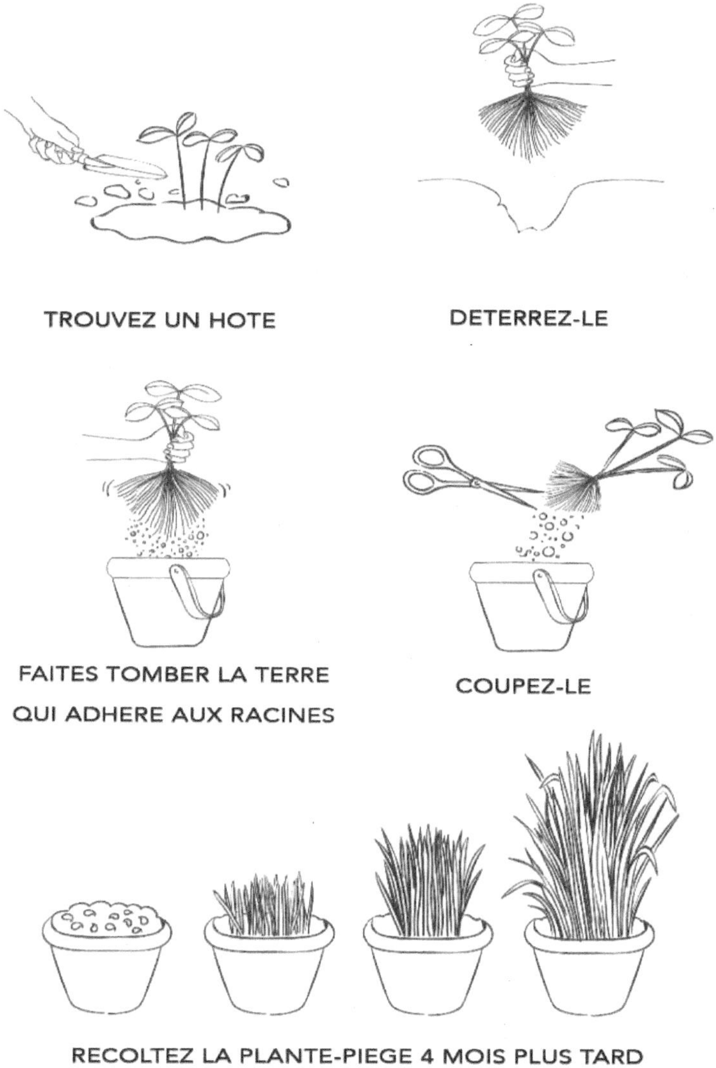

Transition et stratégies de lutte contre les adventices

Préparer des infusions/macérats de mauvaises herbes

Remplissez un fût avec votre mauvaise herbe problématique, placez un poids lourd sur le dessus et laissez-les macérer lentement dans leur propre jus. Si la plante contient beaucoup de cellulose ou de lignine, vous devrez ajouter un peu d'eau pour faciliter sa décomposition. Fixez un robinet au bas du fût et extrayez le liquide pour le pulvériser sur les zones fortement infestées. Parfois, nous avons observé des résultats extraordinaires, et d'autres fois, rien du tout !

Essayez différentes doses, de quelques 100 ml à 20 litres/Ha. Je crois que cette procédure favorise la prolifération des insectes qui aiment manger votre mauvaise herbe et que vous concentrez également les oligo-éléments que cette mauvaise herbe a accumulés. (Merci à Steve Erickson pour cette recette).

Préparez vos solutions allélopathiques : récoltez des plantes matures qui recèlent des molécules suppressives connues, comme le radis fourrager, le sorgho, le tournesol ou le mûrier. Séchez et hachez ces plantes avant de les faire tremper dans une eau non chlorée pendant 24 heures. Filtrez le liquide et appliquez-le comme vous le feriez avec un herbicide. Les résultats ont montré que cette méthode peut être plus efficace que les épandages d'intrants chimiques. Vous aurez besoin d'une grande quantité de matière végétale, environ 25 kg/ha.

Bio-indications des adventices

Sols nus

Fumeterre (*Fumaria muralis*), Pourpier (*Portulaca oleracea*), Euphorbe maculée (*Euphorbia maculate*), Tribule terrestre (*Tribulus terrestris*), Herbe au chantre (*Sisymbrium officinale*), Liseron des champs (*Convolvulus arvensis*)...

Faible teneur en matière organique

Porcelle enracinée *(Hypochaeris radicata), Arctotheca calendula,* Piloselle gazonnante *(Hieracium caespitosum),* Brome des toits *(Bromus tectorum),* Alysson à calices persistants *(Alyssum alyssoide),* Centaurée du Rhin *(Centaurea stoebe),* Euphorbe ésule *(Euphorbia esula)...*

Sols compacts ou crouteux en surface

Rumex (*Rumex spp*), chardon des champs (*Cirsium arvense*), renoncule rampante (*Ranunculus repens*), matricaire camomille (*Matricaria chamomilla*), lycopode (*Lycopodium*), menthe pouliot (*Mentha pulegium*) et carex et joncs...

Plantes nitrophiles et adventices indicatrices

Arcothèque souci (*Arctotheca calendula*), morelle noire (*Solanum nigrum*), Kochia (*Kochia scoparia*), Grande Ortie (*Urtica dioica*), Chénopode blanc (*Chenopodium album*), Orge Sétaire (*Hordeum jubatum*), Chardon marie et de Russie (*Silybum marianum*)...

Forte teneur en potassium disponible et faible teneur en phosphore

Beaucoup de mauvaises herbes à feuilles larges : Pissenlit (*Taraxacum*), Plantain commun (*Plantago major*), Chardon aux ânes (*Onopordum acanthium),* Moutarde tanaisie (*Descurainia pinnata*), Radis sauvage (*Raphanus raphanistrum*), Pourpier commun (*Portulaca oleracea),* Solanacées, Millepertuis (*Hypericum perforatum*) et *Phytolacca octandra...*

Espèces bactériennes en début de succession : orge à crinière (*Hordeum jubatum*), chiendent commun (*Elymus repens*), folle-avoine (*Avena fatua*), brome des toits (*Bromus tectorum*), sorgho d'Alep (Sorghum halepense), kikuyu (*Pennisetum clandestinum*), orge chevelue (*Taeniatherum caput-medusae*).

Plantes allélopathiques : jacinthe d'eau (*Eichhornia crassipes*), alliaire officinale (*Alliaria petiolate*), centaurée du Rhin (*Centaurea stoebe*), kochia à balais (*Kochia scoparia*), noyer noir (*Juglans nigra*), sorgho comun (*Sorghum bicolor*), mûrier (*Morus*) et ivraie (*Lolium*)...

Sols fongiques ou « dormants »

Ronce (*Rubus spp*), rosier sauvage (*Rosa spp*), sumac de l'ouest (*Toxicodendron diversilobum*), ciguë maculée (*Conium maculatum*), digitale (*Digitalis*), rose trémière (*Alcea rosea*), épervière (*Hieracium*), sanguinaire du Canada (*Sanguinaria canadensis), grande* absinthe (*Artemisia absinthium*), les molènes (*Verbascum spp*), millepertuis perforé (*Hypericum perforatum),* cynoglosse officinale *(cynoglossum officinal*), Matagouri (*Discaria toumatou*), les Fougères (*Pteridium spp*), Ajonc (*Ulex*), Genêt à balais (*Cytisus scoparius*), « Rabbitbrush » (*Chrysothamnus spp*), les armoises (*Artemisia spp*), les saules (*Salix spp*), buis africain (*Lycium ferocissimum*) ou mezquite (*Prosopis spp*).

Sols non-mycorhiziens

Habitats perturbés, présentant une faible concurrence avec d'autres plantes et un taux élevé de phosphore dans le sol ; par exemple, *Amaranthaceae, Brassicaceae, Caryophyllaceae, Chenopodiaceae, Polygonaceae* et *Urticaceae.*

Cyperaceae (carex) ; *Juncaceae* (roseaux) ; *Brassicaceae* (épiaire, moutarde, *Kochia*, bourse à pasteur) ; *Amaranthaceae* (amarante, betterave, épinard, chénopode, quinoa). Le chardon russe épineux (*Salsola tragus*) ; les *urticaceae* (orties) ;

les lupins (Lupinus) et les *proteaceae* (Macadamia, Bottlebrush).

Dans les environnements limités en Phosphore, certaines espèces ont développé des racines spécialisées dans l'extraction de Phosphore sans CM, notamment les *Cyperaceae,* les *Haemodoraceae,* les *Proteaceae* et les *Restionaceae.*

En règle générale, si une plante est carnivore, vit dans l'eau ou est un parasite dans un arbre, elle a évolué sans relation mycorhizienne.

Avec une immense gratitude

Je n'aurais jamais imaginé que l'écriture d'un livre serait un tel marathon et, en même temps, une si belle récompense. Rien de tout cela n'aurait été possible sans ma famille, en particulier mon frère Jeremy. Dans le style typique de la famille Masters, il a conçu la couverture du livre, lu chaque chapitre, émis des critiques et a été présent à mes côtés pour filmer bon nombre de mes aventures régénératives. C'est le citadin le mieux informé sur le sujet des sols. Je t'aime énormément ; je suis désolée de t'avoir fichu des raclées lorsque nous étions petits.

Je suis éternellement reconnaissante à ma maman, Michele, ma meilleure compagne de voyage et présidente de mon fan-club. Tu me remets sur mes pieds et me redonnes du courage chaque fois qu'une épreuve se présente et tu es là pour fêter les réussites. Tu m'as insufflé une indépendance farouche, mon amour des voyages et tant d'autres traits de caractère qui me permettent de traverser la vie avec aisance.

Papa, tu es le plus gentil et le plus généreux des êtres. Tu as encouragé mon amour de l'agriculture, de la nature et de l'observation. Ce livre n'aurait pas vu le jour sans le financement de mon éducation et la découverte d'une ferme à vers inactive. Je suis très reconnaissante de ne pas avoir contracté de dettes pour mes études. Je vous pardonne à tous les deux de ne m'avoir offert ni chiot ni poney ; je me rattrape maintenant.

Chère Nan-nan, tu m'as apporté réconfort, inspiration et de nombreux souvenirs pleins de joie ; assise sur le tapis, baignant dans la lumière du soleil, avec l'Encyclopédie Britannica et Louis Lamour pour compagnie. Merci pour ton amour, ta patience et tes riz au lait.

C'est tout une communauté qui m'a permis de mener ce livre à bien, ses innombrables oreilles, sa patience, les histoires et les critiques. Et à ceux qui prenaient avec humour une déclaration mille fois entendue: « Je vais bientôt avoir fini le livre ! » Je suis à jamais redevable à Wendy Cashmore et Gwen Grelet, pour leur aide éditoriale inspirante, leur perspicacité et pour avoir vérifié mes sources. Vous êtes toutes les deux des femmes formidables, qui donnent l'exemple et inspirent de nombreuses personnes ;

vous démontrez de manière éclatante qu'on peut être engagées dans la science et l'agriculture sans sacrifier l'essence de ce que signifie être une femme… Chapeau bas, mes superbes amies !

À tous les membres de l›équipe d›Integrity Soils, Michael, Kim, Angus, Jules et Michelle : vous me permettez d›être la «star», vous m›interpellez sur mes erreurs et m›inspirez chaque jour pour corriger mes points faibles. Vous tolérez surtout mon chaos total avec amour, esprit et une certaine résignation, résignés à ne jamais savoir où je me trouve dans le monde. Merci, Jules, d›être l'épaule sur laquelle je peux pleurer et de nous considérer tous comme extraordinaires. Je suis honorée de faire ce voyage avec toi, en ton étonnante compagnie, et d' « incarner » ce travail. Vous êtes tous une véritable démonstration de ce qu'est l'"intégrité" en ce monde.

J'ai eu la chance de rencontrer des écrivaines incroyables : Judith Schwartz, Didi Pershouse et Gretel Ehrlich. Vous êtes une grande source d'inspiration pour moi. Je vous remercie pour vos conseils et votre patience.

À ma famille américaine, Kate, Roger, Betsy et Anne, vous êtes mon port d›attache dans toutes les tempêtes. Vous m›avez entourée d›un amour inconditionnel et vous faites partie de ma famille au même titre que n›importe quel parent. Merci de nous permettre, à mon poney et à moi, de nous garer sur votre pelouse lorsque nous passons par là. Votre café du matin, vos câlins, vos crêpes, vos fours à micro-ondes fondus, votre enthousiasme pour la vie et vos réflexions nocturnes sont une source de motivation profonde et riche. Chaque jour, je remercie le sort que nos chemins se soient croisés et que vous ayez eu le courage de «tester quelque chose», y compris l›amitié avec une Kiwi arrogante.

À tous ceux qui ont contribué à ce que je sois ici en un seul morceau : Dave Pratt, Gretta Carney, Nick Pattison, Rachelle et Justin Armstrong, Caroline Masters, Tante Cathy, Malou et la famille Anderson, Marion Thompson, Bruce et Rachel Nimon, Tony Eprile, Monica Ravenheart, l›équipe de WD, Paul et Ellike Hawke, Katherine Cross, Charlotte Coddington et Mike Masters. À Wendy Millet, Elaine Patarini et toute l›équipe de Women in Ranching, mon cœur est comblé et déborde de joie ! Et à l›agent des douanes américaines au visage de souris, en me claquant une porte au nez, vous avez ouvert un tout nouveau monde d›opportunités -- merci.

À mes mentors, passionnés et inoculateurs, qui m'ont ouvert la porte aux concepts et principes qui sous-tendent les fonctionnements des sols : Dr Arden Anderson, Gary Zimmer, Jerry Brunetti, Di et Ian Haggerty, Steve Erickson, Betsy Ross, Graeme Sait, Daniel Hillel, Stuart Hill, Thelma et John Williams, Gary Zimmer, Masanobu Fukuoka et Elaine Ingham. Et à toi, Chrissy. Et à tous les régénérateurs, pour la confiance et l›amour que vous m›avez témoignés en m›invitant dans vos maisons, vos familles et sur votre terre. Vous avez été mes plus grands professeurs, ma source d'inspiration et la base sur laquelle ce livre a été construit.

Je tiens à remercier TOUS CEUX qui m'ont appris quelque chose ou m'ont dit quelque chose pour m'encourager. En particulier, je remercie avec nostalgie Pennie Brownlee. J'ai suivi son "certificat d'enseignement pour adultes" à l'âge de 26 ans.

Elle a commencé le programme en déclarant : "Vous ne pouvez pas enseigner aux autres tant que vous ne vous aimez pas vous-même". Le chemin a été long, mais je vois maintenant que vous aviez raison, l'amour est la base de l'apprentissage, de la curiosité et de la santé. Pennie a confié que la phrase la plus profonde qu'on lui ait dite était "Vous êtes un maître enseignant, allez dans le monde et enseignez". Vous m'avez transmis ce message et je vous ai entendue ! Je vous remercie.

Et à Bryn, à qui je dédie ce livre. Ta générosité m'a permis de suivre mes rêves, tandis que tu suivais ta voie. Fais confiance à ce processus ; c'est en creusant profondément que tu trouveras beaucoup d'or et que ton vaillant cœur de guerrier scintillera. Je t'aime jusqu'à la lune.

À propos de l'autrice

Nicole Masters, née en Nouvelle-Zélande, est une agro-écologiste indépendante, une penseuse systémique, une autrice et une enseignante. Elle a suivi une formation en écologie, science des sols et en processus d'apprentissage organisationnel en Nouvelle-Zélande. Nicole est reconnue comme une oratrice experte et charismatique sur le sujet de la santé des sols.

Son équipe de coach de la santé des sols, chez Integrity Soils, a démontré son efficacité en travaillant avec des producteurs d'aliments et de fibres aux États-Unis, au Canada, en Australie et en Nouvelle-Zélande. Grâce à Integrity Soils, les entreprises agricoles réalisent des progrès substantiels en termes de densité en nutriments, de rentabilité et d'impact sur l'environnement. Nicole a travaillé en étroite collaboration avec un large éventail de secteurs de production, laiteries, élevages ovins et bovins, viticulteurs, producteurs de compost, pépinières, cultures maraîchères, haras de chevaux de course, résidences secondaires et grandes cultures. Le fait de travailler avec des clients aussi divers lui a permis de mieux comprendre les défis auxquels sont confrontés les différents systèmes de production. Elle a conçu et mis en œuvre des programmes éducatifs pour des structures variées : entreprises, consultants, services d'entretien des terres et de chambres d'agriculture.

Nicole fait partie du nombre croissant de personnes qui facilitent l'expansion rapide de systèmes de production alimentaire de qualité et d'économies biologiques régénératives.

Nicole, actuellement basée en Amérique du Nord, voyage avec son cheval et son van. Son équipe d'Integrity Soils est disponible pour des ateliers, des formations d'équipes, de la médiation, des conférences et des présentations. Nous proposons une série de cours sur les sols ainsi que la plateforme Regen, une application pour la surveillance des sols. Pour en savoir plus :

info@integritysoils.com

www.integritysoils.com

À propos de l›autrice

Endnotes

1 Bibliographie
www.scientificamerican.com/article/only-60-years-of-farming-left-if-soil-degradation-continues.
2 Un effet synergique signifie que le tout est plus grand que la somme de ses parties.
3 Ong, E. K., & Glantz, S. A. (2001). Constructing "sound science" and "good epidemiology": tobacco, lawyers and public relations firms. American journal of public health, 91(11), 1749-1757.
4 Le mot japonais "Ikigai" se traduit approximativement par "trouver le but de sa vie". Qu'est-ce qui vous fait bondir hors du lit le matin ? C'est lorsque tous ces différents aspects de la vie se rejoignent de manière équilibrée que l'on atteint ce "point idéal ".
5 Image Ikigai par Emmy van Deurzen, source : https://fr.m.wikipedia.org/wiki/Fichier:Ikigai-FR.svg
6 L'administration de vitamine C par voie intraveineuse a entraîné la radiation du Dr Tizard de l'ordre des médecins. Il était un peu en avance sur son temps. Ce traitement a fini par recevoir la reconnaissance qu'il mérite, étant à présent utilisé pour le traitement du cancer, de la maladie de Lyme, du zona et de la fatigue chronique. Le Dr Tizard était un visionnaire qui a sauvé la vie de nombreuses personnes, au prix d'un lourd sacrifice personnel.
7 Meng, Zhiyuan, et al. "Perinatal exposure to Bisphenol S (BPS) promotes obesity development by interfering with lipid and glucose metabolism in male mouse offspring." Env research 173 (2019).
8 https://www.gq.com/story/sperm-count-zero
9 Voir Les naufragés de l'histoire. Les jalons épiques de l'identité moken, Jacques Ivanoff, 2004.
10 Taking responsibility for complexity. www.odi.org/sites/odi.org.uk/files/odi-assets/publications-opinion-files/6811.pdf.
11 www.oecd.org/environment/environmental-pressures-rising-in-new-zealand.htm.
12 www.pmcsa.org.nz/wp-content/uploads/PMCSA-Freshwater-Report.pdf.
13 Amundson, R.; Berhe, A. A.; Hopmans, J. W.; Olson, C.; Sztein, A. E.; Sparks, D. L. (2015) "Soil and human security in the 21st century". Science. 348 (6235): 1261071–1261071.
14 https://www.reuters.com/article/us-eu-morocco/western-sahara-dispute-should-invalidate-eu-morocco-fish-deal-eu-court-adviser-says.
15 À titre de référence, les limites de cadmium autorisées dans l'UE sont de 20 ppm, en Australie de 131 ppm, en Nouvelle-Zélande de 280 ppm et au Canada de 889 ppm, ce qui est énorme. Plus de la moitié du phosphate à forte teneur en cadmium expédié du Maroc va directement au Canada. Je me pose donc la question suivante : qui décide du niveau de cadmium acceptable pour la santé des hommes, des sols et des animaux ?
16 "NOAA: Gulf of Mexico 'dead zone' is the largest ever measured". National Oceanic and Atmospheric Administration (NOAA).
17 www.washingtonpost.com/science/a-major-punch-in-the-gut-midwest-rains-projected-to-create-gulf-dead-zone/2019.
18 http://www.tropentag.de/2005/proceedings/node181.html.
19 http://www.stuff.co.nz/business/farming/4963565/Search-for-reasons-for-bucolic-beauty
20 « Dust bowl » fait référence à une région qui connaît des tempêtes de poussière sévères et récurrentes, souvent en raison de la dégradation des sols causée par des pratiques agricoles inappropriées, le surpâturage, ou des sécheresses prolongée. (N.d.T.)
21 Sur la base de l'hypothèse actuelle selon laquelle toute la biologie provient d'un ancêtre commun.
22 Soudzilovskaia, N. A., van Bodegom, P. M., Moreno, C. T., van't Zelfde, M., McCallum, I., Fisher, J. B., & Tedersoo, L. (2018). Human-induced decrease of ectomycorrhizal vegetation led to loss in global soil carbon content. bioRxiv, 331884.
23 * NB on a aujourd'hui pu observer des cas d'espèces non mycorhiziennes formant des liens mycorhiziens, tels qu'avec trichoderma et pseudomonas spp.

24 Scarcella, A. S. D. A., Bizarria Junior, R., Bastos, R. G., & Magri, M. M. R. (2017). Temperature, pH and carbon source affect drastically indole acetic acid production of plant growth promoting yeasts. Brazilian Journal of Chemical Engineering, 34(2).
Leake, J., Johnson, D., Donnelly, D., Muckle, G., Boddy, L. and Read, D. (2004) Networks of power and influence: the role of mycorrhizal mycelium in controlling plant communities and agroecosystem functioning. Canadian Journal of Botany, Volume 82, Issue 8, 2004, pages 1016-1045.
Catská, V. (2018) Interrelationships between vesicular-arbuscular mycorrhiza and rhizosphere microflora in apple replant disease, Biologia Plantarum, Volume 36, Numéro 1, 99-104.
Rillig, M. C., Ramsey, P. W., Morris, S., & Paul, E. A. (2003). Glomalin, an arbuscular-mycorrhizal fungal soil protein, responds to land-use change. Plant and Soil, 253(2)
Kazda, M., Salzer, J., Schmid, I., & Von Wrangell, P. (2004). Importance of mineral nutrition for photosynthesis and growth of Quercus petraea, Fagus sylvatica and Acer pseudoplatanus planted under Norway spruce canopy. Plant and soil, 264(1-2), 25-34.
Repka, J. (1983). The effects of mineral nutrition on the photosynthetic and respiratory activity of leaves of Winter wheat and maize varieties, In Genetic Aspects of Plant Nutrition (pp. 279-283), Springer, Dordrecht.
https://www.researchnester.com/reports/biofertilisers-market-global-demand-analysis-opportunity-outlook-2024/193.
Wang, L. (2001) Fungi slay insects and feed host plants.
American Society of Agronomy (ASA), Crop Science Society of America (CSSA). "Where has all the soil gone? Focusing on soil loss important to researchers." ScienceDaily. ScienceDaily, 18 June 2014.
Bleam, W. F. (2012) Chapter 6 - Natural Organic Matter and Humic Colloids. Soil and Environmental Chemistry, Pages 209-256.
Dixon, E. F., & Hall, R. A. (2015). Noisy neighbourhoods: quorum sensing in fungal–polymicrobial infections. Cellular microbiology, 17(10), 1431-1441.
Lefroy, E. 1991. Native grasses in southwestern Australia. Proceedings of the Native Grass Workshop.
http://www.sciencemag.org/news/2012/08/amazon-seeds-its-own-rain
https://www.nature.com/news/2008/080228/full/news.2008.632.html
Taschetto, A. S., & England, M. H. (2009). An analysis of late twentieth century trends in Australian rainfall. International Journal of Climatology, 29(6), 791-807.
http://austhrutime.com/west_australian_wheat_belt_salinity.htm
http://soilquality.org.au/factsheets/soil-acidity
http://farmdocdaily.illinois.edu/2016/09/international-benchmarks-for-wheat-production.html
http://www.abc.net.au/7.30/tragedy-underlines-wa-farming-hardships/4651942
Calcul basé sur 13 000 ha x 2T = 26 000T C x3,67 = 95 420 T CO2e (équivalent). Les émissions annuelles de CO2 des Américains sont de 18 T par personne et celles des non-américains de 4 T par personne.
http://www.anh-usa.org/wp-content/uploads/2016/04/ANHUSA-glyphosate-breakfast-study
25 Peterson and Luxton, 1982; Lavelle and Spain, 2001.
26 DeAngelis, 2016.
27 Wang, P., Wang, Y., & Wu, Q. S. (2016). Effects of soil tillage and planting grass on arbuscular mycorrhizal fungal propagules and soil properties in citrus orchards in southeast China. Soil and Tillage Research, 155, 54-61.
28 Babikova, Z., Gilbert, L., Bruce, T., Dewhirst, S. Y., Pickett, J. A., & Johnson, D. (2014). Arbuscular mycorrhizal fungi and aphids interact by changing host plant quality and volatile emission. Functional Ecology, 28(2), 375-385.
29 https://www.researchnester.com/reports/biofertilisers-market-global-demand-analysis-opportunity.
30 Zhu, X. G., Long, S. P., & Ort, D. R. (2008). What is the maximum efficiency with which photosynthesis can convert solar energy into biomass? Current opinion in biotechnology, 19(2).
31 Morriën, E., Hannula, S. E., Snoek, L. B., Helmsing, N. R., Zweers, H., De Hollander, M. & Duyts, H. (2017). Soil networks become more connected and take up more carbon as nature restoration progresses. Nature Comm, 8, 14349.
32 Communication personnelle avec le Dr. David Johnson, professeur adjoint au Collège d'agriculture de

l'Université d'État de Chico (Californie).

33 New Zealand State of the Environment Report 2010.

34 www.pesticideinfo.org/Detail_Poisoning.jsp?Rec_Id=PC3583.

35 Grasso, L. L., Martino, D. C., & Alduina, R. (2016). Production of Antibacterial Compounds from Actinomycetes. In Actinobacteria-Basics and Biotechnological Applications (pp. 177-198). IntechOpen.

36 Note personnelle à Roger : la betterave est une plante, pas une racine de carotte ou de pomme de terre !

37 www.acsh.org/news/2018/07/28/geosmin-why-we-smell-air-after-storm.

38 Hemmings, S. M., Malan-Muller, S., van den Heuvel, L. L., Demmitt, B. A., Stanislawski, M. A., Smith, D. G., ... & Marotz, C. A. (2017). The microbiome in posttraumatic stress disorder and trauma-exposed controls: an exploratory study. Psychosomatic medicine, 79(8), 936.

39 Malheureusement, Tom Harris est décédé en février 2017, emportant avec lui une connaissance inégalée des systèmes microbiens du sol et de la santé des sols et des plantes. Il nous manque cruellement. Sa disparition est une perte pour le monde entier.

40 Deurer, M., Grinev, D., Young, I., Clothier, B. E. and Müller, K. (2009), The impact of soil carbon management on soil macropore structure: a comparison of two apple orchard systems in New Zealand. European Journal of Soil Science, 60: 945–955.

41 L'agent orange est un défoliant déversé par l'armée américaine pendant la guerre du Vietnam, pour tuer la flore et mettre à nu les terres vietnamiennes qui abritait les indépendantistes (NdT).

42 http://reefrescueresearch.com.au/news/183-pesticide-dynamics-in-the-gbr.

43 Negri Andrew P. , Flores Florita , Röthig Till , Uthicke Sven , (2011), Herbicides increase the vulnerability of corals to rising sea surface temperature, Limnology and Oceanography, 56.

44 Chen, Y. & Aviad, T. 1990. Humic substances in soil and crop sciences: selected readings. Proceedings of a symposium cosponsored by the International Humic Substances Society, Chicago, Illinois.

45 Pozdnyakov, I. P., Sherin, P. S., Salomatova, V. A., Parkhats, M. V., Grivin, V. P., Dzhagarov, B. M., ... & Plyusnin, V. F. (2017). Photooxidation of herbicide amitrole in the presence of fulvic acid. Environmental Science and Pollution Research, 1-8.

46 Erisman, Jan Willem; Sutton, Mark A.; Galloway, James; Klimont, Zbigniew; Winiwarter, Wilfried (2008-09-28). "How a century of ammonia synthesis changed the world". Nature Geoscience. 1 (10)

47 http://www.pmcsa.org.nz/wp-content/uploads/PMCSA-Freshwater-Report.pdf.

48 Gourley, C. J., Dougherty, W., Aarons, S., & Kelly, K. Improving nitrogen use efficiency: from planet to dairy paddock.

49 Khan, S. A., Mulvaney, R. L., Ellsworth, T. R., & Boast, C. W. (2007). The myth of nitrogen fertilization for soil carbon sequestration. Journal of Environmental Quality, 36(6), 1821-1832.

50 Kuzyakov, Y., & Domanski, G. (2000). Carbon input by plants into the soil. Review. Journal of Plant Nutrition and Soil Science, 163(4), 421-431.

51 Faites une analyse de votre sous-sol pour voir s'il contient du calcium.

52 Bhardwaj, K. K. R. & Gaur A. C. The effect of humic and fulvic acids on the growth and efficiency of nitrogen fixation of Azotobacter chroococcum. Folia Microbiologica Volume 15, Number 5, 364-367.

53 Poudel, D.D. Horwath, W.R. Mitchell J.P, & Temple, S.R. (2001) Impacts of cropping systems on soil nitrogen storage and loss. Agric. Syst., 68 (2001).

54 Kramer, A. W., Doane, T. A., Horwath, W. R., & Kessel, C. V. (2002). Combining fertiliser and organic inputs to synchronize N supply in alternative cropping systems in California. Agriculture, ecosystems & environment, 91(1), 233-243.

55 Aguilera, E., Lassaletta, L., Sanz-Cobena, A., Garnier, J., & Vallejo, A. (2013). The potential of organic fertilisers and water management to reduce N2O emissions in Mediterranean climate cropping systems. A review, Agriculture, Ecosystems & Environment, 164, 32-52.

56 Mouginot et al (2014) Elemental stoichiometry of Fungi and Bacteria from Grassland Leaf Litter. Soil Biology & Biochemistry 76 (2014) 278-285.

57 Wang, G., Sheng, L., Zhao, D., Sheng, J., Wang, X., & Liao, H. (2016). Allocation of nitrogen and carbon is regulated by nodulation and mycorrhizal networks in soybean/maize intercropping system. Frontiers in

Plant Science, 7, 1901.
58 Afkhami, M. E., & Stinchcombe, J. R. (2016). Multiple mutualist effects on genomewide expression in the tripartite association between Medicago truncatula, nitrogen fixing bacteria and mycorrhizal fungi Molecular ecology, 25(19), 4946-4962.
59 Griffiths, B. S. (1994). Microbial-feeding nematodes and protozoa in soil: Their effects on microbial activity and nitrogen mineralization in decomposition hotspots and the rhizosphere Plant and Soil.
60 De Vries, F. T., Hoffland, E., van Eekeren, N., Brussaard, L., & Bloem, J. (2006). Fungal/bacterial ratios in grasslands with contrasting nitrogen management. Soil Biology and Biochemistry, 38(8), 2092-2103.
61 De Vries, F. T et al (2012). Land use alters the resistance and resilience of soil food webs to drought. Nature Climate Change, 2(4), 276-280.
62 Asghari HR, Cavagnaro TR (2012) Arbuscular mycorrhizas reduce nitrogen loss via leaching, PLoSONE7.
63 Pimentel, D., Culliney, T. W., Buttler, I. W., Reinemann, D. J., & Beckman, K. B. (1989). Low-input sustainable agriculture using ecological management practices. Agriculture, ecosystems & environment.
64 Chivenge, Pauline, Bernard Vanlauwe and Johan Six. "Does the combined application of organic and mineral nutrient sources influence maize productivity? A meta-analysis." Plant and Soil 342.1-2 (2011).
65 Feynman, J. & Ruzmaikin, A. Climatic Change (2007) 84: 295).
Fu, C., & Dan, L. (2018). The variation of cloud amount and light rainy days under heavy pollution over South China during 1960–2009. *Environmental Science and Pollution Research*, *25*(3), 2369-2376.
Chambers, Jeffrey Q. and Paulo Artaxo. "Biosphere–atmosphere interactions: Deforestation size influences rainfall." *Nature Climate Change* 7.3 (2017): 175.
Evaluation on Cottonwood Ranch of Holistic Management. University of Nevada factsheet.
https://www.unce.unr.edu/publications/files/nr/2004/FS0467.pdf.
http://rri.ualberta.ca/Portals/115/Documents/Presentations/Teague_UofA_Feb15_ 2017.pdf?ver=2017-02-16-104508-157.
Sanjari G, Ghadiri H, Ciesiolka CAA, Yu B (2008). "Comparing the effects of continuous and time-controlled grazing systems on soil characteristics in Southeast Queensland" Soil Research 46, 348–358.
Teague, R., Provenza, F., Kreuter, U., Steffens, T., & Barnes, M. (2013). Multi-paddock grazing on rangelands: Why the perceptual dichotomy between research results and rancher experience?. Journal of Environmental Management, 128, 699-717.
Arunkumar, N., Banu, J. G., Gopalakrishnan, N., & Prakash, A. H. (2018).
APPLICATION ASPECTS OF WAX DEGRADING BACTERIA FOR SUSTAINABLE CROP PRODUCTION. EVERYMAN'S SCIENCE, 168.
66 Ramanathan V, Crutzen PJ, Kiehl JT et al (2001) Aerosols, climate and the hydrological cycle. Science 294(5549):2119–2124.
67 Pielke, 2001.
68 Vick, E. S., Stoy, P. C., Tang, A. C., & Gerken, T. (2016). The surface-atmosphere exchange of carbon dioxide, water and sensible heat across a dryland wheat-fallow rotation. Agriculture, ecosystems & environment, 232, 129-140.
69 Taschetto, A. S., & England, M. H. (2009). An analysis of late twentieth century trends in Australian rainfall. International Journal of Climatology, 29(6).
70 Failor, K. C., Schmale Iii, D. G., Vinatzer, B. A., & Monteil, C. L. (2017). Ice nucleation active bacteria in precipitation are genetically diverse and nucleate ice by employing different mechanisms. The ISME journal, 11(12), 2740.
71 Sheil, D. (2018). Forests, atmospheric water and an uncertain future: the new biology of the global water cycle. Forest Ecosystems, 5(1), 1-22.
72 Pokorný, Jan. "Dissipation of solar energy in landscape—controlled by management of water and vegetation." Renewable energy 24.3-4 (2001): 641-645.
73 Kong, Dongdong, Heng-Cheng Hu, Eiji Okuma, Yuree Lee, Hui Sun Lee, Shintaro Munemasa, Daeshik Cho et al. "L-Met activates Arabidopsis GLR Ca2+ channels upstream of ROS production and regulates stomatal movement." Cell reports17, no. 10 (2016): 2553-2561.

74 Tuason, M. M. S., & Arocena, J. M. (2009). Calcium oxalate biomineralization by Piloderma fallax in response to various levels of calcium and phosphorus Appl. Environ. Microbiol., 75(22), 7079-7085.
75 https://www.csiro.au/en/Research/AF/Areas/Sustainable-farming/Soil-water-landscape/Water-repellent-soils
76 Abbot, I. and C. A. Parker. (1981). Interactions between earthworms and their soil environment. Soil Biology and Biochemistry. 13, 191-197.
Basker, A., A. MacGregor and J. Kirkman. 1993. Exchangeable potassium and other cations in non-ingested soil and cast of two species of pasture earthworms Soil Biology and Biochemistry. 25(12): 1673- 1677.
Bohlen, P. and C. A. Edwards. 1995. Earthworm effects on N dynamics and soil respiration in microcosms receiving organic and inorganic nutrients. Soil Biology and Biochemistry. 27(3): 341-348.
Curry, J. P. and D. Byrne. 1992. The role of earthworms in straw decomposition and nitrogen turnover in arable land in Ireland. Soil Biology and Biochemistry. 24(12).
Edwards, C. A. 1995. Historical overview of vermicomposting. BioCycle. 36(6): 56-58.
Edwards, C. A. and J. E. Bates. 1992. The use of earthworms in environmental management. Soil Biology and Biochemistry. 14(12):1683-1689.
Elliot, P. W., D. Knight and J. M. Anderson. 1990. Denitrification in earthworm casts and soil from pastures under different fertiliser and drainage regimes. Soil Biology and Biochemistry. 22(5): 601-605.
Hopp, H. 1949. The effect of earthworms on the productivity of agricultural soil. Journal of Agricultural Research. 78(10): 325-339.
Joshi, N. V. and B. Kelkar. 1951. The role of earthworms in soil fertility. The Indian Journal of Agricultural Science. 22(2): 189-196.
Lee, K. 1985. Earthworms. Their Ecology and Relationships with Soil and Land Use. Academy Press.
Nielson, R. 1965. Presence of plant growth substances in earthworms demonstrated by paper chromatography and the Went Pea Test. Nature. 208(5015):1113-1114.
Parkin, T. and E. Berry. 1994. Nitrogen transformations associated with earthworm casts. Soil Biology and Biochemistry. 26(9):1233-1238.
Ruz-Jerez, B., P. Roger and R. Tillman. 1992. Laboratory assessment of nutrient release from a pasture soil receiving grass or clover residues, in the presence or absence of Lumbricus rubellus or Eisenia fetida. Soil Biology and Biochemistry. 24(12).
Spain, A., P. Lavelle and A. Mariotti. 1992. Stimulation of plant growth by tropical earthworms. Soil Biology and Biochemistry. 16(2): 185-189.
Whitaker, T. and G. Davis. 1962. Cucurbits: Botany, Cultivation and Utilization. World Crops Books Interscience Publisher, Inc., New York.
Slade, E. M., Riutta, T., Roslin, T., & Tuomisto, H. L. (2016). The role of dung beetles in reducing greenhouse gas emissions from cattle farming. *Scientific reports*, *6*, 18140.
Losey, J. E., & Vaughan, M. (2006). The economic value of ecological services provided by insects. *AIBS Bulletin*, *56*(4), 311-323.
Grant, C., Bittman, S., Montreal, M., Plenchette, C., & Morel, C. (2005). Soil and fertiliser phosphorus : Effects on plant P supply and mycorrhizal development. *Canadian Journal of Plant Science*, *85*(1), 3-14.
Flaten, Sheppard 2001, The importance of phosphorus nutrition.
https://www.nasa.gov/nasa-satellite-reveals-how-much-saharan-dust-feeds-amazon-s-plants/
Contribution globale des excréments d'oiseaux aux nutriments : https://www.nature.com/articles/s41467-017-02446-8
Doty SL, Sher AW, Fleck ND, Khorasani M, Bumgarner RE, Khan Z, et al. (2016) Variable Nitrogen Fixation in Wild *Populus*. PLoS ONE 11(5): e0155979. https://doi.org/10.1371/journal.pone.0155979
Microbes synergistic for P efficiency: Baas, Peter; Bell, Colin; Mancini, Lauren M.; Lee, Melanie N.; Conant, Richard T.; Wallenstein, Matthew D. (2016). "Phosphorus mobilizing consortium Mammoth P™ enhances plant growth". PeerJ. 4.
Gonzalez, C. Y. C. J., Zheng, Y., & Lovatt, C. J. (2008). Properly timed foliar fertilization can and should result in a yield benefit and net increase in grower income. In VI International Symposium on Mineral Nutrition of Fruit Crops 868 . pp. 273-286.

Ali, L.K.M. and Elbordiny M.M. (2009). Response of Wheat Plants to Potassium Humate Application. Schefe, C. R. Et al. (2008). Organic amendment addition enhances phosphate fertiliser uptake and wheat growth in an acid soil.
Gale, D.L et al. (2011). Opportunity to increase phosphorus efficiency through co-application of organic amendments with mono-ammonium phosphate (MAP).
Dorneanu et al (2011). Efficacy of liquid organomineral fertiliser with humates extracted from lignite on leaf fertilisation of crops in the vegetation period.
Leach, K.A. and Hameleers, A. (2011). The effects of a foliar spray containing phosphorus and zinc on the development, composition and yield of forage maize.
Mosali, J. et al. (2006). Effect of Foliar Application of Phosphorus on Winter Wheat Grain Yield, Phosphorus Uptake and Use Efficiency. Potarzycki, J. and Grzebisz, A. (2009). Effect of zinc foliar application on grain yield of maize and its yielding components. S. H. Chien et al (2011). Agronomic and environmental aspects of phosphate fertilisers varying in source and solubility: an update review. Hettiarachchi, G.M. et al. (2009). Reactions of Fluid and Granular Copper and Molybdenum-Enriched Compound Fertilisers in Acidic and Alkaline Soils. Schefe, C. R. Et al. (2008). Organic amendment addition enhances phosphate fertiliser uptake and wheat growth in an acid soil. Gale, D.L et al. (2011). Gale, D. L. Opportunity to increase phosphorus efficiency through co-application of organic amendments with mono-ammonium phosphate (MAP). In 5 th World Congress on Conservation Ag.

77 https://extension.psu.edu/earthworms

78 Usmani, Z., Kumar, V., & Mritunjay, S. K. (2017). Vermicomposting of coal fly ash using epigeic and epi-endogeic earthworm species: nutrient dynamics and metal remediation. RSC Advances, 7(9),
[ii] Dey, M. D., Das, S., Kumar, R., Doley, R., Bhattacharya, S. S., & Mukhopadhyay, R. (2017). Ecological engineering, 106, 200-208.
[iii] Yadav, S. (2017). Potentiality of earthworms as Nanoscience and Plant–Soil Systems (pp. 259-278). Springer, Cham.

79 Boots, B, Russell, C.W. and Green, D.S. 2019. Effects of Microplastics in Soil Ecosystems: Above and Below Ground. Environmental Science & Technology. September.

80 Vijayabharathi R., Sathya A., Gopalakrishnan S. (2015) Plant Growth-Promoting Microbes from Herbal Vermicompost. In: Egamberdieva D., Shrivastava S., Varma A. (eds) Plant-Growth-Promoting Rhizobacteria (PGPR) and Medicinal Plants. Soil Biology, vol 42. Springer.

81 Brown, G.G., 1995. How do earthworms affect microfloral and faunal community diversity? Plant and Soil.

82 Pringle, R. M., Doak, D. F., Brody, A. K., Jocqué, R., & Palmer, T. M. (2010). Spatial pattern enhances ecosystem functioning in an African savanna. PLoS biology, 8(5).

83 Evans, T.A. et al. (2001) Ants and termites increase crop yield in a dry climate. Nat. Commun. 2:262 doi:0.1038/ncomms1257.

84 Kennedy Warne. Hotspot: New Zealand, National Geographic Magazine, October 2002.

85 Bryony Sands et al. 2018. Sustained parasiticide use in cattle farming affects dung beetle functional assemblages , Agriculture, Ecosystems & Environment.

86 https://cen.acs.org/articles/95/i40/Drug-resistant-roundworms-prompt

87 Errouissi, F., Alvinerie, M., Galtier, P., Kerboeuf, D., & Lumaret, J. P. (2001). The negative effects of the residues of ivermectin in cattle dung using a sustained-release bolus on Aphodius constans (Duft.)(Coleoptera: phodiidae). Veterinary Research, 32(5).

88 Pat Coleby est l'autrice de nombreux ouvrages, dont "Natural Cattle Care" et "Natural farming". Sa recette de mélange de minéraux à volonté figure dans ces ouvrages.

89 https://oregonstate.edu/instruct/css/330/three/Green.pdf.

90 https://www.darrinqualman.com/

91 https://ageconsearch.umn.edu/bitstream/183026/2/IAAE-CONF-222.pdf

92 Sparling, G.P. Shepherd, G.T. & Kettles, H.A. 1992 Changes in soil organic C, microbial C and aggregate stability under continuous maize and cereal cropping and after restoration to pasture in soils from the Manawatu region, New Zealand. Soil and Tillage Research, Volume 24, Issue 3,

93 Daisog, H., Sbrana, C., Cristani, C., Moonen, A. C., Giovannetti, M., & Bàrberi, P. (2012). Arbuscular mycorrhizal fungi shift competitive relationships among crop and weed species. Plant and soil, 353(1-2)
94 Grant, C., Bittman, S., Montreal, M., Plenchette, C., & Morel, C. (2005). Soil and fertiliser phosphorus: Effects on plant P supply and mycorrhizal development. Canadian Journal of Plant Science, 85(1), 3-14.
95 Barkley, A. L. et al (2019) African biomass burning is a substantial source of phosphorus deposition to the Amazon, Tropical Atlantic Ocean and Southern Ocean. Proceedings of the National Academy of Sciences Jul 2019.
96 http://www.adfg.alaska.gov/index.cfm?adfg=wildlifenews.view_article
97 Contribution globale des excréments d'oiseaux aux nutriments: www.nature.com/articles/s4146
98 Baas, Peter; Bell, Colin; Mancini, Lauren M.; Lee, Melanie N.; Conant, Richard T.; Wallenstein, Matthew D. (2016). "Phosphorus mobilizing consortium Mammoth P™ enhances plant growth". PeerJ. 4.
99 Mahmood, A., Turgay, O. C., Farooq, M., & Hayat, R. (2016). Seed biopriming with plant growth promoting rhizobacteria: a review. FEMS microbiology ecology, 92(8).
100 Bidabadi, S. S., & Mehralian, M. (2019). Seed Bio-priming to Improve Germination, Seedling Growth and Essential Oil Yield of Dracocephalum Kotschyi Boiss, an Endangered Medicinal Plant in Iran. Gesunde Pflanzen, 1-11.
101 White, J. F., Torres, M. S., Verma, S. K., Elmore, M. T., Kowalski, K. P., & Kingsley, K. L. (2019). Evidence for widespread microbivory of endophytic bacteria in roots of vascular plants through oxidative degradation in root cell periplasmic spaces. In PGPR Amelioration in Sustainable Agriculture (pp. 167-193).
102 Un petit mot, tous les éleveurs avec lesquels je travaille sont mes préférés et comme je suis actuellement dans mon van garé sur leur pelouse, je suis éternellement redevable à cette famille !
103 Les Journaux de Lewis et Clark, (Kessinger Publishing, 2010). 17 Juillet 1806.
104 Pour un examen plus poussé de ce qu'indiquent les mauvaises herbes, lire : "When weeds talk" par Jay McCaman.
105 De nombreuses mauvaises herbes ont les mêmes noms communs dans le monde entier. Pour m'assurer que nous nous comprenons bien, j'indique les noms latins dans une note de bas de page sur chaque page. Fumeterre (Fumaria spp), Pourpier (Portulaca oleracea), Euphorbe maculée (Euphorbia maculate), Tribule terrestre (Tribulus terrestris), Liseron des champs (Convolvulus arvensis), Brome des toits (Bromus tectorum).
106 La mousse (Lycopodiopsida), le rumex (Rumex), la renoncule (Ranunculaceae), le chardon (Scolymus hispanicus L), l'orpin (Mentha pulegium), les joncs (Juncaceae) et les cypéracées (Cyperaceae).
107 Carthame (Carthamus tinctorius), tournesol (Helianthus), radis fourrager (Raphanus sativus), vesce laineuse (Vicia villosa ssp), mélilot (Melilotus officinalis), trèfle de Berseem (Trifolium alexandrinum), dolique (Vigna unguiculata), chardon (Cirsium arvense).
108 Matos, C. C., Costa, M. D., Silva, I. R., & Silva, A. A. (2019). Competitive Capacity and Rhizosphere Mineralization of Organic Matter During Weed-Soil Microbiota Interactions. Planta Daninha, 37.
109 Pissenlit (Taraxacum), plantain commun (Plantago major), morelle noire (Solanum nigrum) et herbe à encre (Phytolacca octandra).
110 https://www.youtube.com/watch?v=4UkZAwKoCP8
111 Voir le profil de Kate Indrelands General Mills sur https://youtu.be/gWglTPo-FJk
112 https://www.vbs.net.au/wp-content/uploads/2019/03/Graziers-with-better-profit-and-biodiversity_Final-2019.pdf
"Common Insecticide May Harm Boys' Brains More Than Girls". Scientific American. August 21, 2012.
U.S. EPA (2002). "Interim Reregistration Eligibility Decision for Chlorpyrifos"(PDF). November 19, 2012.
113 Jillaroo : jeune femme travaillant dans une ferme d'élevage.

Endnotes

www.ingramcontent.com/pod-product-compliance
Lightning Source LLC
LaVergne TN
LVHW060549061026
849523LV00002B/441
* 9 7 8 0 4 7 3 7 6 2 7 1 1 *